工程测量

（第二版）

孔 达 主编

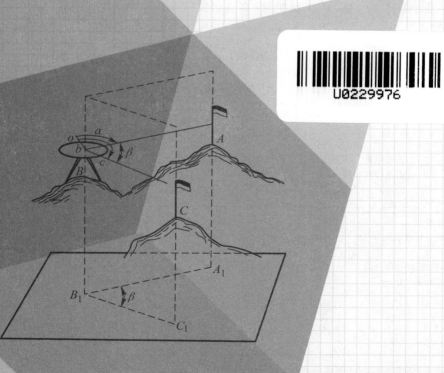

高等教育出版社·北京

内容提要

　　本书是普通高等教育"十一五"国家级规划教材修订版。全书共分十一
章,主要内容包括:绪论,测量学基本知识,高程测量,角度测量、距离测量及
坐标测量,小地区控制测量,大比例尺地形图的测绘及应用,工程测设的基本
方法,线路工程测量,建筑工程施工测量,水利工程施工测量,建筑物变形测
量等。

　　本书主要供土建施工类、工程管理类、城镇规划与管理类、地质工程与技
术类、水利工程与管理类及道路与桥梁工程技术等各类专业教学使用,也可
供从事土建工程的技术人员参考。

图书在版编目(CIP)数据

　　工程测量/孔达主编.--2 版.--北京:高等教
育出版社,2017.9
　　ISBN 978-7-04-048371-0

　　Ⅰ.①工… 　Ⅱ.①孔… 　Ⅲ.①工程测量-高等学校-
教材　Ⅳ.①TB22

　　中国版本图书馆 CIP 数据核字(2017)第 201477 号

策划编辑	刘东良	责任编辑　刘东良	封面设计　赵　阳	版式设计　马　云	
插图绘制	杜晓丹	责任校对　殷　然	责任印制　韩　刚		

出版发行	高等教育出版社		网　　址	http://www.hep.edu.cn
社　　址	北京市西城区德外大街 4 号			http://www.hep.com.cn
邮政编码	100120		网上订购	http://www.hepmall.com.cn
印　　刷	廊坊市文峰档案印务有限公司			http://www.hepmall.com
开　　本	787mm×1092mm　1/16			http://www.hepmall.cn
印　　张	17.25		版　　次	2007 年 5 月第 1 版
字　　数	410 千字			2017 年 9 月第 2 版
购书热线	010-58581118		印　　次	2017 年 9 月第 1 次印刷
咨询电话	400-810-0598		定　　价	32.80 元

第二版前言

测绘科技的迅速发展、测绘仪器的不断提升,推动了测量技术水平的不断进步,为了适应土建施工类、工程管理类、城镇规划与管理类、地质工程与技术类、水利工程与管理类及道路与桥梁工程技术类等专业的教学需要,对本书内容进行了整合、优化,修订出版第二版,具体包括以下几个方面:

(1)将测量学基本知识内容进行了梳理,绪论部分只介绍测量学的概念、分类、发展以及工程测量的任务及作用,而将测量学的基本知识和测量误差等内容充实到测量学基本知识之中。

(2)对高程测量部分进行了整合,将普通水准测量,三、四等水准测量内容都归纳在本章。

(3)将角度测量、距离测量及坐标测量列为一章,主要考虑采用全站仪观测时这几个观测量可以同时测得,方便教学。

(4)由于传统的光学仪器在使用上逐渐被电子仪器取代,将微倾式水准仪、光学经纬仪的检验与校正内容列入附录之中,各校可根据情况选学。

本书第1~7章由黑龙江大学孔达修订并整理,第8~11章由长春工程学院吕忠刚修订整理。

由于编者水平有限,本次修订后仍可能存在不足之处,热忱希望广大读者批评指正。

编 者
2017 年 5 月

第一版前言

　　本书是普通高等教育"十一五"国家级规划教材,适用于土建施工类、工程管理类、城镇规划与管理类、地质工程与技术类、水利工程与管理类及道路与桥梁工程技术类等专业教学使用。

　　本书的编写结合上述各专业《工程测量》课程教学大纲的基本要求,注重基本知识和基本技能的掌握,着重体现新技术、新方法和新设备的使用。力争突出"立足实用、打好基础、强化能力"的教学原则,体现科学性、趣味性和前瞻性。本书共分两部分,第一部分为测量技术与方法,为各专业方向通用;第二部分为工程应用测量,可结合各自的专业方向选用。

　　本书由黑龙江大学孔达担任主编,大连理工大学伊晓东、黑龙江工程学院魏旭东担任副主编。各章节分工如下:孔达编写第一、四、五、七、十二章;伊晓东编写第八章中的第六节、第十三章;魏旭东编写第九、十、十一章;黑龙江大学周启朋编写第二章,龚文峰编写第六章,魏天宇编写第八章一、二、三、四、五节;沈阳农业大学张婷婷编写第三章。

　　沈阳农业大学杨国范教授担任本书的主审,东北农业大学韦兆同教授也参加了本书的审稿工作,他们对本书的编写提出了许多宝贵的意见和建议,为提高教材质量起了重要作用。在本书编写过程中,参考了许多国内外有关教材和参考书,在此一并表示衷心感谢。

　　由于编者水平有限,书中难免存在不足和疏漏,热忱希望广大读者批评指正。

编　者

2007 年 3 月

目　录

第一章 绪论

1.1 测量学概述

1.1.1 测量学的概念

测量学研究的对象是地球及其表面和外层空间中的各种自然物体和人造物体的有关信息。它研究的内容是测定空间点的几何位置、地球的形状、地球重力场及各种动力现象,研究采集和处理地球表面各种形态及其变化信息并绘制成图的理论、技术和方法以及各种工程建设中测量工作的理论、技术和方法。

1.1.2 测量学的分类

按其研究的对象、应用范围和技术手段的不同,测量学已发展为诸多学科。

1. 大地测量学

大地测量学是研究和确定整个地球形状与大小,解决大区域控制测量和地球重力场等问题的学科。由于人造地球卫星的发射和空间技术的发展,大地测量学又分为几何大地测量学、物理大地测量学和空间大地测量学等。

2. 摄影测量与遥感学

摄影测量与遥感学是研究利用摄影相片及各种不同类型的非接触传感器,获取模拟的或数字的影像,通过解析和数字化方式提取所需的信息,以确定物体的形状、大小和空间位置等信息的理论和技术的学科。摄影测量与遥感学分为地面摄影测量学、航空摄影测量学和航天遥感测量学。

3. 工程测量学

工程测量学是研究各种工程建设和自然资源开发中,在规划、设计、施工和运营管理等阶段所进行的各种测量工作的理论和技术的学科。由于建设工程的不同,工程测量又分为建筑工程测量、线路工程测量、水利工程测量、地质勘探工程测量、矿山工程测量等。

4. 海洋测绘学

海洋测绘学是研究测绘海岸、水面及海底自然与人工形态及其变化状况的理论和技术的综合性学科。

5. 地图制图学与地理信息工程

地图制图学与地理信息工程是研究地球空间信息存储、处理、分析、管理、分发及应用的理论和技术的学科。

1.2　测量学的发展概况

测量学是伴随人类对自然的认识、利用和改造过程发展起来的。中国是一个文明古国,测量技术在中国的应用可追溯到四千年以前。《史记·夏本纪》记载了大禹治水"左准绳,右规矩,载四时,以开九州,通九道,陂九泽,度九山"的情况,这说明公元前 21 世纪中国已经开始使用测量工具。《周髀算经》《九章算术》《管子·地图篇》《孙子兵法》等历史文献均记载有测量技术、计算方法和军事地形图应用的内容。

长沙马王堆汉墓出土的公元前 2 世纪的地形图、驻军图和城邑图,是迄今发现的世界上最古老、翔实的地图。魏晋的刘徽在《海岛算经》中阐述了测算海岛之间距离和高度的方法;西晋的裴秀编制的《禹贡地域图》十八篇反映了当时十六州郡国县邑、山川原泽及境界,提出了分率、准望、道里、高下、方斜、迂直的"制图六体",归纳出地图制图的标准和原则。

公元 724 年,唐代高僧一行主持了世界上最早的子午线测量,在河南平原地区沿南北方向约 200 km 长的同一子午线上选择四个测点,分别测量了春分、夏至、秋分、冬至四个时段正午的日影长度和北极星的高度角,且用步弓丈量了四个测点间的实地距离,从而推算出北极星每差一度相应的地面距离。

北宋沈括发展了裴秀的制图理论,编绘了"一寸折一百里"(相当于比例尺 1∶90 万)的《天下州县图》,发明了用分级筑堰静水水位法测量汴渠高差,用平望尺、干尺和罗盘测量地形的测量技术,并最早发现了磁偏角。

元代郭守敬在全国进行了天文测量,还通过多年的修渠治水,总结了水准测量的经验,且创造性地提出了海拔高程的概念。明代郑和七次下西洋,首次绘制了航海图。清朝康熙年间,开展了大规模的经纬度测量和地形测量,编绘了著名的《皇舆全览图》。

测量学成为一门真正意义上的科学始于 17 世纪工业革命。17 世纪初发明了望远镜,人类借助于望远镜能够精确地观测到远处的目标,时至今日望远镜仍是各种常规测量仪器必不可少的部件。随后,又出现了三角测量方法、最小二乘法、高斯横圆柱投影等许多测量学理论。

20 世纪初,随着飞机和照相机的出现,发展了航空摄影测量。通过航空摄影测量可以快速完成大范围的地形测量,改变了测量手段,减轻了劳动强度,提高了工作效率,使测量学发生了一次革命。

20 世纪 50 年代起,得益于微电子学、激光、计算机、摄影等技术的迅猛发展,电磁波测距仪、电子经纬仪、全站仪、数字摄影测量系统等设备的问世使测量学又实现了一次重大革命,地形测量从白纸测图发展为数字测图,测量工作实现了内外业一体化、数字化和自动化。

1957 年人造卫星的发射成功,使测量技术有了新的发展,1966 年出现了卫星大地测量,1972 年开始利用卫星对地球进行遥感。始建于 1973 年并于 1993 年全部建成的美国全球定位系统(GPS)可使测量用户在全球任何地点、任何时刻(不分白天和黑夜,无需测点之间的通视)实时地获取静态或动态测点的三维坐标。目前,遥感的分辨率能达到亚米级,GPS 的相对测量精度能达到毫米级,这些现代测量技术从根本上彻底改变了三维空间数据的获取方法。

当今,全球定位系统(Global Positioning System,简称 GPS)、地理信息系统(Geographical Information System,简称 GIS)、遥感(Remote Sensing,简称 RS)代表着测量学的最新发展方向,上述三者(简称"3S"技术)的集成将更新测量学的原有含义,使测量工作向多领域、多类型、高精度、自动化、数字化、资料储存微型化等方面发展。

1.3　工程测量的任务及在工程建设中的作用

1.3.1　工程测量的任务

工程测量主要以建筑工程、线路工程、水利工程、地质勘探工程、矿山工程等为研究对象。按照工程建设的顺序和相应作业的性质来看，可将工程测量的任务分为以下三个阶段的测量工作：

（1）勘测设计阶段的测量工作。在工程勘测设计阶段提供设计所需要的测绘资料，即运用各种测量仪器和工具，通过测量和计算，获得地面点的测量数据，或者把地球表面的地形按一定比例尺缩绘成地形图，供工程建设使用。这些必须由测量工作来提供，对于特殊地形还需到现场进行实地定点定位。

（2）施工阶段的测量工作。设计好的工程在经过各项审批后，即可进入施工阶段。这就需要将图纸上设计好的建筑物、构造物的平面位置和高程用测量仪器按一定的测量方法在地面上标定出来，作为施工的依据。在施工过程中还需对工程进行各种监测，确保工程质量。

（3）工程竣工后运营管理阶段的测量工作。工程竣工后，需测绘工程竣工图或进行工程最终定位测量，作为工程验收和移交的依据。对于一些大型工程和重要工程，还需对其安全性和稳定性进行监测，为工程的安全运营提供保障。

1.3.2　工程测量在工程建设中的作用

工程测量在各种工程建设中起着十分重要的作用。例如，在建筑工程、道路与桥梁工程、水利工程和管道工程等的勘测设计阶段需要测绘各种比例尺地形图，供规划设计使用。在施工阶段需要将图纸上设计好的建筑物、构造物、道路、桥梁及管线的平面位置和高程，运用测量仪器和测量方法在地面上标定出来，以便进行施工。在工程结束后，还要进行竣工测量，供日后维修和扩建用，对于大型或重要建筑物、构造物还需要定期进行变形观测，确保其安全。

由此可见，测量工作贯穿于工程建设的始终，作为一名工程技术人员，只有掌握必要的测量科学知识和技能，才能担负起工程勘测、规划设计、施工和运营管理等任务。

对于土建及工程管理类各专业的学生，通过学习本课程，要求掌握测量学的基本知识和基础理论，以及工程测量学中的相关理论和方法；学会常用测量仪器的使用方法；掌握大比例尺地形图测绘的原理和方法；具有应用地形图的能力；掌握工程测量中各种测设数据的计算和测设方法。

思考题与习题

1. 简述测量学研究的对象及内容。
2. 简述测量学的分类。
3. 简述工程测量的任务及在工程建设中的作用。
4. 通过查阅有关资料，了解现代测量技术的发展。

第二章 测量学的基本知识

2.1 地面点位的表示方法

在测量工作中,地面点的空间位置经常是用该点沿着基准线方向投影到基准面上的位置(坐标),以及该点沿着基准线方向到基准面的距离(高度)来表示的。因此,有必要了解测量的基准面及坐标系统。

2.1.1 测量的基准面

1. 大地水准面

测量工作是在地球表面进行的,而地球的自然表面是极不规则的,陆地上最高的山峰是珠穆朗玛峰,高于海平面 8 844.43 m,而在太平洋西部的马里亚纳海沟低于海平面达 11 022 m。尽管有这样大的高低起伏,但相对于地球半径(6 371 km)来说仍可以忽略不计。在地球表面陆地面积约占 29%,海洋面积约占 71%,所以,人们寻求海水面作为测量的基准面。在测量学中把自由、静止的海水面称为水准面。由于潮汐的影响,海水面有涨有落,水准面就有无数个,所以把通过平均静止的海水面向陆地和岛屿延伸而形成的闭合曲面称为大地水准面(图 2-1a)。由大地水准面所包裹的地球形体称为大地体,大地体与地球的总形体最拟合,因此,人们把大地水准面作为测量工作的基准面。另外,在地球重力场中,大地水准面处处与重力方向正交,重力的方向线又称为铅垂线,因此人们把铅垂线作为测量工作的基准线。

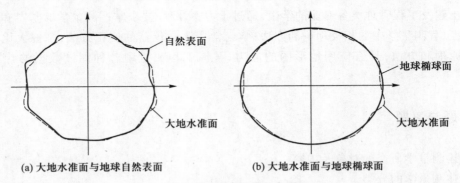

(a) 大地水准面与地球自然表面　　　　　　(b) 大地水准面与地球椭球面

图 2-1　地球形状示意图

2. 参考椭球面

尽管大地水准面的形状和大小与地球总形体最相似,但是由于地球内部质量分布的不均匀性,使得重力方向产生不规则变化,因此处处与重力方向正交的大地水准面也不规则,其表面也有微小的高低起伏(图 2-1a),使得在其上无法进行测量数据的精确计算处理。为此,还必须另选一个与大地水准面非常接近且能用数学模型表达的规则曲面作为计算工作的基准面,这个面是用一个椭圆绕其短轴旋转而成的(图 2-1b),称为旋转椭球面。测量学中把拟合地球总形体的旋转椭球面称为地球椭球面,把拟合某一个区域的旋转椭球面称为参考椭球面,最佳拟合点称为大地原点。

如图 2-2 所示,地球椭球面的大小和形状由其长轴半径 a 和扁率 α 描述。目前,我国采用的参考椭球面参数:$a = 6\ 378\ 140$ m,$\alpha = (a-b)/a = 1/298.257$(式中 b 为短轴半径),并对此椭球面进行了实地定位,选择陕西省泾阳县永乐镇某点为大地原点,由此建立的坐标系,称为"1980 年国家大地坐标系"。之前的"1954 年北京坐标系"大地原点位于苏联的普尔科夫(现俄罗斯境内)。

由于地球椭球的扁率很小,因此当测区范围不大时,可以近似地把椭球视为圆球,其半径为 6 371 km。

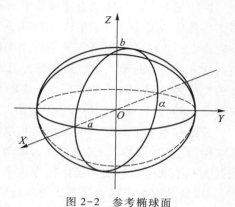

图 2-2　参考椭球面

2.1.2　测量常用坐标系统

除了在 GPS 测量中所用的 WGS-84 世界大地测量坐标系(以地球质心为原点的三维直角坐标系)以外,为了便于测量和计算,传统的常规测量通常将三维坐标系统用高程系统和平面(或球面)坐标系统两种方式表示。

(一)高程系统

地面点沿基准线方向到高程基准面的距离称为高程。最常用的高程系统是以大地水准面作为高程基准面起算的。地面点到大地水准面的铅垂距离,称为该点的绝对高程或海拔,用 H 加点名作下标表示,如图 2-3 所示。在小范围的局部地区,如果引测绝对高程有困难时,也可以选定一个任意的水准面作为高程基准面,这时地面点至此水准面的铅垂距离,称为该点的相对高程或假定高程,用 H' 加点名作下标表示。两点的高程之差称为这两点之间的高差,用 h 加起止点名作下标表示。

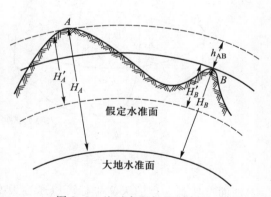

图 2-3　绝对高程与相对高程

$$h_{AB} = H_B - H_A = H'_B - H'_A \tag{2-1}$$

显然,A、B 两点之间的高差与高程基准面无关。另外,只要 A、B 两点的高差已知,则可由 A 点的高程推求得 B 点的高程。

我国以设在山东省青岛市的国家验潮站收集的 1950—1956 年的验潮资料,推算的黄海平均海水面(其高程为零)作为我国高程起算面,并在青岛市观象山建立了水准原点。水准原点到验潮站平均海水面高程为 72.289 m。这个高程系统称为"1956 年黄海高程系"。

由于海洋潮汐长期变化周期为 18.6 年,80 年代初,国家又根据 1952—1979 年青岛验潮站的观测资料,推算出新的黄海平均海水面作为高程零点。由此测得青岛水准原点高程为 72.260 4 m,称为"1985 年国家高程基准",并从 1985 年 1 月 1 日起执行新的高程基准。全国各地的高程都以它为基准进行联测推算。

（二）平面（球面）坐标系统

1. 地理坐标

地理坐标是地面点在球面坐标系中的坐标值,用经度和纬度表示。

过地面上一点与地球南北极的平面称为子午面,子午面与地球表面的交线称为子午线。过英国格林尼治天文台的子午面称为首子午面。首子午面与地球表面的交线称为首子午线。过地球表面上一点的子午面与首子午面之间的夹角称为经度。自首子午面起向东 0°~180° 为东经,向西 0°~180° 为西经。通过地球球心且与地球旋转轴垂直的平面称为赤道面,赤道面与地球表面的交线为赤道。过地球表面上一点的铅垂线或法线与赤道面的夹角称为纬度。自赤道面起,向北 0°~90° 为北纬,向南 0°~90° 为南纬。

按坐标系统依据的基准线和基准面的不同以及计算方法的不同,地理坐标又可进一步分为天文地理坐标(简称天文坐标)和大地地理坐标(简称大地坐标)。以大地水准面为基准面,以铅垂线为基准线而得的地理坐标称为天文坐标,分别用 λ、φ 表示,如图 2-4 所示。以椭球面为基准面,以椭球面的法线为基准线得的地理坐标称为大地坐标,分别用 L、B 表示,如图 2-5 所示。

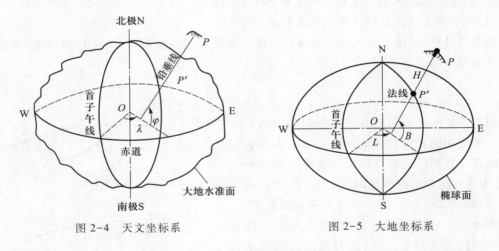

图 2-4 天文坐标系　　　　　　　　图 2-5 大地坐标系

地面上任意一点的天文坐标可以通过天文测量方法直接测定,由于天文测量受环境条件限制,定位精度不高,天文坐标之间推算困难,所以工程测量中使用很少。大地坐标是根据大地原点坐标,按大地测量所得数据推算得到。

2. 高斯平面直角坐标

地理坐标只能确定地面点位在球面上的位置,不能直接用于测绘地形图,因此,应将点的地理坐标转换成平面直角坐标。在我国采用高斯投影的方法,将球面上的点位投影到高斯投影面上,从而转换成平面直角坐标。下面介绍高斯平面直角坐标的建立方法。

（1）投影与分带

高斯投影采用分带投影的方法,设想一个椭圆柱面横套在地球椭球面外面,并与地球椭球面上某一子午线(该子午线称为中央子午线)相切,椭圆柱的中心轴通过地球椭球球心,然后按等角投影方法,将中央子午线两侧一定经差范围内的点、线投影到椭圆柱面上,再沿着过极点的母线展开即成为高斯投影面,如图 2-6 所示。

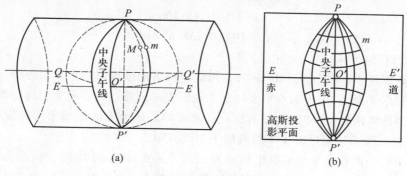

(a)

高斯投
影平面

(b)

图 2-6 高斯投影

　　高斯投影面上的中央子午线和赤道的投影都是直线,且正交,其他子午线和纬线都是曲线。在高斯投影中,中央子午线的长度不变,其余的子午线均凹向中央子午线,且距中央子午线越远,长度变形越大。为了把长度变形控制在测量精度允许的范围内,将地球椭球面按一定的经度差分成若干范围不大的带,称为投影带。带宽一般分为经差6°和3°,如图2-7所示。

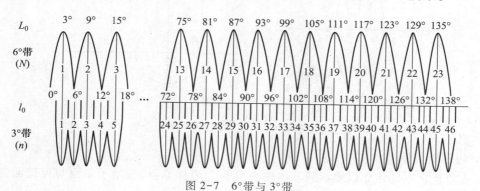

图 2-7 6°带与3°带

　　6°带是从格林尼治子午线起,自西向东每隔经差6°为一带,共分成60带,编号为1~60。带号 N 与相应的中央子午线经度 L_0 的关系可用下式计算:

$$L_0 = 6°N - 3° \tag{2-2}$$

　　6°带可以满足1:25 000以上中、小比例尺测图精度的要求。

　　3°带是在6°带基础上划分的,从东经1°30′子午线起,自西向东每隔经差3°为一带,编号为1~120。带号 n 与相应的中央子午线经度 l_0 的关系可用下式计算:

$$l_0 = 3°n \tag{2-3}$$

　　我国位于北半球,南从北纬4°,北至北纬54°;西从东经74°,东至东经135°。中央子午线从75°起共计11个6°带,带号为13~23;21个3°带,带号为25~45。

　　(2)建立高斯平面直角坐标系

　　以中央子午线和赤道投影后的交点 O 作为坐标原点,以中央子午线的投影为纵坐标轴 X,规定 X 轴向北为正;以赤道的投影为横坐标轴 Y,规定 Y 轴向东为正,从而构成高斯平面直角坐标系。在高斯平面直角坐标系中,X 坐标均为正值,而 Y 坐标有正有负。为避免 Y 坐标出现负值,将坐标纵轴向西平移500 km,并在横坐标值前冠以带号。这种坐标称为国家统一坐标,如图2-8所示。

　　例如,B 点的高斯平面直角坐标为:$X_B = 3\ 464\ 215.106$ m,$Y_B = -432\ 861.343$ m。

若该点位于第 19 带内,则 B 点的国家统一坐标值为

$$x_B = 3\ 464\ 215.106\ \text{m}$$
$$y_B = 19\ 067\ 138.657\ \text{m}$$

3. 独立平面直角坐标

当测区的范围较小(半径小于 10 km)时,可以把测区的球面当作水平面,直接将地面点沿铅垂线方向投影到水平面上,用平面直角坐标表示地面点的位置。为了避免坐标出现负值,一般将坐标原点选在测区西南角,使测区全部落在第一象限内。这种方法适用于测区没有国家控制点的地区,x 轴方向一般为该地区真子午线或磁子午线方向。

测量中使用的平面直角坐标系纵坐标轴为 x,向北为正;横坐标轴为 y,向东为正。象限按顺时针方向编号,这些与数学上的规定是不同的,但数学上的三角和解析几何公式可以直接应用到测量中,如图 2-9 所示。

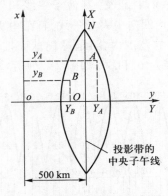

图 2-8   高斯平面直角坐标系

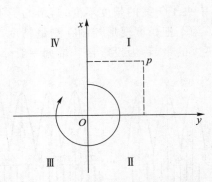

图 2-9   独立平面直角坐标系

4. 空间直角坐标

空间直角坐标系的建立以地球椭球体中心 O 作为坐标原点,起始子午面与赤道面的交线为 X 轴,赤道面上与 X 轴正交的方向为 Y 轴,椭球体的旋转轴为 Z 轴,指向符合右手规则。在该坐标系中,P 点的点位用 P 在这三个坐标轴的投影 x、y、z 表示,如图 2-10 所示。

利用 GPS 卫星定位系统得到的地面点位置,是"WGS-84坐标",该坐标系坐标原点在地心。我国的"2000 国家大地坐标系"(CGCS2000 坐标系)是全球地心坐标系在我国的具体体现,其原点为包括海洋和大气的整个地球的质量中心。空间直角坐标系可以统一各国的大地控制网,可使各国的地理信息"无缝"衔接,在军事、导航及国民经济各部门得到广泛应用,并已成为一种实用坐标系。

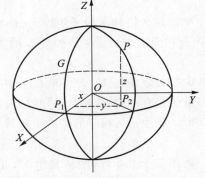

图 2-10   空间直角坐标系

2.2   直线定向与坐标计算

直线定向就是确定某一直线相对于起始方向的位置。起始方向有真北方向、磁北方向和坐标纵轴北方向。

2.2.1 起始方向与方位角

1. 真北方向与真方位角

真北方向是通过地球表面上一点的真子午线切线的正向。真北方向可用天文观测方法或陀螺经纬仪来测定。自真子午线北端顺时针量至某直线的水平角称为真方位角,用 A 表示,如图 2-11a 所示,其变化范围为 $0°\sim360°$。

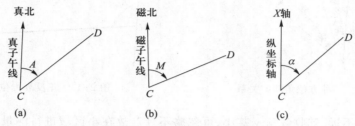

图 2-11 三种起始方向与其对应的方位角

2. 磁北方向与磁方位角

磁北方向是通过地球表面上一点的磁子午线切线的正向。磁北方向可用罗盘仪观测得到。自磁子午线北端顺时针量至某直线的水平角称为磁方位角,用 M 表示,如图 2-11b 所示,其变化范围为 $0°\sim360°$。

3. 坐标纵轴北方向与坐标方位角

测量工作中采用高斯平面直角坐标系中的坐标纵轴北端所指方向。在小区域独立测区,通常测定某点的磁北方向或真北方向,然后以平行于该方向作为纵坐标轴的起始方向,这样对计算较为方便。自坐标纵轴北端顺时针量至某直线的水平角称为坐标方位角,用 α 表示,如图 2-11c 所示,其变化范围为 $0°\sim360°$。

4. 三种起始方向之间的关系

因地球磁场的南北极与地球自转轴的南北极不一致,故任意一点的磁北方向与真北方向不重合。过某点的磁子午线方向与真子午线方向间的夹角称磁偏角,用 δ 表示。磁子午线在真子午线以东称为东偏,δ 取正号;反之,为西偏,δ 取负号。

我国各地的磁偏角的变化范围大约在 $-10°\sim+6°$ 之间。在不同地方磁偏角的大小并不相同,即磁北方向与真北方向不重合,但磁北方向接近真北方向,而且测定磁北方向的方法简单,因此,常作为局部地区测量定向的依据。

在高斯投影中,中央子午线投影后为一直线,其余为曲线。过某点的坐标纵线即中央子午线与真子午线方向的夹角称为子午线收敛角,用 γ 表示。当坐标纵线偏于真子午线方向以东称东偏,则 γ 取正号;反之,为西偏,γ 取负号。

如图 2-12 所示,设直线 OB 的真方位角为 A,磁方位角为 M,坐标方位角为 α。则有如下关系

$$\left.\begin{array}{l} A=M+\delta \\ A=\alpha+\gamma \\ \alpha=M+\delta-\gamma \end{array}\right\} \tag{2-4}$$

5. 直线的正、反方位角

由于地球上各点的真北方向都是指向北极,并不相互平行。图 2-13 中,在直线 MN 上,M 至

N 的方位角为 A_{MN}，N 至 M 的方位角为 A_{NM}，它们的关系为

$$A_{NM} = A_{MN} + 180° + \gamma \quad (2-5)$$

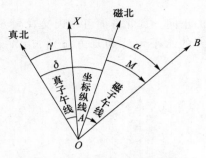

图 2-12   三种方位角间的关系

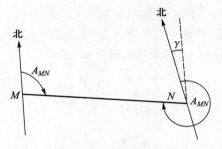

图 2-13   正反真方位角

如果两点相距不远，其收敛角 γ 甚小，可忽略不计。故在小区域进行测量时，可把各点的真北方向视为平行，亦即以坐标纵轴作为定向的起始方向，如图 2-14 所示。这样，α_{AB} 与 α_{BA} 的关系式为

$$\alpha_{BA} = \alpha_{AB} \pm 180° \quad (2-6)$$

正、反坐标方位角之间相差 $180°$，由此可见，采用坐标方位角作为定向的起始方向对计算较为方便。

6. 象限角

在实际工作中，有时也用象限角表示直线方向，或为了计算方便把方位角换算成象限角。象限角是从起始方向北端或南端顺时针或逆时针量到某直线的水平夹角，称为象限角，用 R 表示，角值范围为 $0° \sim 90°$。用象限角表示直线方向时，不但要注明角值的大小，而且还要注明所在的象限。

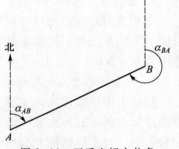

图 2-14   正反坐标方位角

用方位角和象限角均能表示直线的方向，若知道某一直线的方位角可以换算出该直线的象限角，反之亦可，换算方法如图 2-15 所示。

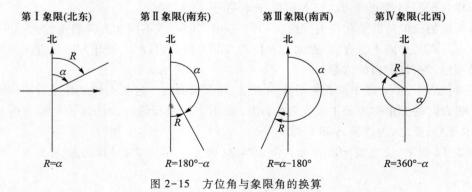

图 2-15   方位角与象限角的换算

2.2.2   坐标方位角的推算

测量工作中，各直线的坐标方位角不是直接测定的，而是测定各相邻边之间的水平夹角 β_i，

然后根据已知的起始边坐标方位角和各观测角推算出其他各边的坐标方位角。在推算时,β_i 有"左角"和"右角"之分,其公式也有所不同。所谓左角(右角)是指该角位于前进方向左侧(右侧)的水平夹角。

如图 2-16 所示,已知 α_{12},观测前进方向的左角 $\beta_{2左}$、$\beta_{3左}$、$\beta_{4左}$(或右角 $\beta_{2右}$、$\beta_{3右}$、$\beta_{4右}$),推算 α_{23}、α_{34}、α_{45} 如下:

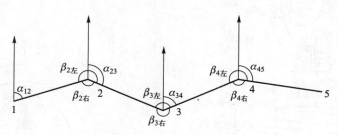

图 2-16 坐标方位角推算

β_i 为左角时

$$\alpha_{23} = \alpha_{12} + \beta_{2左} - 180°$$

$$\alpha_{34} = \alpha_{23} + \beta_{3左} - 180°$$

$$\alpha_{45} = \alpha_{34} + \beta_{4左} - 180°$$

通用公式 $\qquad\qquad\qquad\qquad \alpha_{i,i+1} = \alpha_{i-1,i} + \beta_{i左} - 180° \qquad\qquad\qquad\qquad (2-7)$

β_i 为右角时

$$\alpha_{23} = \alpha_{12} - \beta_{2右} + 180°$$

$$\alpha_{34} = \alpha_{23} - \beta_{3右} + 180°$$

$$\alpha_{45} = \alpha_{34} - \beta_{4右} + 180°$$

通用公式 $\qquad\qquad\qquad\qquad \alpha_{i,i+1} = \alpha_{i-1,i} - \beta_{i右} + 180° \qquad\qquad\qquad\qquad (2-8)$

式中 $\alpha_{i-1,i}$、$\alpha_{i,i+1}$ 分别表示直线前进方向上相邻边中后一边的坐标方位角和前一边的坐标方位角。一般为:

$$\alpha_{前} = \alpha_{后} + \beta_i \pm 180° \qquad\qquad\qquad\qquad (2-9)$$

式中:β_i 为左角时取 +,右角时取 -。用上式算得的 α 值超过 360° 时,应减去 360°。

2.2.3 用罗盘仪测定磁方位角

罗盘仪是测量直线磁方位角的仪器。该仪器构造简单、使用方便,但精度不高。当测区内没有国家控制点,需要在小范围内建立假定坐标系的平面控制网时,可用罗盘仪测定起始边的磁方位角,作为该控制网起始边的坐标方位角。

(1)罗盘仪的构造

罗盘仪的主要部件有磁针、刻度盘、望远镜和基座,如图 2-17 所示。

1)磁针:磁针用人造磁铁制成,在度盘中心的顶针尖上可自由转动。为了减轻顶针尖的磨损,在不用时,可用位于底部的固定螺旋升高杠杆,将磁针固定在玻璃盖上,

2)刻度盘:用钢或铝制成的圆环,随望远镜一起转动,每隔 10° 有一注记,按逆时针方向从 0° 注记到 360°,最小分划为 1° 或 30′。刻度盘内装有一个圆水准器或者两个相互垂直的管水准器,用手控制气泡居中,使罗盘仪水平。

3）望远镜：望远镜装在刻度盘上，物镜端与目镜端分别在刻划线 0° 与 180° 的上面，如图 2-18 所示。罗盘仪在定向时，刻度盘与望远镜一起转动指向目标，当磁针静止后，度盘上由 0° 逆时针方向至磁针北端所指的读数，即为所测直线的方位角。

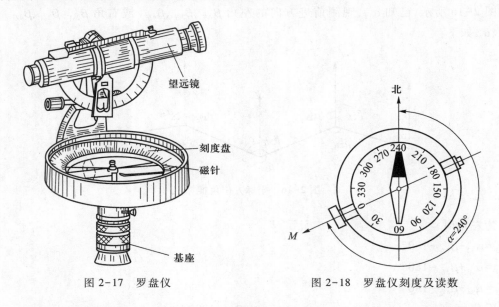

图 2-17   罗盘仪   图 2-18   罗盘仪刻度及读数

4）基座。采用球臼结构，松开球臼接头螺旋，可摆动刻度盘，使水准气泡居中，度盘处于水平位置，然后拧紧接头螺旋。

（2）用罗盘仪测定直线磁方位角的方法

如图 2-19 所示，为了测定直线 AB 的方向，将罗盘仪安置在 A 点，用垂球对中，使度盘中心与 A 点处于同一铅垂线上，再用仪器上的水准管使度盘水平，然后放松磁针，用望远镜瞄准 B 点，等磁针静止后，磁针所指的方向即为磁子午线方向，按磁针指北的一端在刻度盘上读数，即得直线 AB 的磁方位角。

图 2-19   罗盘仪测定直线方向

使用罗盘仪进行测量时，附近不能有任何铁器，并要避免高压线，否则磁针会发生偏转，影响测量结果。必须等待磁针静止才能读数，读数完毕应将磁针固定以免磁针的顶针磨损。若磁针摆动相当长时间还静止不下来，这表明仪器使用太久，磁针的磁性不足，应进行充磁。

2.2.4　坐标计算的基本公式

1. 坐标正算

如图 2-20 所示，A 点的坐标 (X_A, Y_A)，AB 边的边长 D_{AB} 及坐标方位角 α_{AB} 均为已知，求 B 点的坐标 (X_B, Y_B)。则有：

$$\left.\begin{array}{l} X_B = X_A + \Delta X_{AB} \\ Y_B = Y_A + \Delta Y_{AB} \end{array}\right\} \qquad (2-10)$$

其中坐标增量为

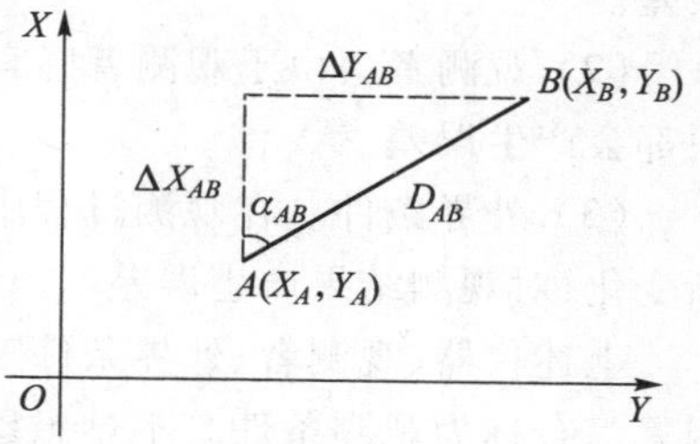

$$\left.\begin{array}{l} \Delta X_{AB} = D_{AB} \cdot \cos\alpha_{AB} \\ \Delta Y_{AB} = D_{AB} \cdot \sin\alpha_{AB} \end{array}\right\} \qquad (2-11)$$

则有

$$\left.\begin{array}{l} X_B = X_A + D_{AB} \cdot \cos\alpha_{AB} \\ Y_B = Y_A + D_{AB} \cdot \sin\alpha_{AB} \end{array}\right\} \qquad (2-12)$$

图 2-20　坐标计算

式（2-12）为坐标正算的基本公式，即根据两点间的边长和坐标方位角，计算两点间的坐标增量，再根据已知点的坐标，计算另一未知点的坐标。

2. 坐标反算

设 A、B 两点的坐标 (X_A, Y_A)、(X_B, Y_B) 均为已知，计算 α_{AB} 和 D_{AB}。由图 2-20 可知，首先取反正切函数计算该直线的象限角，然后判定直线所在的象限，再将其象限角换算成直线的坐标方位角值，公式为：

$$R_{AB} = \left| \arctan \frac{\Delta Y_{AB}}{\Delta X_{AB}} \right| = \left| \arctan \frac{Y_B - Y_A}{X_B - X_A} \right| \qquad (2-13)$$

式（2-13）为求直线的象限角的公式。还应根据 ΔX_{AB}、ΔY_{AB} 的"+""-"符号来确定直线 AB 所在的象限。

$$\left.\begin{array}{l} \text{当 } \Delta X_{AB} > 0, \Delta Y_{AB} > 0 \text{ 时}, \alpha_{AB} = R_{AB} \\ \text{当 } \Delta X_{AB} < 0, \Delta Y_{AB} > 0 \text{ 时}, \alpha_{AB} = 180° - R_{AB} \\ \text{当 } \Delta X_{AB} < 0, \Delta Y_{AB} < 0 \text{ 时}, \alpha_{AB} = 180° + R_{AB} \\ \text{当 } \Delta X_{AB} > 0, \Delta Y_{AB} < 0 \text{ 时}, \alpha_{AB} = 360° - R_{AB} \end{array}\right\} \qquad (2-14)$$

求解直线 AB 的长度公式为：

$$D_{AB} = \frac{\Delta X_{AB}}{\cos\alpha_{AB}} = \frac{\Delta Y_{AB}}{\sin\alpha_{AB}} = \sqrt{(X_B - X_A)^2 + (Y_B - Y_A)^2} \qquad (2-15)$$

2.3　测量误差与精度指标

2.3.1　测量误差与误差来源

1. 测量误差定义

对未知量进行测量的过程称为观测，测量所得到的结果即为观测值。测量中的被观测量，客观上都存在一个真实值，简称真值。一般情况下，观测值与真值之间存在差异，观测值与真值之差，称为真误差。用 L_i 代表观测值，X 代表真值，则真误差 Δ_i 为

$$\Delta_i = L_i - X(\,i = 1\,、2\,、\cdots\,、n\,) \tag{2-16}$$

2. 测量误差的来源

测量工作中,产生误差的原因很多,主要有三方面:

(1) 测量仪器。各种仪器具有一定限度的精密度,使观测结果的精度受到一定限制;仪器和工具本身的构造不可能十分完善,使用这样的仪器和工具进行测量,也会对观测结果产生误差。

(2) 观测者。由于观测者感官的辨别力有着一定的局限性,在仪器的安置、照准、读数等方面都会产生误差。

(3) 外界条件。在观测过程中,外界条件(如大气温度、湿度、能见度、风力、大气折光等)不断变化,对观测结果产生误差。

上述仪器、观测者、外界条件三个方面的因素是引起误差的主要来源。因此把这三个方面的因素综合称为观测条件。不难想象,观测条件的好坏将与观测成果的质量有着密切关系。在相同的观测条件下所进行的一组观测,得到成果质量相同,称为等精度观测。

2.3.2　测量误差的分类及特性

根据测量误差对测量结果影响的性质不同,误差可分为系统误差和偶然误差两种。

1. 系统误差

在相同的观测条件下,对某量作一系列观测,如果出现的误差其符号和大小相同或按一定规律变化,这种误差称为系统误差。产生系统误差的原因很多,主要是由于使用的仪器不够完善及外界条件所引起的。例如,用名义长度为 30 m,而实际长度为 30.005 m 的钢尺进行距离测量,则每丈量一个整尺段就会产生 -0.005 m 的误差。

系统误差具有同一性(误差的大小相等)、单向性(误差的正负号相同)和累积性等特性。

系统误差的消除或削减方法为:① 采用合理的观测方法和观测程序,限制和削弱系统误差的影响。如水准测量时保持前后视距相等,角度测量时采用盘左盘右观测等。② 利用系统误差产生的原因和规律对观测值进行改正,如对距离测量值进行尺长改正、温度改正等。这些以后章节会有介绍。

2. 偶然误差

在相同的观测条件下,对某量进行一系列观测,如果出现的误差其符号和大小均不一致,即从表面上看,没有什么规律性,这种误差称为偶然误差,又称随机误差。偶然误差是由于人的感觉器官和仪器的性能受到一定的限制,以及观测时受到外界条件的影响等原因造成的。例如,在水准尺读数时,估读毫米位有时偏大、有时偏小,纯属偶然性。

从单个偶然误差来看,其符号和大小没有任何规律性,但是,当进行多次观测对大量的偶然误差进行分析,则呈现出一定的、明显的统计规律性。下面通过实例来说明。

为了阐明偶然误差的规律性,设在相同观测条件下,独立地观测了 $n = 217$ 个三角形的内角,由于观测有误差,每个三角形的内角和不等于 180°,而产生真误差 Δ_i,因按观测顺序排列的真误差,其大小、符号没有任何规律,为了便于说明偶然误差的性质,将真误差按其绝对值的大小排列于表 2-1 中,误差间隔 $d\Delta = 3.0''$,K 为误差在各间隔内出现的个数,K/n 为误差出现在某间隔的频率。

表 2-1 真误差频率分布表

误差区间 dΔ	Δ 为负值			Δ 为正值			总计	
	个数 K	频率 K/n	$K/(n \cdot \mathrm{d}\Delta)$	个数 K	频率 K/n	$K/(n \cdot \mathrm{d}\Delta)$	个数 K	频率 K/n
0″~3″	29	0.134	0.044	30	0.138	0.046	59	0.272
3″~6″	20	0.092	0.031	21	0.097	0.032	41	0.189
6″~9″	18	0.083	0.028	15	0.069	0.023	33	0.152
9″~12″	16	0.074	0.025	14	0.064	0.022	30	0.138
12″~15″	10	0.046	0.015	12	0.055	0.018	22	0.101
15″~18″	8	0.037	0.012	8	0.037	0.012	16	0.074
18″~21″	6	0.028	0.009	5	0.023	0.007	11	0.051
21″~24″	2	0.009	0.003	2	0.009	0.003	4	0.018
24″~27″	0	0	0	1	0.005	0.002	1	0.005
27″以上	0	0	0	0	0	0	0	
Σ	109	0.503		108	0.497		217	1.000

从表 2-1 可见,单个误差虽然呈现出偶然性(随机性),但就整体而言,却呈现出统计规律。为了形象地表示误差的分布情况,现以横坐标表示误差大小,纵坐标表示频率与误差间隔的比值,绘制成误差直方图(图 2-21)。图中所有矩形面积的总和等于 1,每一矩形面积的大小表示误差出现在该间隔的频率。其中,有斜线的面积表示误差出现在 0″~−3″区间的相对个数(频率)。这种图形能形象地显示误差的分布情况。当误差间隔无限缩小,观测次数无限增多时,各矩形上部所形成的折线将变成一条光滑、对称的连续曲线,这就是误差分布曲线,它概括了偶然误差的如下特性:

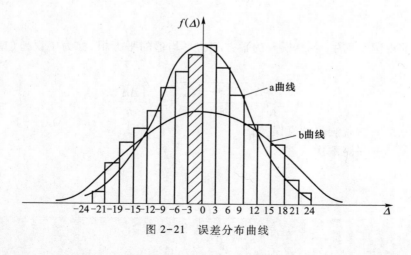

图 2-21 误差分布曲线

(1)在一定的观测条件下,偶然误差的绝对值不会超过一定的限值,而超过一定限值的偶然误差出现的频率为零(有界性)。

（2）绝对值小的误差比绝对值大的误差出现的频率大（单峰性）。

（3）绝对值相等的正误差与负误差出现的频率相同（对称性）。

（4）对同一量的等精度观测，其偶然误差的算术平均值随着观测次数的无限增加而趋近于零（抵偿性），即

$$\lim_{n \to \infty} \frac{\Delta_1 + \Delta_2 + \cdots + \Delta_n}{n} = 0$$

测量上常以[ ]表示总和，上式也可写为

$$\lim_{n \to \infty} \frac{[\Delta]}{n} = 0 \tag{2-17}$$

在实际工作中，观测次数是有限的，但只要误差对其总和的影响都是均匀地小，没有一个误差占绝对优势，它们的总和将近似地服从正态分布。为了工作上的方便，都是以正态分布作为描述偶然误差分布的数学模型。

从图 2-21 还可以看出，在相同观测条件下的一系列观测值，其各个真误差彼此不相等，甚至相差很大，但它们所对应的误差分布曲线是相同的，所以称其为等精度观测值。不同精度对应着不同的误差分布曲线，而曲线愈陡峭、峰顶愈高者（图 2-21 中 a 曲线）说明误差分布愈密集或称离散度小，它就比曲线较平缓、峰顶较低者（图 2-21 中 b 曲线）精度高。

偶然误差不能用计算来改正或用一定的观测方法简单地加以消除。为了减小偶然误差的影响可采取：① 提高仪器等级；② 增加观测次数；③ 建立良好的网形结构等措施。

在测量工作中，系统误差和偶然误差总是同时产生，由于系统误差可采取一定的观测方法或通过计算的方法加以消除或减小到可以忽略的程度。所以。在观测结果中偶然误差占主导地位。

除了上述两类性质的误差外，还可能发生错误，例如，测错、记错、算错等。错误的发生是由于观测者在工作中粗心大意造成的，又称为粗差。凡含有粗差的观测值应舍去不用，并需重测。

2.3.3　精度指标

为了衡量观测结果精度的高低，必须有一个衡量精度的标准。常用的有中误差、相对误差和容许误差。

1. 中误差

在等精度的观测系列中，各真误差的平方和的平均值的平方根，称为中误差（或均方误差），用 m 表示，即

$$m = \pm\sqrt{\frac{\Delta_1^2 + \Delta_2^2 + \cdots + \Delta_n^2}{n}} = \pm\sqrt{\frac{[\Delta\Delta]}{n}} \tag{2-18}$$

式中：Δ_1、Δ_2、$\cdots$、Δ_n——观测值的真误差；

　　　　N——观测次数。

［例 2-1］

　　设有两组等精度观测值，其真误差分别为：

　　第一组：$-4''$、$-2''$、$0''$、$-4''$、$+3''$

　　第二组：$+6''$、$-5''$、$0''$、$+1''$、$-1''$

求其中误差,并比较其观测精度。

解:按(2-18)式得

$$m_1 = \pm\sqrt{\frac{(-4'')^2 + (-2'')^2 + (0'')^2 + (-4'')^2 + (3'')^2}{5}} = \pm 3.0''$$

$$m_2 = \pm\sqrt{\frac{(+6'')^2 + (-5'')^2 + (0'')^2 + (1'')^2 + (-1'')^2}{5}} = \pm 3.5''$$

两组观测值的中误差为 $m_1 = \pm 3.0''$、$m_2 = \pm 3.5''$。显然,第一组的观测精度较第二组的观测精度高。

由此可以看出,第二组的观测误差比较离散,相应的中误差就大,精度就低。因此,在测量工作中,通常情况下采用中误差作为衡量精度的标准,m 值越小,观测结果的精度越高。

应该指出的是:中误差 m 是表示一组观测值的精度。例如,m_1 是表示第一组观测值的精度,故 m_1 表示了第一组中每一次观测值的精度;同样,m_2 表示了第二组中每一次观测值的精度。

2. 相对中误差(相对误差)

中误差有时不能完全表达精度的优劣,例如,分别丈量了 1 000 m 及 100 m 的两段距离,设观测值的中误差均为 ±0.1 m,能否说两段距离的丈量精度相同呢?显然不能。因为,两者虽然从表面上看中误差相同,但就单位长度而言,两者的精度却并不相同。为了更客观地衡量精度,引入与被观测量大小有关的另一种衡量精度的方法,这就是相对中误差。

相对中误差就是中误差的绝对值与其相应的观测量之比,在测量中常用分子为 1 的分式来表示,即

$$K = \frac{|m|}{L} = \frac{1}{N} \tag{2-19}$$

本例中,丈量 1 000 m 的距离,其相对中误差为 $\frac{0.1}{1\,000} = \frac{1}{10\,000}$,而后者为 $\frac{0.1}{100} = \frac{1}{1\,000}$。前者分母大比值小,丈量精度高。

在相对中误差的比值中,分子可以是距离测量时的往返测量所得两个结果的较差、闭合差或容许误差,这时分别称为相对误差、相对闭合差或相对容许误差。

3. 容许误差

由偶然误差的性质可知,在一定的观测条件下,偶然误差的绝对值不会超过一定的限值。从大量的测量实践中得出,在一系列等精度的观测误差中,绝对值大于两倍中误差的偶然误差出现的概率为 4.5%;绝对值大于三倍中误差的偶然误差出现的概率仅为 0.3%,实际上是很难出现的事件。所以,通常以三倍的中误差作为偶然误差的容许值,即

$$f_容 = 3m \tag{2-20}$$

在测量实践中,也有采用 $2m$ 作为容许误差的情况。

在测量规范中,对每一项测量工作,根据不同的仪器和不同的测量方法,分别规定了容许误差的值,在进行测量工作时必须遵循。如果个别误差超过了容许值,就被认为是错误的,此时,应舍去相应的观测值,并重测或补测。

2.3.4　等精度直接平差

所谓的平差包含两方面含义:一是对一系列带有误差的观测值运用数理统计的方法消除它们之间的不符值,求出未知量的最可靠值(最或是值);二是评定测量成果的精度。这里只介绍一个未知量的平差。

1. 最或是值的计算

设对某未知量进行了 n 次等精度观测,观测值为 l_1、l_2、$\cdots$、l_n,该量的真值为 X,算术平均值为 L,真误差为 Δ_i,则

$$\left.\begin{aligned}\Delta_1 &= l_1-X\\ \Delta_2 &= l_2-X\\ &\cdots\cdots\\ \Delta_n &= l_n-X\end{aligned}\right\} \tag{a}$$

将式(a)对应相加,得

$$[\Delta] = [l]-nX \tag{b}$$

将式(b)除以 n 得

$$\frac{[\Delta]}{n} = \frac{[l]}{n}-X = L-X \tag{2-21}$$

L 为观测值的算术平均值,即

$$L = \frac{l_1+l_2+\cdots+l_n}{n} = \frac{[l]}{n} \tag{2-22}$$

根据偶然误差的特性当 $n\to\infty$ 时,$\frac{[\Delta]}{n}\to 0$,于是 $L\approx X$。即当观测次数 n 无限多时,算数平均值就趋向于未知量的真值。当观测次数有限时,可以认为算数平均值是根据已有的观测数据所能求得的最接近真值的近似值,称为最或是值或最或然值。用最或是值作为该未知量的真值的估值。

最或是值与每一个观测值的差值,称为该观测值的改正数,用符号 $V_i(i=1,2,\cdots,n)$ 来表示,即

$$V_i = L-l_i(i=1,2,\cdots,n) \tag{2-23}$$

可见,

$$\left.\begin{aligned}V_1 &= L-l_1\\ V_2 &= L-l_2\\ &\cdots\cdots\\ V_n &= L-l_n\end{aligned}\right\} \tag{c}$$

将式(c)相加得

$$[V] = nL-[l]$$

得

$$[V] = 0 \tag{2-24}$$

即改正数总和为零。可用式(2-24)作为计算中的校核。

2. 评定精度

(1) 等精度观测值的中误差

用公式 $m = \pm\sqrt{\dfrac{[\Delta\Delta]}{n}}$ 求等精度观测值中误差时,需要知道观测值的真误差 Δ_1、Δ_2、$\cdots$、Δ_n。

真误差是各观测值与真值的差。在实际工作中,观测值的真值往往是难以得到的,因此,用真误差来计算观测值的中误差是不可能的。但是,对于等精度的一组观测值的最或是值即算术平均值是可以求得的,如果在每一个观测值上加一个改正数,使其等于最或是值,即改正数为算术平均值与观测值之差。则观测值的中误差就可以利用改正数来计算。

设在相同观测条件下,一个量的观测值为 l_1、l_2、$\cdots$、l_n,其真值为 X,算术平均值为 L,真误差为 Δ_i,改正数(或称最或是误差)为 V_i,则观测值中误差为

$$m = \pm \sqrt{\frac{[VV]}{n-1}} \qquad (2-25)$$

(2)算术平均值的中误差

$$M = \pm \sqrt{\frac{[VV]}{n(n-1)}} \qquad (2-26)$$

[例 2-2]

对某距离 AB 丈量了五次,其观测值列在表 2-2 中,求观测值的中误差 m 及算术平均值中误差 M。

计算过程及计算结果列于表 2-2 中。

表 2-2 观测值及算术平均值中误差计算表

观测次序	观测值 l_i/m	V/cm	VV/cm²	计算
1	242.46	−2	4	
2	242.41	3	9	$m = \pm\sqrt{\dfrac{[VV]}{n-1}} = \pm\sqrt{\dfrac{22}{5-1}} = \pm 2.6$ cm
3	242.42	2	4	
4	242.45	−1	1	$M = \dfrac{m}{\sqrt{n}} = \pm\dfrac{0.026}{\sqrt{5}} = \pm 0.012$ m
5	242.46	−2	4	
	$L = 242.44$	$[V] = 0$	$[VV] = 22$	观测成果:242.44 m±0.012 m

2.4 测量工作概述

2.4.1 测定点位的基本要素

设 A、B、C 为地面上的三点,如图 2-22 所示,投影到水平面(假设投影面为平面)上的位置分别为 a、b、c。如果 A 点的位置已知,要确定 B 点的位置,除 B 点到 A 点在水平面上距离 D_{AB}(水平距离)必须知道外,还要知道 B 点在 A 点的哪一方向。图中 ab 的方向可用通过 a 点的指北方向与 ab 的夹角(水平角)α 表示,α 角称为方位角,如果知道 D_{AB} 和 α,B 点在图上的位置 b 就可以确定。如果还要确定 C 点在图上的位置 c,则需要测量 BC 在水平面的距离 D_{BC} 及 b 点上相邻两边的水平夹角 β。

在图中还可以看出,A、B、C 点的高程不同,除平面位置外,还要知道它们的高低关系,即 A、

B、C 三点的高程 H_A、H_B、H_C 或高差 h_{AB}、h_{BC},这样这些点的位置就完全确定了。

由此可知,水平距离、水平角及高程是确定地面点相对位置的三个基本要素。把距离测量、角度测量及高程测量称为测量的基本工作。

2.4.2 地球曲率对水平距离的影响

在测区范围不大的情况下,为简化一些复杂的投影计算,可将地球椭球体的球面用水平面代替。用水平面代替球面时应使投影后产生的误差不超过一定的限度,下面分析用水平面代替球面时,地球曲率对上述测量基本要素中的水平距离和高程的影响。

如图 2-23 所示,在测区中部选一点 A,沿铅垂线投影到水准面 P 上为 a,过 a 点作切平面 P'。地面上 A、B 两点投影到水准面上的弧长为 D,在水平面上的距离为 D',则

$$\left.\begin{array}{l} D = R \cdot \theta \\ D' = R \cdot \tan\theta \end{array}\right\} \tag{2-27}$$

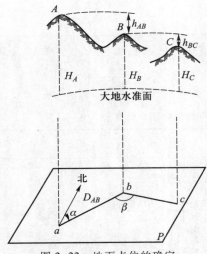

图 2-22 地面点位的确定

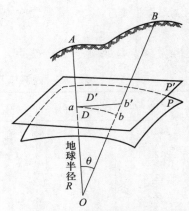

图 2-23 用水平面代替球面

以水平长度 D' 代替球面上弧长 D 产生的误差为

$$\Delta D = D' - D = R(\tan\theta - \theta) \tag{2-28}$$

将 $\tan\theta$ 按级数展开得

$$\tan\theta = \theta + \frac{1}{3}\theta^3 + \frac{2}{15}\theta^5 + \cdots \tag{2-29}$$

将式(2-29)略去高次项代入(2-28)式并考虑 $\theta = \dfrac{D}{R}$ 得

$$\Delta D = R\left[\theta + \frac{\theta^3}{3} - \theta\right] = R\frac{\theta^3}{3} = \frac{D^3}{3R^2} \tag{2-30}$$

两端除以 D,得相对误差

$$\frac{\Delta D}{D} = \frac{1}{3}\left(\frac{D}{R}\right)^2 \tag{2-31}$$

地球半径 $R = 6\ 371$ km,用不同 D 值代入,可计算出水平面代替球面的距离误差和相对误差,列入表 2-3。

表 2-3 水平面代替球面对距离的影响

距离 D/km	距离误差 ΔD/cm	相对误差
1	0.00	—
5	0.10	1 : 5 000 000
10	0.82	1 : 1 220 000
15	2.77	1 : 5 400 000

从表 2-3 可见,当距离为 10 km 时,以水平面代替球面所产生的距离误差为 0.82 cm,相对误差为 1/1 220 000。小于目前精密距离测量的容许误差。所以在半径为 10 km 范围内,进行距离测量时,以水平面代替球面所产生的距离误差可忽略不计。

2.4.3 地球曲率对高程的影响

由图 2-23 可见,$b'b$ 为水面代替水准面对高程产生的误差,令其为 Δh,也称为地球曲率对高程的影响。

$$(R+\Delta h)^2 = R^2 + D'^2$$

得

$$\Delta h = \frac{D'^2}{2R+\Delta h}$$

上式中,用 D 代替 D',而 Δh 相对于 $2R$ 很小,可略去不计,则

$$\Delta h = \frac{D^2}{2R} \tag{2-32}$$

以不同距离 D 代入上式,则得高程误差,列入表 2-4。

表 2-4 水平面代替球面对高程的影响

D/m	10	50	100	200	500	1 000
Δh/mm	0.0	0.2	0.8	3.1	19.6	78.5

从表 2-4 中可见,当距离为 200 m 时,高程方面的误差达 3.1 mm,这对高程来说影响是很大的,所以进行高程测量时,即使距离很短也应考虑地球曲率对高程的影响。

2.4.4 测量工作的原则及程序

在实际测量工作中,由于受各种条件的影响,不论采用何种方法,使用何种测量仪器,测量过程中都会不可避免地产生误差,如果从一个点开始逐点施测,前一点的误差将传递到后一点,逐点累积,点位误差将越来越大,最后将满足不了精度要求。因此,为了控制测量误差的累积,保证测量成果的精度,测量工作必须遵循的原则是:在布局上"由整体到局部",在精度上"由高级到低级",在程序上"先控制后碎部",即先在测区范围内建立一系列控制点,精确测出这些点的位置,然后再分别根据这些控制点施测碎部测量。此外,对测量工作的每一个过程,要坚持"步步检查",以确保测量成果精确可靠。

为了保证全国范围内测绘的地形图具有统一的坐标系,且能控制测量误差的累积,有关测绘部门在我国建立了覆盖全国各地区的各等级国家控制网点。在测绘地形图时,首先应依据国家控制网点在测区内布设测图控制网和测图用的图根控制点,这样能形成精度可靠的"无缝"地形

图。如图 2-24 所示，A、B、C、D、E、F 为选定图根控制点，并构成一定的几何图形，应用精密大地测量仪器和精确测算方法确定其坐标和高程，然后在图根控制点上安置仪器测定其周围的地物、地貌的特征点（也称碎部点），按一定的投影方法和比例尺并用规定的符号绘制成地形图。

施工测量时，也是应先进行控制点的布设，然后利用控制点将图上设计的建（构）筑物位置测设于实际的地面位置。如图 2-24 所示，利用控制点根据设计数据将所设计的建（构）筑物 P、Q、R 测设于实地。

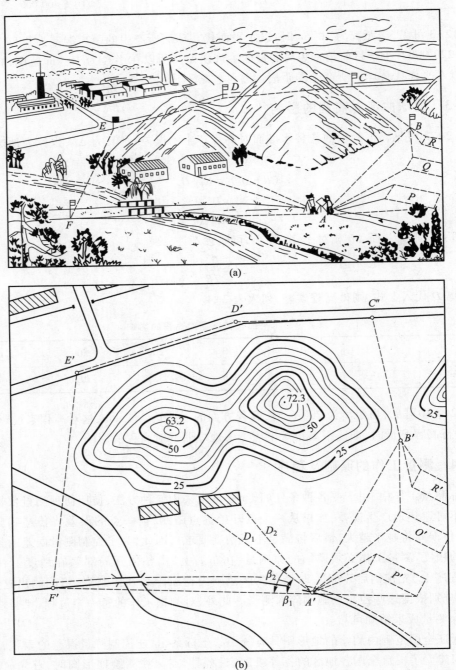

(a)

(b)

图 2-24　测区控制点布置图

思考题与习题

1. 什么是水准面、大地水准面？测量工作的基准线和基准面是什么？

2. 什么是绝对高程、相对高程？两点间的高差值如何计算？

3. 测量常用的坐标系有几种？各有何特点？

4. 测量上的平面直角坐标系与数学上的平面直角坐标系有什么区别？

5. 地球的形状近似怎样的形体？大地体与椭球体有什么不同？

6. 北京某点的大地经度为 117°31′，试计算它所在的 6°带和 3°带的带号及其中央子午线的经度。

7. 我国某处一点的横坐标 $Y = 20\ 743\ 516.22$ m，该坐标值是按几度带投影计算获得的？其位于第几带？

8. 根据 1956 年黄海高程系统测得 A 点高程为 165.718 m，若改用 1985 年高程基准，则 A 点的高程是多少？

9. 什么是直线定向？什么是方位角？真方位角、磁方位角、坐标方位角三者之间的关系是什么？

10. 已知下列各直线的坐标方位角 $\alpha_{AB} = 38°30′$、$\alpha_{CD} = 175°35′$、$\alpha_{EF} = 230°20′$、$\alpha_{GH} = 330°58′$，试分别求出它们的象限角和反坐标方位角。

11. 如图所示（a）已知 $\alpha_{12} = 56°06′$，求其余各边的坐标方位角；（b）$\alpha_{AB} = 156°24′$，求其余各边的坐标方位角。

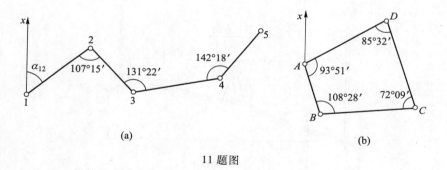

(a)　　　　　　　　　　　　　(b)

11 题图

12. 什么是系统误差、偶然误差、中误差、最或是值？

13. 甲、乙两组分别对某三角形三个内角进行了观测，各次观测所得三角形三内角和如下：

甲组：180°00′02″、179°59′57″、180°00′06″、180°00′01″、180°00′02″

乙组：179°59′58″、180°00′00″、180°00′06″、180°00′04″、180°00′00″

试比较甲、乙两组的观测精度。

14. 用经纬仪观测了某角 4 个测回，观测结果分别为：138°32′18″、138°31′54″、138°31′42″、138°32′06″，试计算该角值及其中误差是多少？

15. 怎样使用罗盘仪测定直线的磁方位角？

16. 用水平面代替水准面对水平距离和高程各有什么影响？

17. 测量的三个基本要素是什么？测量的三项基本工作是什么？

18. 测量工作的基本原则是什么？为什么要遵循这些基本原则？

第三章　高程测量

测量地面上各点高程的工作称为高程测量,地面点高程的测量方法有水准测量、三角高程测量、GPS 高程测量等。其中水准测量是精确测量地面点高程的主要方法之一。

3.1　水准测量原理

水准测量的原理是利用水准仪所提供的一条水平视线,通过读取竖立于两点的水准尺读数,来测定出地面上两点之间的高差,然后根据已知点的高程推算出待定点的高程。

如图 3-1 所示,已知地面 A 点高程 H_A,欲求 B 点高程。首先安置水准仪于 A、B 两点之间,并在 A、B 两点上分别竖立水准尺。根据仪器的水平视线,按测量的前进方向规定 A 点为后视点,其水准尺读数 a 为后视读数;B 点为前视点,其水准尺读数 b 为前视读数。则 B 点对 A 点的高差为

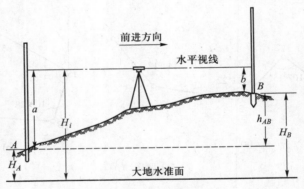

图 3-1　水准测量原理

$$h_{AB} = a - b \tag{3-1}$$

高差有正负号之分,当 $a>b$ 时,$h_{AB}>0$,说明 B 点比 A 点高;反之,B 点低于 A 点。若已知 A 点高程为 H_A,则未知点 B 的高程 H_B 为

$$H_B = H_A + h_{AB} = H_A + (a - b) \tag{3-2}$$

上述是直接利用实测高差 h_{AB} 计算 B 点的高程。在实际工作中,有时也可以通过水准仪的视线高 H_i 计算待定点 B 的高程 H_B,公式如下:

$$\left.\begin{array}{l} H_i = H_A + a \\ H_B = H_i - b \end{array}\right\} \tag{3-3}$$

若在一个测站上,要同时测算出若干个待定点的高程用视线高法较方便。

3.2 水准仪及使用

在水准测量时,提供水平视线的仪器称为水准仪,与之配合的工具有水准尺和尺垫。水准仪按精度可分为 DS_{05}、DS_1、DS_3 和 DS_{10} 等几个等级,其中 D、S 分别为"大地测量"和"水准仪"汉语拼音的第一个字母,数字表示精度,即每千米往返高差的中误差,单位为 mm,若按其构造可分为微倾式水准仪、自动安平水准仪和数字水准仪等。

3.2.1 DS_3 型微倾式水准仪

图 3-2 所示的是国产 DS_3 微倾式水准仪,这是工程测量中最常用的仪器。水准仪主要由望远镜、水准器和基座三部分组成。

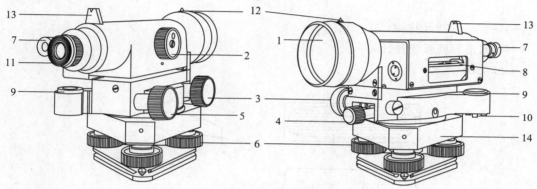

图 3-2 DS_3 微倾式水准仪

1—物镜;2—物镜调焦螺旋;3—微动螺旋;4—制动螺旋;5—微倾螺旋;6—脚螺旋;7—管水准气泡观察窗;
8—管水准器;9—圆水准器;10—圆水准器校正螺旋;11—目镜;12—准星;13—照门;14—基座

1. 望远镜

望远镜由物镜、目镜、调焦透镜和十字丝分划板组成,如图 3-3 所示。物镜和目镜一般采用复合透镜组,物镜为凸透镜,调焦透镜为凹透镜,位于物镜和目镜之间。望远镜的对光通过旋转调焦螺旋,使调焦透镜在望远镜筒内平移来实现。

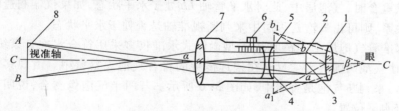

图 3-3 望远镜结构示意图

1—目镜;2—十字丝分划板;3—目标成的像;4—放大后的虚像;5—调焦凹透镜;
6—调焦螺旋;7—物镜;8—目标

物镜光心与十字丝交点的连线称为视准轴,也称为视线。在实际使用时,视准轴应保持水平,照准远处水准尺;调节目镜调焦螺旋,可使十字丝清晰放大;旋转物镜调焦螺旋使水准尺成像在十字丝分划板平面上,并与之同时放大(衡量望远镜光学性能的主要指标是放大率,其大小的计算为 $K = \beta / \alpha$,一般 DS_3 型水准仪望远镜的放大率为 28 倍),最后用十字丝中丝截取水准尺读数。

十字丝分划板上竖直的一条长线称竖丝,与之垂直的长线称为横丝或中丝,用来瞄准目标和读取读数。在中线的上下还对称地刻有两条与中丝平行的短横线,称为视距丝,是用来测定距离的,如图3-4所示。

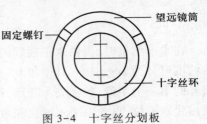

图3-4　十字丝分划板

2. 水准器

水准器是用来指示水准仪的视准轴是否水平或竖轴是否铅垂的一种装置。分管水准器和圆水准器两种。管水准器又叫水准管是用来指示视准轴是否水平的,圆水准器是用来指示仪器竖轴是否铅垂的。

（1）水准管是一个内装液体并留有气泡的密封玻璃管。其纵向内壁磨成圆弧形,外表面刻有 2 mm 间隔的分划线,2 mm 所对的圆心角 τ 称为水准管分划值,如图3-5所示。

$$\tau = \frac{2}{R}\rho \tag{3-4}$$

式中：τ——2 mm 所对的圆心角,("）；

　　　R——水准管圆弧半径,mm；

　　　$\rho = 206\ 265''$。

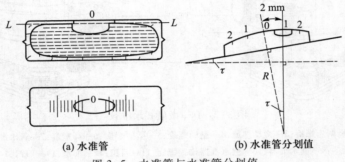

(a) 水准管　　　　　　(b) 水准管分划值

图3-5　水准管与水准管分划值

水准管圆弧半径愈大,分划值就越小,则水准管灵敏度就越高,也就是仪器置平的精度越高。DS$_3$ 型水准仪的水准管分划值要求不大于 $20''/2$ mm。

通过分划线的对称中心（即水准管零点）作水准管圆弧的纵切线称为水准管轴,当气泡中心与水准管的零点重合时,气泡居中,此时水准管轴 LL 处于水平状态,如果仪器制造时设计成与视准轴保持平行关系,则可由气泡是否居中来判断视准轴是否处于水平状态。

为了提高水准管气泡居中的精度,DS$_3$ 型微倾式水准仪多采用符合水准管系统,通过符合棱镜的反射作用,使气泡两端的影像反映在望远镜旁的符合气泡观察窗中。由观察窗看气泡两端的半像吻合与否,来判断气泡是否居中,如图3-6所示。若两半气泡像吻合,说明气泡居中。此时水准管轴处于水平位置。

因管水准器灵敏度较高,且用于调节气泡居中的微倾螺旋范围有限,在使用时,首先使仪器的旋转轴（即竖轴）处于铅垂状态。因此,水准仪上还装有一个圆水准器。

（2）圆水准器是一个顶面内壁磨成球面的玻璃圆盒,刻有圆分划圈。通过分划圈的中心（即零点）作球面的法线 $L'L'$,称为圆水准器轴,如图3-7所示。当气泡居中时,圆水准器轴处于铅垂位置,如果仪器在制造时将此轴线设计成与仪器竖轴保持平行关系,则当圆水准器气泡居中时,仪器竖轴也处于铅垂位置。圆水准器分划值约为 $8' \sim 10'$,大于管水准器的分划值,所以圆水准器通常用于粗略整平仪器。

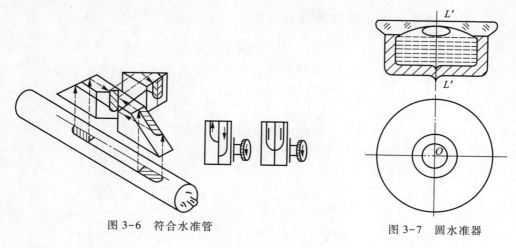

图 3-6 符合水准管   图 3-7 圆水准器

3. 基座

基座用于支承仪器的上部并通过连接螺旋使仪器与三脚架相连。调节基座上的三个脚螺旋可使圆水准器气泡居中。

3.2.2 水准尺和尺垫

水准尺是水准测量的主要工具,常用的水准尺有直尺、折尺和塔尺等几种,如图 3-8 所示。折尺和塔尺单面分划,水准尺仅有黑白相间的分划,尺底为零,由下向上注有 dm(分米)和 m(米)的数字,最小分划单位为 cm(厘米)。直尺也叫双面尺,有两面分划,正面是黑白分划,反面是红白分划,其长度有 2 m 和 3 m 两种,且两根尺为一对。两根尺的黑白分划均与单面尺相同,尺底为零;而红面尺尺底则从某一常数开始,即其中一根尺子的尺底读数为 4.687 m,另一根尺为 4.787 m。

尺垫也是水准测量的工具之一。一般用生铁铸成三角形,中央有一突起的半球体,如图 3-9 所示,为了保证在水准测量过程中转点的高程不变,将水准尺立在半球体的顶端。

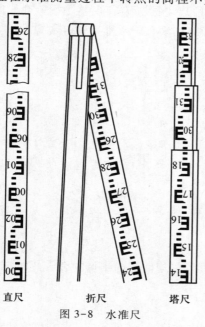

直尺   折尺   塔尺

图 3-8 水准尺

图 3-9 尺垫

3.2.3   DS₃型微倾式水准仪的操作方法

为测定 A、B 两点之间的高差,首先在 A、B 之间安置水准仪。撑开三角架,使架头大致水平,高度适中,稳固地架设在地面上;用连接螺旋将水准仪固连在脚架上,再按下述四个步骤进行操作。

1. 粗平

粗平的目的是借助于圆水准器气泡居中,使仪器竖轴铅垂。

转动基座上三个脚螺旋,使圆水准器气泡居中。整平时,气泡移动方向始终与左手大拇指的运动方向一致,如图 3-10 所示。

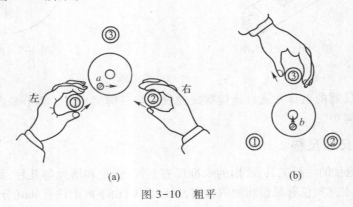

图 3-10   粗平

2. 瞄准

先将望远镜对向明亮的背景,转动目镜调焦螺旋使十字丝清晰;松开制动螺旋,转动望远镜,利用镜筒上照门和准星照准水准尺;拧紧制动螺旋,转动物镜调焦螺旋,看清水准尺;利用水平微动螺旋,使十字丝竖丝瞄准尺边缘或中央,同时观测者的眼睛在目镜端上下微动,检查十字丝横丝与物像是否存在相对移动的现象,如果存在这种现象被称为有视差。视差会影响读数的正确性,读数前应消除它。即继续按以上调焦方法仔细对光,直至水准尺正好成像在十字丝分划板平面上,两者同时清晰且无相对移动的现象时为止,如图 3-11 所示。

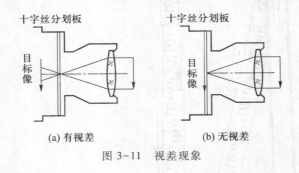

图 3-11   视差现象

3. 精平

注视符合气泡观察窗,转动微倾螺旋,使水准管气泡两端的半像吻合。此时,水准管轴水平,水准仪的视准轴亦精确水平。

4. 读数

水准管气泡居中后,用十字丝横丝(中丝)在水准尺 A 上读数。因水准仪多为倒像望远镜,因此读数时应由上而下进行。如图 3-12a 所示黑面读数 $a = 1.608$ m、红面读数 $b = 6.295$ m。这两个读数之差为 6.295 m-1.608 m=4.687 m,正好等于该尺红面起始读数,说明读数正确。

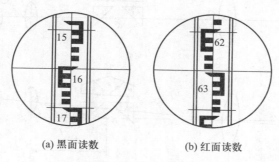

(a) 黑面读数   (b) 红面读数

图 3-12 水准尺读数

3.2.4 自动安平水准仪

用微倾式水准仪进行水准测量的特点是根据水准管的气泡居中而获得水平视线。因此,在水准尺上每次读数都要用微倾螺旋将水准管气泡调至居中位置,影响了水准测量的速度。

自动安平水准仪的特点是只有圆水准器,用自动补偿装置代替了水准管和微倾螺旋,使用时只要水准仪的圆水准气泡居中,使仪器粗平,然后用十字丝读数便是视准轴水平的读数。省略了精平过程,从而提高了观测速度和整平精度。因此,自动安平水准仪在水准测量中应用越来越普及,并将逐步取代微倾式水准仪。图 3-13a 所示是我国 DSZ₃ 型自动安平水准仪的外形,图 3-13b 是它的结构示意图。现以这种仪器为例介绍其构成原理和使用方法。

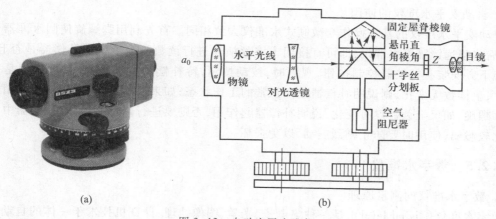

图 3-13 自动安平水准仪

1. 自动安平水准仪的原理

如图 3-14a 所示,当仪器视准轴水平时,十字丝中心为 Z,水准尺上读数 a_0;如图 3-14b 所示,当望远镜有微小倾角 α 时,视线不水平,十字丝中心 Z 移至距 A 为 l 处,水准尺上读数为 a。在图 3-14b 中,设望远镜的组合焦距为 f,则

$$l = f\tan\alpha \tag{3-5}$$

为了使视线不水平时也能读出水平视线上的尺读数 a_0,在距十字丝中心 d 处,安装一个自动补偿器 K,使水平视线偏转 β 角,以通过十字丝中心 Z,则

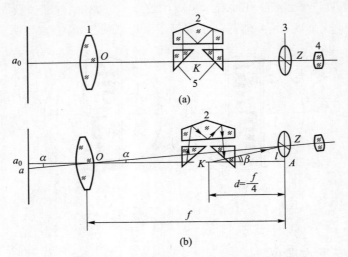

图 3-14 自动安平水准仪的补偿原理

1—物镜;2—屋脊棱镜;3—十字丝平面;4—目镜;5—直角棱镜

$$l = d\tan\beta \tag{3-6}$$

故有

$$f\tan\alpha = d\tan\beta \tag{3-7}$$

由此可见,当式(3-7)的条件满足时,尽管视准轴有微小的倾斜,但十字丝中心 Z 仍能读出视线水平时的读数 a_0,从而达到补偿的目的。自动安平水准仪中的自动补偿棱镜组就是按此原理设计安装的。

2. 自动安平水准仪的使用

自动安平水准仪的基本操作与微倾式水准仪大致相同。首先利用脚螺旋使圆水准器气泡居中,然后将望远镜瞄准水准尺,即可直接用十字丝横丝进行读数。为了检查补偿器是否起作用,在目镜下方安装有补偿器控制按钮,观测时,按动按钮,待补偿器稳定后,看尺上读数是否有变化,如尺上读数无变化,则说明补偿器处于正常的工作状态;如果仪器没有按钮装置,可稍微转动一下脚螺旋,如尺上读数没有变化,说明补偿器起作用,否则要进行修理。另外,补偿器中的金属吊丝比较脆弱,使用时要防止剧烈震动,以免损坏。

3.2.5 数字水准仪

1. 数字水准仪的测量原理

数字水准仪(digital level),是一种集电子、光学、图像处理、计算机技术于一体的自动化智能水准仪。具有新颖的测量原理、可靠的观测精度、简单的观测方法,得到了广泛的应用。

从微倾水准仪到自动安平水准仪再到数字水准仪,是测绘科学与计算机、物理、电子等相关学科相互渗透、共同发展的结果。自动安平水准仪解决了微倾水准仪的自动精平问题,数字水准仪则解决了自动读数问题。

1990 年,瑞士研制成功世界上第一台数字水准仪 NA2000,从而拉开了数字水准仪发展的序幕。

数字水准仪采用条纹编码标尺(RAB 尺)和电子影像处理原理,用线阵 CCD 替代观测员的肉眼,将望远镜像面上的标尺影像转换成数字信息,再利用数字图像处理技术来识别标尺条码进而获得标尺读数和视距。

2. 数字水准仪与条码水准尺

数字水准仪的构造包括传统水准仪的光学系统和机械系统,它同样可以作为光学水准仪使用。此外,数字水准仪还包括信息处理系统,这是与光学水准仪不同的地方。图 3-15a 为数字水准仪的构造示意图。

图 3-15b 为与数字水准仪配套使用的水准尺,有铟钢和玻璃钢两类,铟钢尺受环境因素影响较小,精度高。水准尺分正反两面注记,一面印有条形码图案,另一面和普通水准尺分划相同。

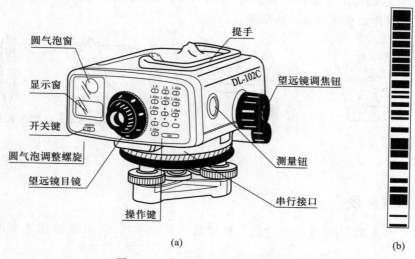

图 3-15　数字水准仪及条码水准尺

3. 数字水准仪的特点

（1）操作简便,作业效率高,自动读数,无疲劳操作;

（2）自动观测和记录,避免了人为因素的影响,测量精度高;

（3）将测量结果以数字形式显示,并能自动存储数据,与计算机进行数据通信。

4. 数字水准仪的使用

数字水准仪与光学水准仪在使用上有相同之处,也有不同特色。安置、粗平、照准这三步和光学水准仪一样,由于数字水准仪都带有自动补偿器,所以不需要人为精平,照准标尺后直接测量,当按下测量键时,仪器就会把瞄准的目标调焦好的尺子上的条码图片用 CCD 获取一个影像,然后把它和仪器内存中的同样的尺子条码图片进行比较和计算。这样,尺子的中丝读数和视距就可以显示在屏幕上,同时保存在内存中。

3.3　水准路线测量

3.3.1　水准点

为了满足各种比例尺地形图测绘、各项工程建设以及科学研究的需要,必须建立统一的国家高程系统。因此,测绘部门按国家有关测量规范,在全国范围内分级布设了许多高程控制点,并采用相应等级的高程测量方法测定各点的高程。

　　用水准测量方法测定的高程控制点称为水准点(bench mark),记为 BM。国家水准点按精度分为一、二、三、四等,与之相应的水准测量分为一、二、三、四等水准测量,除此之外的水准测量称为等外水准测量(或普通水准测量)。

　　国家水准点按国家规范要求应埋设永久性标石或标志。如图 3-16a 所示,需要长期保存的水准点一般用混凝土或石头制成标石,中间嵌半球型金属标志,埋设在冰冻线以下 0.5 m 左右的坚硬土基中,并设防护井保护,称永久性水准点。亦可埋设在岩石或永久建筑物上,如图 3-16c 所示。

　　地形测量中的图根控制点和一般工程施工测量所使用的水准点,常采用临时性标志,可用木桩打入地面,也可在凸出的坚硬岩石或水泥地面等处用红油漆做标志,如图 3-16c 所示。这些水准点的高程常采用普通水准测量方法来测定。

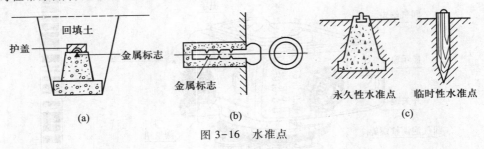

图 3-16   水准点

3.3.2　水准路线

　　水准路线是水准测量所经过的路线。根据测区情况和需要,水准路线可布设成以下几种形式。

　　1. 附合水准路线

　　如图 3-17a 所示,从一已知高程点 BM_A 出发,沿线测定待定高程点 1、2、3、…的高程后,最后附合在另一个已知高程点 BM_B 上。这种水准测量路线称符合水准路线。多用于带状测区。

　　2. 闭合水准路线

　　如图 3-17b 所示,从一已知高程点 BM_A 出发,沿线测定待定高程点 1、2、3、…的高程后,最后闭合在 BM_A 上。这种水准路线称为闭合水准路线。多用于面积较小的块状测区。

　　3. 支水准路线

　　如图 3-17c 所示,从一已知高程点 BM_A 出发,沿线测定待定高程点 1、2 的高程后,既不闭合又不附合在已知高程点上。这种水准测量路线称支水准路线。多用于测图水准点加密。

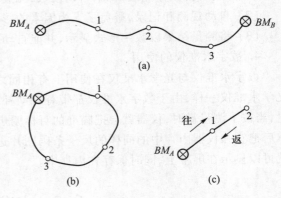

图 3-17   水准路线的形式

3.3.3　水准测量的施测

　　(一) 普通水准测量

　　普通水准测量也称等外水准测量,主要满足一般工程的勘测及施工的基础测量需要。

　　1. 普通水准测量观测方法

　　如图 3-18 所示,已知水准点 A 的高程为 123.446 m,现拟测定 B 点的高程,当 A、B 两点之间的距离很大时,在距 A 点适当距离处选定一转点(turning point,简称 TP),用 TP_1 表示,在 A、TP_1 两点分别立水准尺。在距点 A 和点 TP_1 等距离的 I 处安置水准仪。当仪器视线水平后,先读取后尺中丝读数 a_1,再读取前尺中丝读数 b_1。记录员将读数分别记录在水准测量手簿的相应栏中,见表 3-1,同时算出 A 点和 TP_1 点之间的高差,即 $h_1 = a_1 - b_1 = 0.844$ m

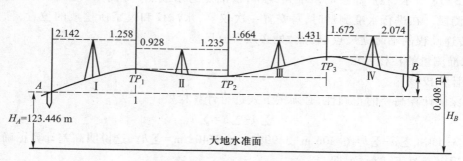

图 3-18 水准测量的实施

表 3-1 水准测量手簿

日期_____   仪器型号_____   观测员_____
天气_____   地   点_____   记录员_____

测站	点号	后视读数 a/m	前视读数 b/m	高 差/m +	高 差/m −	高程/m	备注
I	A	2.142		0.884		123.446	已知水准点
	TP_1		1.258				
II	TP_1	0.928			0.307		
	TP_2		1.235				
III	TP_2	1.664		0.233			
	TP_3		1.431				
IV	TP_3	1.672			0.402		
	B		2.074			123.854	待定点
Σ		6.406	5.998	1.117	0.709	123.854 m− 123.446 m = +0.408 m
计算检核		$\sum a - \sum b = 6.406$ m-5.998 m$= +0.408$ m $\sum h = 1.117$ m-0.709 m$= +0.408$ m					

当第一测站测完后,后视尺沿着 AB 方向前进,同样在离 TP_1 点的适当距离选择转点 TP_2,并在其上立尺。注意,此时立在 TP_1 点上的水准尺不动,只将尺面翻转过来,仪器安置在距 TP_1、TP_2 点等距离处,进行观测、计算,依此类推测到 B 点。求出 A 至 B 的高差 h_{AB},即

$$h_1 = a_1 - b_1$$
$$h_2 = a_2 - b_2$$
$$\cdots\cdots$$
$$h_n = a_n - b_n$$

将各式相加,得

$$\sum h = \sum a - \sum b = h_{AB} \tag{3-8}$$

则 B 点的高程为

$$H_B = H_A + \sum h = H_A + h_{AB} \tag{3-9}$$

如图 3-18 所示,在所布设的水准路线中,水准点与水准点(待测点)之间的水准测量线路,称为一个测段。在进行水准测量时,每安置一次仪器,水准仪和尺子所摆放的位置,称为一个测站,用来传递高程的临时立尺点(转点)处必须安放尺垫。

2. 水准测量的检核方法

(1)计算校核

为了保证计算高差的正确性,必须按下式进行计算检核:

$$\sum a - \sum b = \sum h \tag{3-10}$$

如表 3-1 中,$\sum a - \sum b = 6.406 \text{ m} - 5.998 \text{ m} = +0.408 \text{ m} = \sum h$。这说明高差计算正确。高程计算是否有误可通过下式检核,即

$$H_B - H_A = \sum h = h_{AB} \tag{3-11}$$

$$123.854 \text{ m} - 123.446 \text{ m} = +0.408 \text{ m}$$

上式相等说明高程计算无误。

(2)测站检核

在水准测量中,常用的测站检核方法有双仪器高法和双面尺法两种。

1)双仪器高法

双仪器高法是在同一测站用不同的仪器高度,两次测定两点间的高差。即第一次测得高差后,改变仪器高度升高或降低 10 cm 以上,再次测定高差。若两次测得的高差之差不超过容许范围(容许值按水准测量等级不同而异,对于普通水准测量,两次高差之差的绝对值应小于±6 mm),则取其平均值作为该测站的观测结果,否则需要重测。

2)双面尺法

在同一测站上,仪器高度不变,分别读取后视尺、前视尺上黑、红面读数。按四等水准测量,若同一水准尺上:黑面读数加 4 687(4 787)与红面读数之差不超过±3 mm,则分别计算黑面高差和红面高差,若黑、红面高差之差不超过±5mm 时,取平均值作为最后观测结果。

由于双面水准尺一根尺常数为 4 687,另一根为 4 787,在计算黑、红面高差之差和检核时,应考虑尺常数差 100 mm 的问题(详见本节三、四等水准测量)。

(3)水准路线及成果检核

计算检核只能发现计算是否有错,而测站检核也只能检核每一个测站上是否有错误,不能发现立尺点变动的错误,更不能评定测量成果的精度,同时由于观测时受到观测条件(仪器、人、外界环境)的影响,随着测站数的增多使误差积累,有时也会超过规定的限差。因此应对成果进行检核。

1)附合水准路线

如图 3-17a 所示,在附合水准路线中,各段的高差总和应与 BM_A、BM_B 两点的已知高差相同,如果不等,其差值为高差闭合差 f_h,即高差闭合差等于观测值减去理论值

$$f_h = \sum h_{测} - \sum h_{理} = \sum h_{测} - (H_{终} - H_{始}) \tag{3-12}$$

不同等级的水准测量,对高差闭合差的要求也不同。在国家测量规范中,图根水准测量的高差闭合差容许值 $f_{h容}$(单位为 mm)为

平地：
$$f_{h容} = \pm 40\sqrt{L} \qquad\qquad (3-13)$$

山地：
$$f_{h容} = \pm 12\sqrt{n} \qquad\qquad (3-14)$$

式中：L——水准路线长度，单位为 km（适用于平坦地区）；

　　　n——测站总数（适用于山地）。

2）闭合水准路线

如图 3-17b 所示，在闭合水准路线中，各段的高差总和应等于零，即 $\sum h_{理} = 0$。若实测高差总和不等于零，则为高差闭合差，即

$$f_h = \sum h_{测} \qquad\qquad (3-15)$$

3）支水准路线

如图 3-17c 所示的支水准路线，从一个已知水准点出发到欲求的高程点，往测（已知高程点到欲求高程点）和返测（欲求高程点到已知高程点）高差的绝对值应相等而符号相反。若往返测高差的代数和不等于零即为高差闭合差

$$f_h = \sum h_{往} + \sum h_{返} \qquad\qquad (3-16)$$

支水准路线不能过长，一般为 2 km 左右，其高差闭合差的容许值与闭合或附合水准路线相同，但公式（3-13）、（3-14）中的路线全长 L 或 n 只按单程计算。

（二）三、四等水准测量

三、四等水准测量除用于国家高程控制网加密，还可以用作小区域首级控制。三、四等水准测量起算点的高程一般引自国家一、二等水准点，若测区没有国家水准点，也可建立独立的水准网，采用相对高程。三、四等水准路线的布设形式主要采用附合、闭合水准路线形式。

1. 三、四等水准测量的主要技术要求及实施方法

（1）三、四等水准测量通常应使用 DS_3 型以上的水准仪进行观测；

（2）三、四等水准测量通常应使用双面水准尺，以便对测站观测成果进行检核；

（3）视线长度与读数误差的限差和高差闭合差的规定见表 3-2。

表 3-2　水准观测的主要技术要求

等级	视线长度/m	视线距地面高度/m	前后视距差/m	前后视距累积差/m	黑红面读数差/mm	黑红面高差之差/mm	往返较差、附合或环线闭合差/mm
三	75	0.3	3.0	6.0	2.0	3.0	$\pm 12\sqrt{L}$
四	100	0.2	5.0	10.0	3.0	5.0	$\pm 20\sqrt{L}$

2. 三、四等水准测量的观测与计算方法

（1）观测顺序

三、四等水准测量主要采用双面水准尺观测法，除各种限差和观测顺序有所不同外，记录与计算方法基本相同。现以三等水准测量的观测方法和限差进行叙述。

每一测站上，首先安置仪器，调整圆水准器使气泡居中。分别瞄准后、前视水准尺，估读视距，使前、后视距离差不超过 3 m。如超限，则需移动前视尺或水准仪，以满足要求。然后按下列顺序进行观测，并记于手簿中（表 3-3）。

表 3-3 三(四)等水准测量观测手簿

测自 A 至 B　　　　　日期:2010 年 7 月 12 日　　　　仪器:S3 NO:86606
开始:7 时 25 分　　　天气:晴、微风　　　　　　　观测者:王清泉
结束:8 时 20 分　　　成像:清晰、稳定　　　　　　记录者:张国庆

测站编号	后尺 下丝/上丝　后视距　视距差 d	前尺 下丝/上丝　前视距　∑d	方向及尺号	黑面	红面	(K+黑)-红	高差中数	备考
	(1)	(4)	后	(3)	(8)	(14)		
	(2)	(5)	前	(6)	(7)	(13)	(18)	
	(9)	(10)	后-前	(15)	(16)	(17)		
	(11)	(12)						
1	1 576	0 923	后 101	1 295	5 981	+1		
	1 015	0 351	前 102	0 638	5 426	-1	+0 656	
	56.1	57.2	后-前	+0 657	+0 555	+2		
	-1.1	-1.1						
2	1 249	2 167	后 102	1 431	6 218	0		
	0 613	1 547	前 101	1 856	6 544	-1	-0 426	
	63.6	62.0	后-前	-0 425	-0 326	+1		$K_1 = 4.687$
	+1.6	+0.5						$K_2 = 4.787$
3	1 127	1 938	后 101	1 347	6 035	-1		
	0 569	1 377	前 102	1 657	6 446	-2	-0 310	
	55.8	56.1	后-前	-0 310	-0 411	+1		
	-0.3	+0.2						
4	1 741	0 986	后 102	1 519	6 305	+1		
	1 298	0 535	前 101	0 761	5 448	0	+0 758	
	44.3	45.1	后-前	+0 758	+0 857	+1		
	-0.8	-0.6						
5	1 623	2 250	后 101	1 320	6 008	-1		
	1 016	1 653	前 102	1 951	6 738	0	-0 630	
	60.7	59.7	后-前	-0 631	-0 730	-1		
	+1.0	-0.4						

① 读取后视尺黑面读数:下丝(1),上丝(2),中丝(3)。
② 读取前视尺黑面读数:下丝(4),上丝(5),中丝(6)。
③ 读取前视尺红面读数:中丝(7)。

④ 读取后视尺红面读数:中丝(8)。

测得上述 8 个数据后,随即进行计算,如果符合规定要求,可以迁站继续施测;否则应重新观测,直至所测数据符合规定要求时,才能迁站。

（2）计算与校核

测站上的计算有下面几项(表3-3)。

① 视距部分

后距(9)=[(1)-(2)]×100

前距(10)=[(4)-(5)]×100

后、前视距离差(11)=[(9)-(10)],绝对值不超过 3 m。

后、前视距离累积差(12)=本站的(11)+前站的(12),绝对值不应超过 6 m。

② 高差部分

前视尺黑、红面读数差(13)=K_2+(6)-(7),绝对值不应超过 2 mm。

后视尺黑、红面读数差(14)=K_1+(3)-(8),绝对值不应超过 2 mm。

上两式中的 K_1 及 K_2 分别为两水准尺的黑、红面的起点差,亦称尺常数。

黑面高差(15)=(3)-(6)

红面高差(16)=(8)-(7)

黑红面高差之差(17)=[(15)-(16)±0.100]=[(14)-(13)],绝对值不超过 3 mm。

由于两水准尺的红面起始读数相差 0.100 m,即 4.787 与 4.687 之差,因此,红面测得的高差应为(17)±0.100 m,"加"或"减"应以黑面高差为准来确定。

每一测站经过上述计算,符合要求,才能计算高差中数(18)= $\frac{1}{2}$[(16)+(17)±0.100],作为该两点测得的高差。

表3-3 为三等水准测量手簿,( )内的数字表示观测和计算校核的顺序。当整个水准路线测量完毕,应逐页校核计算有无错误,校核方法是:

先计算 $\sum(3)$,$\sum(6)$,$\sum(7)$,$\sum(8)$,$\sum(9)$,$\sum(10)$,$\sum(16)$,$\sum(17)$,$\sum(18)$,而后用下式校核

$\sum(9)-\sum(10)=(12)$末站

当测站总数为奇数时,$\frac{1}{2}$[$\sum(16)+\sum(17)±0.100$]=$\sum(18)$。

当测站总数为偶数时,$\frac{1}{2}$[$\sum(16)+\sum(17)$]=$\sum(18)$。

最后算出水准路线总长度 $L=\sum(9)+\sum(10)$。

四等水准测量一个测站的观测顺序,可采用后(黑)、后(红)、前(黑)、前(红),即读取后视尺黑面读数后随即读红面读数,而后瞄准前视尺,读取黑面及红面读数。

3.4 水准测量成果计算

水准测量外业工作结束后,要检查外业手簿,确认无误后,才能转入内业计算。水准测量的成果整理内容包括:高差闭合差的计算、检核、调整及水准点高程的计算。不同等级的水准路线对高差闭合差有不同的规定,见表3-4。

表 3-4　水准测量高差闭合差容许值

等级	往返较差、附和或环线闭合差	
	平地/mm	山地/mm
三等水准测量	$\pm 12\sqrt{L}$	$\pm 4\sqrt{n}$
四等水准测量	$\pm 20\sqrt{L}$	$\pm 6\sqrt{n}$
普通(等外)水准测量	$\pm 40\sqrt{L}$	$\pm 12\sqrt{n}$

注:计算往返较差时,L 为水准点间的路线长度,km;计算附和或环线闭合差时,L 为附和或环线的路线长度,km;n 为测站数。

3.4.1　附合水准路线成果计算

如图 3-19 所示,BM_A、BM_B 为普通水准路线的水准点,其高程已知,实测数据见图。表 3-5 为图 3-19 所示的附合水准路线平差的实例。

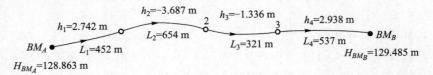

图 3-19　附合水准路线

表 3-5　附合水准路线成果计算表

日期		计算				复核
点名	距离 L/km	实测高差/m	改正数/m	改正的高差/m	高程/m	备注
BM_A					128.863	水准点
	0.452	2.742	-0.008	2.734		
1					131.597	
	0.654	-3.687	-0.012	-3.699		
2					127.898	
	0.321	-1.336	-0.006	-1.342		
3					126.556	
	0.537	2.938	-0.009	2.929		
BM_B					129.485	水准点
Σ	1.964	0.657	-0.035	0.622		
检核	$f_h = [0.657 - (129.485 - 128.863)]\ \text{m} = 35\ \text{mm}$ $f_{h容} = \pm 40\sqrt{1.964}\ \text{mm} = \pm 56\ \text{mm}$					

注:题中给出各测段的距离,说明是平坦地区。

计算步骤:

1. 高差闭合差的计算

路线闭合差(mm)

$$f_h = \sum h_{测} - (H_{终} - H_{始})$$

$$= [0.657 - (129.485 - 128.863)]\ m = 35\ mm$$

容许闭合差(mm)

$$f_{h容} = \pm 40\sqrt{L}$$

$$= \pm 40\sqrt{1.964}\ mm = \pm 56\ mm$$

因 $f_h < f_{h容}$，符合精度要求可以进行调整。

2. 闭合差的调整

闭合差的调整可按测站数或测段长度成正比例且反符号进行分配。计算各测段的高差改正数，然后计算各测段的改正后高差。高差改正数的计算公式为

$$\left.\begin{array}{l} v_i = -\dfrac{f_h}{\sum n} \times n_i \\[3mm] v_i = -\dfrac{f_h}{\sum L} \times L_i \end{array}\right\} \qquad (3-17)$$

或

式中：$\sum n$——测站总数；

　　　　n_i——第 i 测段的测站数；

　　　　$\sum L$——路线总长度；

　　　　L_i——第 i 测段的路线长度。

为方便计算可先算出每站(每千米)的改正数为 $v_n = -\dfrac{f_h}{\sum n}$ 或 $v_{km} = -\dfrac{f_h}{\sum L}$，然后再乘以各段测站数(长度)，就得到各测段的改正数。改正数总和的绝对值应与闭合差的绝对值相等。改正后的高差代数和应与理论值($H_B - H_A$)相等，否则说明高程推算有误。

3. 高程计算

从已知点 BM_A 的高程推算 1、2、3 各点高程，最后计算 BM_B 点的高程应与理论值 H_{BM_B} 相等，否则说明高程推算有误。

3.4.2　闭合水准路线成果计算

如图 3-20 所示，BM_A 为普通水准路线的水准点，其高程已知，实测数据见图。表 3-6 为图 3-20 所示的闭合水准路线平差的实例。

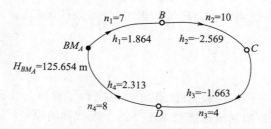

图 3-20　闭合水准路线

表 3-6   闭合水准路线成果计算表

点名	测站数	实测高差/m	改正数/m	改正的高差/m	高程/m	备注
BM_A					125.654	水准点
	7	1.864	0.013	1.877		
B					127.531	
	10	-2.569	0.019	-2.550		
C					124.981	
	4	-1.663	0.008	-1.655		
D					123.326	
	8	2.313	0.015	2.328		
BM_A					125.654	
Σ	29	-0.055	0.055	0		

日期：计算 复核

检核：

$$f_h = \sum h = -0.055 \text{ m} = -55 \text{ mm}$$

$$f_{h容} = \pm 12\sqrt{29} \text{ mm} = \pm 65 \text{ mm}$$

高差闭合差及其容许值为

$$f_h = \sum h_{测} = -0.055 \text{ m} = -55 \text{ mm}$$

$$f_{h容} = \pm 12\sqrt{29} \text{ mm} = \pm 65 \text{ mm}$$

$f_h < f_{h容}$，满足规范要求，则可进行下一步计算。其计算步骤同附合水准路线，详见表 3-6。

3.4.3   支水准路线成果计算

首先按式(3-16)计算高差闭合差，然后按式(3-13)或式(3-14)计算高差闭合差的容许值(路线长度和测站总数以单程计算)。若满足要求，则取各测段往返测高差的平均值(返测高差反符号)作为该测段的观测结果。最后依次计算各点高程。

3.5   水准测量的误差分析

水准测量误差来源主要有三个方面，即仪器构造上的不完善(仪器误差)、操作中作业人员的感官灵敏度的限制(观测误差)、作业环境的影响(外界条件误差)。

3.5.1   仪器误差

1. 仪器的残余误差

虽然仪器出厂前已经过严格检验，在工作之前也进行了检验与校正，但是，仪器仍会存在一定的残余误差。其中主要是望远镜水准管轴不平行于视准轴的误差。这种误差的影响与距离成正比，观测时若保证前、后视距大致相等，便可消除或减弱此项误差的影响。

2. 水准尺误差

由于水准尺的刻划不准确，尺长发生变化、弯曲等，会影响水准测量的精度。因此，水准尺需经过检验符合要求后才能使用。有些尺底部可能存在零点差,可通过在水准测量中使测站数为偶数的方法予以消除。

3.5.2 观测误差

1. 整平误差

设水准管分划值为 τ,居中误差一般为 $\pm 0.15\tau$,利用符合水准器气泡居中精度可提高一倍。若仪器至水准尺的距离为 D,则在读数上引起的误差为

$$m_{\text{平}} = \pm \frac{0.015\tau}{2\rho}D \qquad (3-18)$$

式中:$\rho = 206\ 265''$,τ 的单位为 $('')$。

由上式可知,整平误差与水准管分划值及视线长度成正比。若以 DS_3 型水准仪($\tau = 20''/2\ \text{mm}$)进行等外水准测量,视线长 $D = 100\ \text{m}$ 时,$m_{\text{平}} = 0.73\ \text{mm}$。因此在观测时必须使符合气泡居中,视线不能太长,后视完毕转向前视,要注意重新转动微倾螺旋令气泡居中才能读数,但不能转动脚螺旋,否则将改变仪器高产生错差。此外在晴天观测,必须打伞保护仪器,特别要注意保护水准管。

2. 照准误差

人眼的分辨力,通常视角小于 $1'$,就不能分辨尺上的两点,若用放大倍率为 V 的望远镜照准水准尺,则照准精度为 $60''/V$,由此照准距水准仪为 D 处水准尺的照准误差为

$$m_{\text{照}} = \pm \frac{60''}{V\rho}D \qquad (3-19)$$

当 $V = 30$,$D = 100$ 时,$m_{\text{照}} = \pm 0.97\ \text{mm}$。

3. 估读误差

在以厘米分划的水准尺上估读毫米产生的误差,与十字丝的粗细、望远镜放大倍率和视线长度有关,在一般水准测量中,当视线长度为 $100\ \text{m}$ 时,估读误差约为 $\pm 1.5\ \text{mm}$。

若望远镜放大倍率较小或视线过长时,尺子成像小,并显得不够清晰,照准误差和估读误差都将增大。故对各等级的水准测量,规定了仪器应具有的望远镜放大倍率及视线的极限长度。

4. 水准尺竖立不直的误差

水准尺左右倾斜,在望远镜中容易发现,可及时纠正。若沿视线方向前后倾斜一个 δ 角,会导致读数偏大,如图 3-21 所示,若尺子倾斜时读数为 b',尺子竖直时读数为 b,则产生误差 $\Delta b = b' - b = b'(1 - \cos\delta)$。将 $\cos\delta$ 按幂级数展开,略去高次项,取 $\cos\delta = 1 - \delta^2/2$,则有

$$m_{\delta} = \frac{b'}{2} \times \left(\frac{\delta}{\rho}\right)^2 \qquad (3-20)$$

当 $\delta = 3°$,$b' = 2\ \text{m}$ 时,$m_{\delta} = 3\ \text{mm}$,视线离地越高,读取的数据误差就越大。

3.5.3 外界条件的影响

1. 仪器下沉和尺垫下沉产生的误差

在土质松软的地面上进行水准测量时,由于仪器和尺子自重,可引起仪器和尺垫下沉,前者可使仪器视线降低,造成高差的误差,若采用"后、前、前、后"的观测顺序可减弱其影响;后者在转点处尺垫下沉,将使下一测站的后视读数增大,造成高程传递误差,且难以消除。因此,在测量时,应尽量将仪器脚架和尺垫在地面上踩实,使其稳定不动。

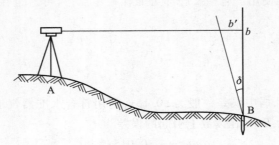

图 3-21   水准尺倾斜误差

2. 地球曲率和大气折光的影响

在第二章 2.4 介绍了用水平面代替球面时,地球曲率对高程的影响[见式(2-32)]。如图 3-22 所示,过仪器高度点 a 的水准面在水准尺上的读数为 b',过 a 点的水平视线在水准尺上的读数为 b'',$b'b''$ 即为地球曲率对读数的影响,用 c 表示。

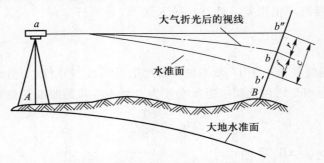

图 3-22   地球曲率和大气折光对读数的影响

地面上空气存在密度梯度,光线通过不同密度的媒质时,将会发生折射。由于大气折光的作用使得水准仪本应水平的视线成为一条曲线。水平视线在水准尺上的实际读数为 b 而不是 b'',bb'' 即为大气折光对读数的影响,用 r 表示。在稳定的气象条件下,大气折光误差约为地球曲率误差的 $1/7$,c、r 同时存在,其共同影响为

$$f = c - r$$

即
$$f = \frac{D^2}{2R} - \frac{D^2}{7 \times 2R} = 0.43 \frac{D^2}{R} \tag{3-21}$$

消除或减弱地球曲率和大气折光的影响,应采取的措施同样为前、后视距离相等的方法。精度要求较高的水准测量还应选择良好的观测时间(一般为日出后或日落前 2 小时),并控制视线高出地面有一定高度和视线长度,以减小其影响。

3. 温度和风力的影响

温度的变化不仅引起大气折光的变化,而且仪器受到烈日的照射,水准管气泡将产生偏移,影响视线水平;较大的风力,将使水准尺影像跳动,难以读数。因此,水准测量时,应选择有利的观测时间,在观测时应撑伞遮阳,避免阳光直接照射。

思考题与习题

1. 什么是水准仪的视准轴、水准管轴和水准管分划值?

2. 水准仪的圆水准器和管水准器的作用是什么？水准测量时,当读完后视读数转动望远镜瞄准前视尺时,发现圆水准器气泡和符合水准管气泡都有少量偏移（不居中）,这时应如何整平仪器读取前视读数？望远镜由哪些部件组成？

3. 什么叫视差？产生视差的原因是什么？如何消除？

4. 什么是转点？转点在水准测量中起什么作用？水准测量时,在什么点上放尺垫？什么点上不能放尺垫？

5. 在普通水准测量中,测站检核的作用是什么？有哪几种方法？

6. 水准测量时,为什么要将水准仪安置在前、后视距大致相等处？它可以减小或消除哪些误差？

7. 将下图中的观测数据填入水准测量手簿（按表 3-1）,并进行必要的计算和计算检核。

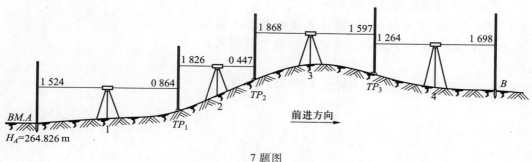

7 题图

8. 用双面尺进行四等水准测量,由 $BM_1 \sim BM_2$ 构成附合水准路线,其黑面尺的下、中、上三丝及红面中丝读数,如图所示,试将其观测数据按表 3-3 填表并计算各测站高差,通过计算判断是否符合限差要求。

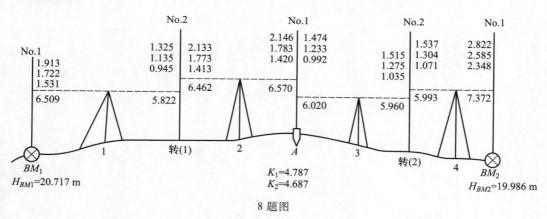

8 题图

9. 为修建公路施测了一条附合水准路线,如图所示,BM_0 和 BM_4 为始、终已知水准点,h_i 为测段高差,L_i 为水准路线的测段长度。已知点的高程及各观测数据列于下表中,试计算 1、2、3 这三个待定点的高程（按表 3-5 计算）。

9 题图

已知高程/m		路线 i	1	2	3	4
BM_0	16.137	h_i/m	0.456	1.258	−4.569	−4.123
BM_4	9.121	L_i/km	2.4	4.4	2.1	4.7

10. 某施工区布设一条闭合水准路线,如图所示,已知水准点 I 的高程为 $H_1 = 48.966$ m,$h_1 = +1.324$ m,$n_1 = 10$;$h_2 = -1.342$ m,$n_2 = 8$;$h_3 = +1.688$ m,$n_3 = 9$;$h_4 = -1.795$ m,$n_4 = 10$;$h_5 = +0.158$ m,$n_5 = 14$。计算待定点 A、B、C、D 改正后的高程(按表 3-6 计算)。

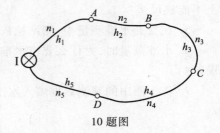

10 题图

11. 试分析水准测量的误差的种类。

12. 使用自动安平水准仪时,为什么要使圆水准器居中?不居中行不行?如何判断自动安平水准仪的补偿器是否起作用?

13. 数字水准仪的特点及使用时的注意事项有哪些?

第四章 角度测量、距离测量及坐标测量

角度测量包括水平角测量和竖直角测量,水平角用于计算点的水平位置,竖直角用于计算点之间的高差或将倾斜距离换算成水平距离。在进行坐标测量计算时,角度和距离是不可缺少的基本要素。

4.1 角度测量原理

4.1.1 水平角测量原理

水平角是指地面上一点到两个目标点的方向线垂直投影到水平面上所夹的角度。如图 4-1 所示,A、B、C 为地面上的三点,过 AB、AC 直线的铅垂面与水平面的交线为 B_1A_1 和 B_1C_1,其夹角 β 即为 A、B、C 三点在 B 点的水平角。

根据水平角的定义,若在 B 点的上方,水平地安置一个带有刻度的圆盘(水平度盘),度盘中心 O 与 B 点位于同一铅垂线上,过 BA、BC 直线的铅垂面与水平度盘相交,其交线分别为 ba、bc,在水平度盘上的读数分别为 a、c,则 $\angle abc$ 即为欲测的水平角,一般水平度盘顺时针注记,则

$$\beta = \angle abc = c - a \qquad (4-1)$$

水平角的范围为 $0° \sim 360°$。

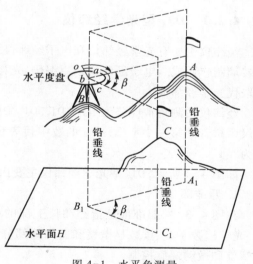

图 4-1 水平角测量

4.1.2 竖直角测量原理

竖直角是指在同一竖直面内,倾斜视线与水平视线间的夹角,用 α 表示。竖直角有仰角和俯角之分,夹角在水平视线以上为"正",称为仰角;在水平视线以下为"负",称为俯角,竖直角的范围 $0° \sim \pm 90°$,如图 4-2 所示。

欲测竖直角 α 的大小,在过 B、A(或 B、C)两点的竖直面内,假想有一个竖直刻度圆盘(竖直度盘)并使其中心位于过 B 点的垂线上,通过瞄准设备和读数设备,可分别获得目标视线和水平视线的读数,则竖直角为

$$\alpha = 目标视线读数 - 水平视线读数$$

或

$$\alpha = 水平视线读数 - 目标视线读数$$

而视线与铅垂线天顶方向之间的夹角,称为天顶距,通常用 Z 表示,天顶距 Z 的角值范围为

$0° \sim 180°$,如图 4-2 所示。当 α 取正值时,天顶距为小于 $90°$ 的锐角;当 α 取负值时,天顶距为大于 $90°$ 的钝角;$\alpha = 0°$ 时,$Z = 90°$。因而,竖直角 α 与天顶距 Z 之间存在的关系为

$$\alpha = 90° - Z \qquad (4-2)$$

在实际测量时,竖直角和天顶距只需测出一个即可。

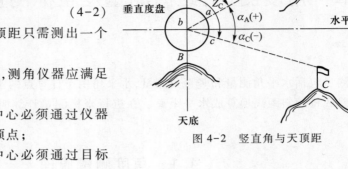

图 4-2　竖直角与天顶距

　　根据上述角度测量原理,测角仪器应满足下列条件:

　　(1) 水平度盘的刻划中心必须通过仪器旋转中心,并通过所测角的顶点;

　　(2) 竖直度盘的刻划中心必须通过目标方向线与水平线的交点;

　　(3) 仪器的照准设备不仅能在水平面内转动,而且可以在竖直面内转动,瞄准不同方向不同高度的目标。

　　经纬仪就是满足上述条件的测角仪器。

4.2　经纬仪及使用

4.2.1　DJ$_6$ 型光学经纬仪

　　经纬仪主要有光学经纬仪和电子经纬仪。光学经纬仪的特点是度盘和读数系统是采用透光的玻璃制作而成。电子经纬仪采用编码、光栅度盘,能自动显示测角数值,因此电子经纬仪将逐步取代光学经纬仪。

　　经纬仪按测角精度分为 DJ$_{07}$、DJ$_1$、DJ$_2$、DJ$_6$、DJ$_{10}$ 几个等级,“D”和“J”分别为大地测量和经纬仪汉语拼音的第一个字母,后面的数字代表仪器的测量精度,即“一测回方向观测值中误差”单位为“秒”。

　　如图 4-3 所示,DJ$_6$ 型光学经纬仪主要由照准部、水平度盘和基座三部分组成。

　　1. 照准部

　　在图 4-3 中,照准部是指经纬仪上部的可转动部分,主要由望远镜、竖直度盘、照准部水准管、光学读数系统、读数显微镜和内轴等部分组成。照准部可绕竖轴在水平面内转动,由水平制动螺旋和微动螺旋控制。

　　1) 望远镜　用来瞄准远方目标,它固定在横轴上,可绕横轴做仰俯转动,并可用望远镜的制动螺旋和微动螺旋控制其转动。

　　2) 竖直度盘　由光学玻璃制成,固定在横轴的一端并与横轴垂直,其中心在横轴上,随同望远镜一起在竖直面内转动。

　　3) 照准部水准管用来精确整平仪器。

　　4) 光学读数系统　由一系列棱镜和透镜组成,光线通过棱镜的折射,可将水平度盘和竖直度盘的刻划及分微尺的刻划投影到读数显微镜内,以便进行读数。

　　5) 读数显微镜　用来读取水平度盘和竖直度盘的读数。

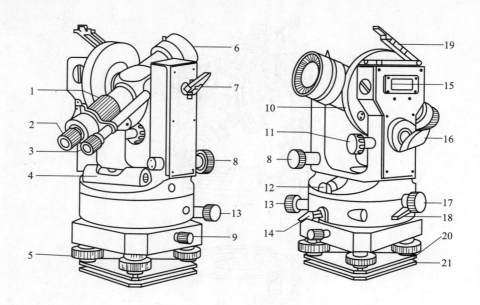

图 4-3   DJ$_6$ 型光学经纬仪

1—对光螺旋;2—目镜;3—读数显微镜;4—照准部水准管;5—脚螺旋;6—望远镜物镜;7—望远镜制动螺旋;
8—望远镜微动螺旋;9—中心锁紧螺旋;10—竖直度盘;11—竖盘指标水准管微动螺旋;12—光学对中器;
13—水平微动螺旋;14—水平制动螺旋;15—竖盘指标水准管;16—反光镜;17—度盘变换手轮;
18—保险手柄;19—竖盘指标水准管反光镜;20—托板;21—压板

6）内轴   如图 4-4 所示的内轴是仪器的竖轴,也是照准部的旋转轴,它插入水平度盘的外轴,整个照准部可以在水平度盘上转动,并可用水平制动螺旋和微动螺旋来控制它的转动。

2. 水平度盘部分

水平度盘部分主要由水平度盘、度盘变换手轮和外轴三部分组成。如图 4-4 所示的中间部分。

1）水平度盘   水平度盘是由光学玻璃制成的,其刻划由 0°~360° 按顺时针方向注记。度盘上相邻两条分划线所对的圆心角,称为度盘分划值。DJ$_6$ 型光学经纬仪的分划值一般为 1°。水平度盘固定在度盘轴套上,并套在竖轴内轴套外,可绕竖轴旋转。测角时,水平度盘不随照准部转动。

2）度盘变换手轮   在水平角测量时,有时需要改变度盘的位置,因此,经纬仪装有度盘变换手轮,旋转手轮可进行读数设置。为了避免作业中碰动此手轮,特设有保护装置。有的仪器是复测装置,当扳手拨下时,度盘与照准部扣在一起同时转动,度盘读数不变;若将扳手扳上,则两者分离,照准部转动时水平度盘不动,读数随之改变。

3）外轴   外轴插入基座轴套内,用中心紧锁螺旋固定,是水平度盘部分与基座的连接部件。外轴的顶部装有弹子盘,照准部内轴插入后,可以在上面灵活转动。

3. 基座部分

如图 4-4 所示的下面部分即仪器的底部,是仪器和三角架的连接部分。照准部连同水平度盘一起插入基座轴套,用中心紧锁螺旋固紧;圆水准器是用来概略整平的;三个脚螺旋是用来整平仪器的。

4. DJ$_6$ 型光学经纬仪的光学系统与读数方法

DJ$_6$ 型光学经纬仪的读数设备包括度盘、光路系统和分微尺。如图 4-4 所示,水平度盘、竖

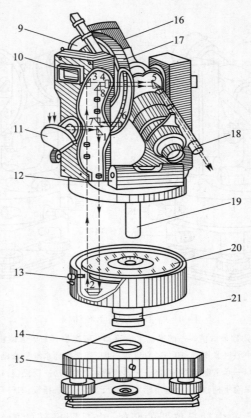

图 4-4   经纬仪的光学系统

1,2,3,5,6,7,8—光学读数系统棱镜;4—分微尺指标镜;9—竖直度盘;10—竖盘指标水准管;11—反光镜;
12—照准水准管;13—度盘变换手轮;14—套轴;15—基座;16—望远镜;17—竖直度盘护盖;
18—读数显微镜;19—内轴;20—水平度盘;21—外轴

直度盘与分微尺上的分划线,通过一系列棱镜和透镜成像显示在望远镜旁的读数显微镜内。在读数显微镜中可看到图 4-5 示的成像,放大后的分微尺的长度与放大后度盘分划线之间的长度相等,度盘分划值为 1°。分微尺分成 6 大格,每大格又分成 10 小格共 60 格,每小格为 1′,可估读到 0.1′,即 6″。读数是首先读出位于分微尺上度盘分划线的度数,然后再读出该分划线在分微尺上所示的分数。如图 4-5 所示,水平度盘 H 读数为 180°+06.4′=180°06′24″,竖直度盘 V 读数为 64°+53.2′=64°53′12″。

4.2.2   电子经纬仪

电子经纬仪与光学经纬仪具有类似的外形和结构特征,其使用方法也有许多相通的地方。电子经纬仪与光学经纬仪的区别在于它用电子测角系统代替光学读数系统,操作简便、测角精度高,

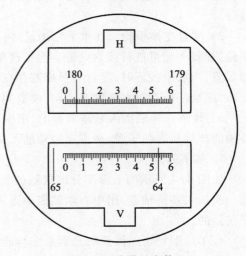

图 4-5   分微尺度数

能自动显示角度值,加快了测角速度。图4-6所示为我国某厂生产的ET-02型电子经纬仪。电子经纬仪测角系统有编码度盘测角系统和光栅度盘测角系统。

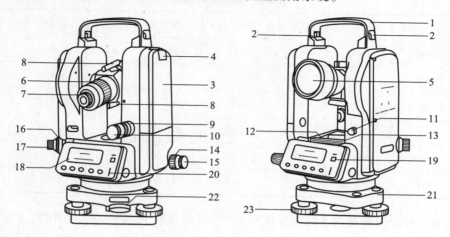

图4-6 ET-02型电子经纬仪

1—手柄;2—手柄固定螺钉;3—电池盒;4—电池盒按钮;5—物镜;6—物镜调焦螺旋;7—目镜调焦螺旋;
8—光学瞄准器;9—望远镜制动螺旋;10—望远镜微动螺旋;11—光电测距仪数据接口;12—管水准器;
13—管水准器校正螺钉;14—水平制动螺旋;15—水平微动螺旋;16—光学对中器物镜调焦螺旋;
17—光学对中器目镜调焦螺旋;18—显示窗;19—电源开关键;20—显示窗照明开关键;
21—圆水准器;22—轴套锁定钮;23—脚螺旋

1. 编码度盘测角原理

图4-7为一编码度盘,整个度盘被均匀地划分为16个区间。每个区间的角值相应为360°/16=22°30′。以同心圆由里向外划分为4个环带(每个环带称为1条码道);其中,黑色为透光区,白色为不透光区,透光表示二进制代码"1",不透光表示"0"。这样通过各区间的4个码道的透光和不透光,即可由里向外读出一组4位二进制数,分别表示不同的角度值,如图4-8所示。

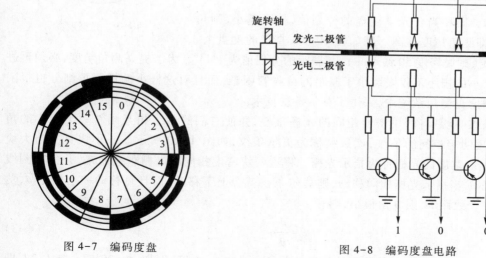

图4-7 编码度盘

图4-8 编码度盘电路

编码度盘属于绝对式度盘,每组数代表度盘的一个位置,即每一个位置均可读出绝对的数值,参见表 4-1 所列,从而达到对度盘区间编码的目的。

表 4-1　二进制编码表

区间	二进制编码	角值(° ′)	区间	二进制编码	角值(° ′)	区间	二进制编码	角值(° ′)
0	0000	0 00	6	0110	135 00	12	1100	270 00
1	0001	22 30	7	0111	157 30	13	1101	292 30
2	0010	45 00	8	1000	180 00	14	1110	315 00
3	0011	67 30	9	1001	202 30	15	1111	337 30
4	0100	90 00	10	1010	225 00			
5	1101	112 30	11	1000	247 30			

　　编码度盘分化区间的角值大小(分辨率)取决于码道数 n,按 $360°/2^n$ 计算,如需分辨率为 10′,则需要 2 048 个区间、11 个码道,即 $360°/2^{11}=360°/2\ 048=10′$。显然,这对有限尺寸的度盘是难以解决的。因而在实际中,采用码道数和细分法加测微技术来提高分辨率。

　　2. 光栅度盘测角原理

　　在光学玻璃圆盘上全周 360° 均匀而密集地刻划出许多径向刻线,构成等间隔的明暗条纹——光栅,称作光栅度盘,如图 4-9 所示。通常光栅的刻线宽度与缝隙宽度相同,二者之和称为光栅的栅距。栅距所对应的圆心角即为栅距的分划值。如果在光栅度盘上、下对应位置安装照明器和光电接收管,光栅的刻线之间不透光,缝隙透光,即可把光信号转换为电信号。当照明器和接收管随照准部相对于光栅度盘转动,由计数器计出转动时累计的栅距数,就可得到转动的角度值。因为光栅盘是累计计数,所以通常这种系统为增量式读数系统。仪器在操作中会顺时针转动和逆时针转动,因此计数器在累计栅距数时也有增有减。

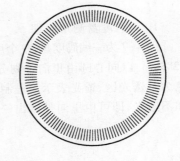

图 4-9　光栅度盘

　　光栅度盘的栅距相当于光学度盘的分划值,栅距越小,则角度分划值越小,即测角精度越高。例如在 80 mm 直径的度盘上,刻有 12 500 条线(刻线密度 50 线/mm),其栅距的分划值为 1′44″。为了提高测角精度,必须再进行细分。但这样小的栅距不仅安装小于栅距的接收管困难,而且对这样小的栅距再细分也很困难,所以,在光栅度盘测角系统中,采用了莫尔条纹技术。

　　所谓莫尔条纹,就是将两块密度相同的光栅重叠,并使它们的刻线相互倾斜一个很小的角度,此时便会出现明暗相间的条纹,该条纹称为莫尔条纹,如图 4-10 所示。一小块具有与大块(主光栅)相同刻线宽度的光栅称为指示光栅。将这两块密度相同的光栅重叠起来,并使其刻线互成一微小夹角 θ,当指示光栅横向移动,则莫尔条纹就会上下移动,而且每移动一个栅距 d,莫尔条纹就移动一个纹距 w,因 θ 角很小,则有

$$w=\frac{d}{\theta}\rho \tag{4-3}$$

式中:$\rho=3\ 428′$,由上式可见,莫尔条纹的纹距比栅距放大了 ρ/θ 倍,例如,$\theta=20′$ 时,$w=172d$,即纹距比栅距放大了 172 倍。莫尔纹距可以调得很大,再进行细分便可以提高精度。

如图 4-11 所示,光栅度盘的下面放置发光二极管,上面是一个与光栅度盘形成莫尔条纹的指示光栅,指示光栅的上面是光电接收器。发光二极管、指示光栅和光电接收器的位置固定不动,光栅度盘随望远镜一起转动。根据莫尔条纹的特性,度盘每转动一个光栅,莫尔条纹就移动一个周期。随着莫尔条纹的移动,发光二极管将产生按正弦规律变化的电信号,将此信号整形,可变为矩形脉冲信号,对矩形脉冲信号计数即可求得度盘旋转的角度。测角时,在望远镜瞄准起始方向后,可使仪器中心的计数器为 0°(度盘置零)。在度盘随望远镜瞄准第二个目标的过程中,对产生的脉冲进行计数,并通过译码器化算为度、分、秒送显示窗口显示出来。

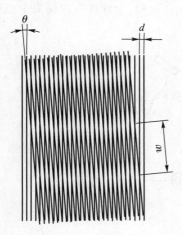

图 4-10 莫尔条纹

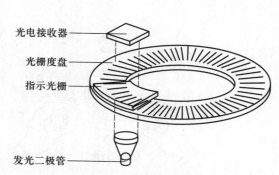

图 4-11 光栅度盘测角原理

日本索佳、瑞士克恩(Kern)厂的 E1 型和 E2 型电子经纬仪即采用光栅度盘。

4.2.3 经纬仪的使用

1. 光学经纬仪的操作使用

(1) 经纬仪的安置

光学经纬仪的使用包括仪器的安置、瞄准、读数。经纬仪的安置包括对中和整平。对中的目的是使仪器的水平度盘中心与测站点标志中心处于同一铅垂线上;整平的目的是使仪器竖轴竖直,水平度盘处于水平位置。对中的方式有垂球对中和光学对中器对中两种。下面主要介绍使用光学对中器法安置经纬仪。

光学对中器是一个小型望远镜,它由保护玻璃、反光棱镜、物镜、物镜调焦镜、对中标志分划板和目镜组成(图 4-12)。当照准部水平时,对中器的视线经棱镜折射后的一段成铅垂方向,且与竖轴中心重合。若地面标志中心与光学对中器分划板中心重合,则说明竖轴中心已位于所测角度顶点的铅垂线上。使用光学对中器之前,应先旋转目镜调焦螺旋使对中标志分划板十分清晰,再旋转物镜调焦螺旋(有些仪器是拉伸光学对中器)看清地面的测点标志。

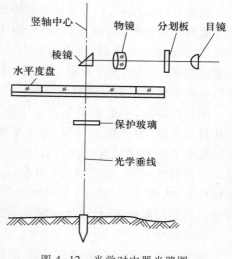

图 4-12 光学对中器光路图

利用光学对中器安置经纬仪的操作方法为:对中时,首先打开三角架,将其安置在测站点上,目估架头大致水平,高度适当。然后取出仪器,利用架头上的中心螺旋将仪器固定在三角架上。对中时先固定三角架一条腿,后拿另外两条腿前后、左右移动使测站点在光学对中器中居中。在操作时,应注意保持架头水平(即圆水准器的气泡偏离中心不宜太多)。整平时,首先升降三角架使圆水准器气泡居中(注意:气泡偏向高的一边)。然后再转动照准部,使管水准器轴平行于两个脚螺旋的连线,如图 4-13a 所示,两手同时向内或向外旋转脚螺旋,气泡移动的方向与左手拇指旋转方向一致。气泡居中后,将照准部旋转 90°,如图 4-13b 所示,使管水准器与前一位置相垂直,旋转第三个脚螺旋,使气泡再次居中,一般此项工作要重复 2~3 次,直到照准部转到任何位置时,水准管气泡偏离中心不超过水准管分划的一格。

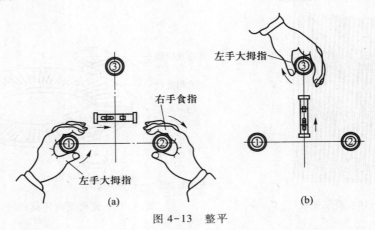

图 4-13   整平

对中、整平这两项工作是相互影响的,所以当气泡居中整平后,应检查光学对中器中的测站点是否偏离光学对中器的刻划中心,如果测站点偏离较小,可放松中心螺旋,在三角架头平移经纬仪,使对中器刻划中心与地面上测站点中心重合,然后旋紧中心螺旋。再整平、对中,一般需重复几次,直至对中和整平均达到要求为止(对中误差应小于 3 mm)。

(2)瞄准

测角时要照准观测标志,观测标志一般是竖立于地面点上的标杆、测钎或觇牌。

安置好仪器以后,松开照准部和望远镜的制动螺旋,利用望远镜的瞄准器大致瞄准目标,然后拧紧两个制动螺旋,调节目镜,看清十字丝,并转动物镜的对光螺旋,使望远镜内看到的目标成像清晰,并注意消除视差,最后利用照准部和望远镜的微动螺旋准确对准目标。

测竖直角时,一般用望远镜中十字丝横丝切住目标顶端,简称横丝切顶;测水平角时,用望远镜中十字丝的竖丝照准目标中心,并应尽量对准目标的底部。如图 4-14 所示,目标离仪器较近时,成像较大,可用十字丝竖丝单丝平分目标。目标距离较远时,可使目标夹在竖丝双丝之间。

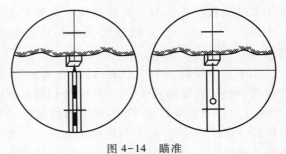

图 4-14   瞄准

(3)读数

调节反光镜和读数显微镜目镜,使读数窗内亮度适中,度盘和分微尺分划线清晰,然后根据前面介绍的方法进行读数,如图 4-5 所示。

2. 电子经纬仪的操作使用

(1) 仪器设置

电子经纬仪在第一次使用前,应根据使用要求进行仪器设置,使用中如果无变动要求,则不必重新进行仪器设置。不同生产厂家或不同型号的仪器,其设置项目和设置方法有所不同,应根据使用说明进行设置。设置项目一般包括:最小显示读数、测距仪连接选择、竖盘补偿器、仪器自动关机等。

(2) 仪器的使用

现以图 4-6 所示的 ET-02 型电子经纬仪来说明仪器的使用。

1) 角度测量

① 在测站上安置仪器,对中、整平与光学经纬仪相同。

② 开机,按 ON/OFF 键,上下转动望远镜,使仪器初始化并自动显示水平度盘和竖直度盘以及电池容量信息,如图 4-15 所示。

③ 选择角度增量方向为顺时针方向 Hr(R/L);选择角度单位为 360°,即度、分、秒(UNIT);选择竖直角测量模式为天顶距 Vz(HOLD)。

④ 瞄准第一个目标,将水平角值设置为 0°00′00″(OSET)。转动照准部瞄准另一个目标,则显示屏上直接显示水平度盘角值读数并记录。

⑤ 进行下一步测量工作。

⑥ 测量结束,按 ON/OFF 键关机。

2) 与测距仪联机使用

① 取下电子经纬仪的提手,将测距仪(见 4.7 电磁波测距)安装在电子经纬仪的支架上(用通信电缆将仪器支架上的通信接口与测距仪通信口进行连接,早期的全站仪采用这种组合结构),然后分别开机。

② 在测角状态下,按 ON/OFF 键进入测距菜单,如图 4-16 所示。

图 4-15 显示屏

图 4-16 与测距仪联测

③ 根据测量需要和屏幕上显示的符号或文字,按相应键可完成所需要的操作。

V/%——平距显示(◢),根据斜距和竖盘读数计算;

HOLD——高差显示(◿),根据斜距和竖盘读数计算;

OSET——向测距仪发送单次测距命令(◿)

R/L——记录(REC),向外接电子手簿发送测量数据;

UNIT——返回测角状态(U),进行角度测量;

ON/OFF——关机(OFF)。

4.3　水平角测量

水平角观测方法有测回法和全圆测回法。

4.3.1　测回法

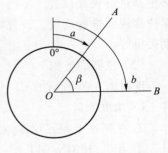

图 4-17　测回法观测水平角

这种方法适用于两个方向之间的单角观测。如图 4-17 所示,在测站点 O 上安置仪器,对中、整平之后进行观测。

(1) 盘左位置:(竖直度盘位于望远镜左侧,亦称正镜)。松开水平制动螺旋,旋转照准部,瞄准始边目标 A,读取水平度盘读数 $a_左 = 0°02'00''$ 记入手簿,见表(4-2),放松制动螺旋,顺时针转动照准部,瞄准终边目标 B,读取水平度盘读数 $b_左 = 78°19'18''$,记入观测手簿,则

$$\beta_左 = b_左 - a_左 = 78°19'18'' - 0°02'00'' = 78°17'18''$$

表 4-2　水平角观测手簿(测回法)

××　测区　　　　　　　　观测者 ×××　　　　记录者 ×××
×× 年 × 月 × 日　　　　　天　气 ××　　　　仪器型号 ×××

测站	目标	竖盘位置	水平度盘位置 ° ′ ″	半测回角值 ° ′ ″	一测回角值 ° ′ ″	平均值 ° ′ ″	备注
1	2	3	4	5	6	7	8
O (1)	A	左	0　02　00	78　17　18	78　17　21		
	B		78　19　18				
	A	右	180　02　06	78　17　24		78　17　15	
	B		258　19　30				
O (2)	A	左	90　03　36	78　17　12	78　17　09		
	B		168　20　48				
	A	右	270　04　00	78　17　06			
	B		348　21　06				

此过程称为上半测回(盘左半测回),所测角值为盘左角值。

(2) 盘右位置:为了校核和消除仪器的误差,提高观测精度,还需倒转望远镜,利用盘右位置(竖直度盘在望远镜右侧,亦称倒镜)再观测一次,盘右位置在盘左基础上,先瞄准 B 点,读得水平度盘读数为 $b_右 = 258°19'30''$,然后逆时针转动照准部瞄准目标 A,读取水平度盘读数为 $a_右 = 180°02'06''$,分别记入观测手簿相应栏,则

$$\beta_右 = b_右 - a_右 = 258°19'30'' - 180°02'06'' = 78°17'24''$$

此过程称下半测回(盘右半测回),盘右位置观测的角值称为盘右角值。上、下两个半测回组成一个测回,两个半测回角值之差如果不超过限差(DJ$_6$ 型光学经纬仪限差为 ±36″)可取平均

值作为最后结果，即

$$\beta = \frac{1}{2}(\beta_左 + \beta_右) = 78°17'21''$$

若超过限差，说明测角精度较低，应重新观测，直到符合要求为止。

由于水平度盘是按顺时针注记的，因此，在计算半测回角值时，都应以右边方向的读数减去左边方向的读数，当度盘零指标线在所测角的两方向线之间时，右边方向读数小于左边方向读数，这时应将右边方向的读数加上 360°，再减去左边方向的读数。

为了提高测角精度，减小度盘刻划不均匀误差的影响，需要观测多个测回，各测回的起始方向的读数应按 $180°/n$ 递增。例如 $n = 3$ 时，则各测回的起始方向读数应等于或略大于 0°、60°、120°。

各测回之间所测的角值之差称为测回差，规范中规定不得超过 ±24″，经检验合格后，则取各测回角值的平均值作为最后结果。

4.3.2 全圆测回法

当观测方向为三个或多于三个时，通常采用全圆测回法（亦称方向测回法）。如图 4-18 所示，在测站 O 点，观测 A、B、C、D 四个方向，操作步骤如下：

（1）盘左位置：在测站 O 点安置经纬仪，对中、整平，用盘左位置瞄准起始点 A，利用度盘变换手轮使水平度盘读数略大于零度，读取水平度盘读数。然后顺时针转动照准部，依次瞄准 B、C、D 各点，读出相应的水平度盘读数，记入表 4-3 中的相应栏内。最后，顺时针转动照准部再次瞄准 A，读取水平度盘读数，称为归零。两次 OA 方向的读数差，称为归零差，归零差应小于表 4-4 中的规定范围，否则应重新观测，此过程称为上半测回。

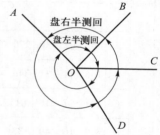

图 4-18 全圆测回法示意图

（2）盘右位置：倒转望远镜，利用盘右位置，首先瞄准 A，然后按逆时针方向转动照准部依次瞄准 D、C、B 各方向，分别读出各方向水平度盘读数，记入记录手簿相应栏（表 4-3），最后，逆时针转动照准部归零回到 A 点，归零差应小于允许值。此过程称为下半测回。

上、下两个半测回组成一测回，当精度要求较高时，可根据需要多观测几个测回，每个测回按 $180°/n$ 的整数倍改变起始方向的水平度盘读数，方法与测回法相同；角度观测结束后，进行校核计算，计算时应满足以下要求：

① 半测回归零差不得超过表 4-4 中的规定。

② 2C 值互差应满足要求。C 值为照准误差，主要是由于望远镜的视准轴不垂直于横轴产生的，互差是指各方向值的 2C 值之差。例如在表 4-3 中 OA 方向 2C 值为 12″，OC 方向 2C 值为 3″，互差为 12″-3″=9″。通常，DJ₆ 型经纬仪不校核此项。

③ 计算归零后方向值，各测回起始方向盘左、盘右的平均读数有两个（例如第一测回是 0°01'12″及 0°01'07″），取其平均值（0°01'10″）写在第一个平均读数上方的括号内，然后用各方向盘左盘右的平均读数减去该值，得到各方向归零后方向值。例如表 4-3 中 OA 方向归零后方向值为 0°00'00″，OB 方向归零后方向值为 76°43'20″-0°01'10″=76°42'10″。

各测回中同一方向归零后方向值互差，同样不应超过表 4-4 中规定。例如在表 4-3 中 OC 方向归零后方向值两个测回之差为 151°34'52″-151°34'43″=9″。

表 4-3　水平角观测手簿（全圆测回法）

　×××× 测区　　　　　　观测者 ×××　　　　　　记　录　者 ×××
　×× 年 × 月 × 日　　　天　气 ×××　　　　　　仪器型号 ××

测站	测回数	目标	水平度盘度数 盘左(L) °	′	″	盘右(R) °	′	″	2C=L-R±180° ″	(L+R±180°)/2 °	′	″	归零后方向值 °	′	″	各测回归零平均方向值 °	′	″	角值 °	′	″
O	1									(0	01	10)									
		A	00	01	08	180	01	06	+12	00	01	12	00	00	00	00	00	00			
		B	76	43	24	256	43	15	+09	76	43	20	76	43	10	76	42	07	76	42	07
		C	151	36	03	331	36	00	+03	151	36	02	151	34	52	151	34	48	74	52	41
		D	223	15	37	43	15	26	+11	223	14	32	223	14	22	223	14	21	71	39	33
		A	00	01	12	180	01	02	+10	00	01	07									
	2									(90	02	26)									
		A	90	02	30	270	02	26	+04	90	02	28	00	00	00						
		B	166	44	31	346	44	28	+03	166	44	30	76	42	04						
		C	241	37	10	61	37	08	+02	241	37	09	151	34	43						
		D	313	16	49	133	16	42	+07	313	16	46	223	14	20						
		A	90	02	26	270	02	24	+02	90	02	25									

表 4-4　水平角观测技术要求（按五等三角测量要求）

项目	DJ₂ 型	DJ₆ 型
半测回归零差	12″	24″
一测回中 2C 值互差	18″	
各测回同一归零方向值互差	12″	24″

（3）角值计算：取各测回归零后方向值的平均值，相邻各测回归零后平均值之差即为各相邻方向之间的水平角。例如表 4-3 中：

$$\angle BOC = 151°34′48″ - 76°42′07″ = 74°52′41″$$

4.3.3　水平角测量的误差分析

1. 仪器误差

仪器误差来源有两个方面：（1）仪器加工制造不完善所产生的误差。由于仪器加工制造不完善在角度测量中会产生误差。例如：照准部旋转轴中心与水平度盘中心不重合，会产生照准部偏心误差；度盘刻划不均匀，采用度盘的不同位置观测同一个角度，其结果不相同等。这些误差不能用检验校正的方法减小其影响,只能采用适当的观测方法来消减其影响。例如度盘刻划不均匀,可采用度盘不同位置观测取其平均值加以消减等。(2)仪器校正不完善所引起的误差。经纬仪虽经校正,但不可能校正得十分完善,仍有残余误差。使得观测结果存在误差,这些误差部分是可以消除和避免的。例如,采用盘左、盘右两个位置观测,取其平均值作为结果可以消除视准轴不垂直于横轴、横轴不垂直于竖轴等的影响。

2. 对中误差对测角的影响

在观测水平角时,如果对中有误差,测量的结果比实际值偏大或偏小。如图 4-19 所示,当对中偏内,则所测角度偏大,当对中偏外,所测角度偏小。误差的大小与偏心距 e_1、e_2 有关;与测站点 O 到目标 A、B 距离有关,与偏心方向和观测方向的夹角 θ 有关。

例如:如图 4-19 所示,对中偏于 O' 点,偏心距 $e_1 = OO' = 1$ cm,$\theta_1 = 60°$,$OA = 100$ m,$OB = 120$ m。$\beta = \angle AO'B = 130°$时,测角误差为:

$$\delta_1 = \frac{e_1 \sin\theta_1}{D_{OA}} \cdot \rho'' = \frac{0.01 \text{ m} \times \sin60°}{100 \text{ m}} \times 206\ 265'' \approx 18''$$

$$\delta_2 = \frac{e_1 \sin(\beta - \theta_1)}{D_{OB}} \cdot \rho'' = \frac{0.01 \text{ m} \times \sin70°}{120 \text{ m}} \times 206\ 265'' \approx 16''$$

由于仪器对中产生误差,对水平角影响为:

$$\delta = \delta_1 + \delta_2 = 18'' + 16'' = 34''$$

当 $\beta = 180°$,δ 角值最大

$$\delta = e \cdot \left(\frac{1}{D_{OA}} + \frac{1}{D_{OB}}\right) \cdot \rho''$$

另外,观测目标边长越短,由于对中所引起的角度误差也越大,因此,进行短边测角时应特别注意对中。

3. 整平误差对测角的影响

由于整平的误差,使得水平度盘不水平,对测角造成影响。度盘不水平对测角的影响还取决于度盘的倾斜度和所观测目标的高度,当观测目标与仪器大致等高时,其影响较小,但在山区或丘陵区观测水平角时,该项误差随着两观测目标的高差增大而增大,所以在山区测角应特别注意整平。

4. 目标倾斜误差对测角的影响

在水平角观测中,如果目标倾斜而又瞄准目标的顶部,如图 4-20 所示,由此引起的测角误差:

$$\Delta\beta = \beta_1 - \beta = \frac{d}{D} \cdot \rho''$$

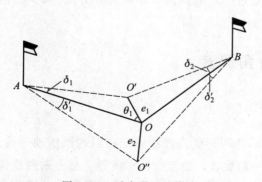

图 4-19 对中误差的影响

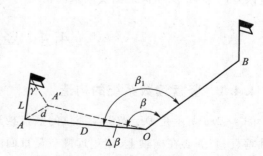

图 4-20 目标倾斜对水平角观测的影响

如果 $d=1$ cm, $D=50$ m,则

$$\Delta\beta=\frac{d}{D}\cdot\rho''=\frac{0.01\text{ m}}{50\text{ m}}\times206\ 265''=41''$$

可见,目标倾斜误差对测角的影响与目标倾斜的角度 γ、瞄准目标的高度 L 和仪器到目标的距离 D 有关,即

$$\Delta\beta=\frac{L\sin\gamma}{D}\cdot\rho''$$

例如,如图 4-21 中,花杆长 $L=2$ m,照准花杆顶端,倾斜角 $\gamma=0°30'$,距离 $D=150$ 米,则测角误差为:

$$\Delta\beta=\frac{L\sin\gamma}{D}\cdot\rho''=\frac{2\text{ m}\times\sin0°30'}{150\text{ m}}\times206\ 265''=24''$$

由此可以看出,目标倾斜误差对测量水平角的影响很大,特别是短边测角影响更大。因此,在水平角观测时,应仔细将标杆竖直,并尽可能瞄准花杆的底部,以减小误差。

5. 照准误差的影响

照准误差与人眼的分辨能力和望远镜的放大倍率有关。一般认为人眼的分辨率为 $60''$,即两点对人眼构成的视角小于 $60''$ 时,不能分辨出而只能看成是一点。若考虑放大率为 V 倍的望远镜,则照准误差为 $60''/V$。DJ$_6$ 型经纬仪的放大率一般为 28 倍,故照准误差大约为 $\pm2.1''$。在观测过程中,观测员操作不正确或视差没有消除,都会产生较大的照准误差。因此,在观测时应做好调焦和照准工作。

6. 读数的影响

读数误差主要取决于仪器读数系统的精度。光学经纬仪读数误差是指读数时的估读误差。例如,使用带有分微尺读数装置的经纬仪,可估读到分微尺最小分划值的 $1/10$,即 $\pm6''$。

7. 外界条件的影响

角度测量一般在野外进行,外界各种条件的变化都会对观测精度产生影响。例如,由于地面松软使得仪器安置不稳定;阳光的直射影响仪器的整平;望远镜视线通过大气层时受到地面辐射热和水分蒸腾的影响而出现物像跳动等。这些都直接影响角度观测的精度。因此,在精度要求较高的角度观测中,应避开不利条件,使外界条件的影响降低到最小的程度。

通过以上的分析和讨论,使我们进一步认识到,虽然仪器本身可能有一些缺陷,以及外界条件或其他因素的影响,会使测量成果受到影响。但只要我们能掌握误差产生的原因及其影响测量成果的关系,就可以在测量工作中加以注意,或通过一定的观测方法和计算方法,减少和消除测量误差的影响,从而保证测量成果的精度。

4.4　竖直角测量

4.4.1　竖盘读数系统的构造

图 4-21a 所示是 DJ$_6$ 光学经纬仪的竖盘构造示意图。竖直度盘固定在望远镜横轴一端,与横轴垂直,其圆心在横轴上,随望远镜在竖直面内一起旋转。竖盘指标水准管 7 与一系列棱镜透镜组成的光具组 10 为一整体,它固定在竖盘指标水准管微动架上,即竖盘水准管微动螺旋可使竖盘指标水准管作微小的仰俯转动,当水准管气泡居中时,水准管轴水平,光具组的光轴 4 处于

铅垂位置,作为固定的指标线,用以指示竖盘读数。

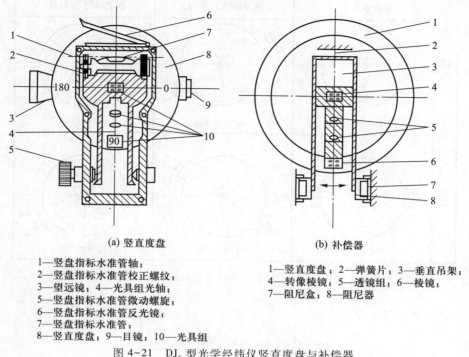

(a) 竖直度盘　　　　　　　　　(b) 补偿器

1—竖盘指标水准管轴;
2—竖盘指标水准管校正螺纹;
3—望远镜;4—光具组光轴;
5—竖盘指标水准管微动螺旋;
6—竖盘指标水准管反光镜;
7—竖盘指标水准管;
8—竖直度盘;9—目镜;10—光具组

1—竖直度盘;2—弹簧片;3—垂直吊架;
4—转像棱镜;5—透镜组;6—棱镜;
7—阻尼盒;8—阻尼器

图 4-21　DJ₆ 型光学经纬仪竖直度盘与补偿器

为了加快作业速度和提高测量成果精度,有的光学经纬仪采用竖盘指标自动归零补偿器来取代水准管的作用。它是在竖盘影像与指标线之间,悬吊一个或一组光学零部件来实现指标自动归零补偿的。图 4-21b 所示是我国某厂生产的 DJ₆ 型光学经纬仪所采用的一种补偿器,称为金属丝悬吊平板玻璃补偿器。

竖直度盘也是由玻璃制成的,按 0°~360° 刻划注记,有顺时针方向和逆时针方向两种注记形式。图 4-22 为顺时针方向注记,当望远镜视线水平、指标水准管气泡居中时,竖盘读数应为 90° 或 270°。此读数是视线水平时的读数,也称始读数。因此,测量竖直角时,只要测出视线倾斜时的读数,即可求得竖直角。

4.4.2　竖直角的计算公式

竖直角是视线倾斜时的竖盘读数与视线水平时的竖盘读数之差,它的正负代表它是仰角还是俯角。现以 DJ₆ 光学经纬仪的竖盘注记形式为例,来推导竖直角的计算公式。

(1) 盘左位置,如图 4-22 上部分所示,当望远镜视线水平,指标水准管气泡居中时,指标所指的始读数 $L_始 = 90°$;当视准轴仰起测得竖盘读数比始读数小,当视准轴俯下测得竖盘读数比始读数大。因此盘左时竖直角的计算公式应为:

$$\alpha_左 = 90° - L_读 \tag{4-4}$$

上式得"+"为仰角,"-"为俯角。

(2) 盘右位置,如图 4-22 下部分所示,始读数 $R_始 = 270°$,与盘左时相反,仰角时读数比始读数大,俯角时读数比始读数小,因此竖直角的计算公式为:

$$\alpha_右 = R_读 - 270° \tag{4-5}$$

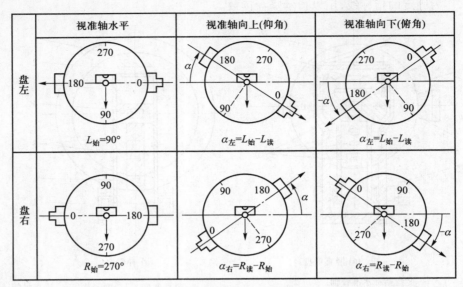

图 4-22　DJ_6 光学经纬仪竖直角的计算

（3）一个测回的竖直角为：

$$\alpha = \frac{1}{2}(\alpha_左 + \alpha_右) = \frac{1}{2}(R - L - 180°) \qquad (4-6)$$

综上所述，可得计算竖直角公式的方法：

当望远镜仰起时，如竖盘读数逐渐增加，则 α = 读数 - 始读数；如竖盘读数逐渐减小，则 α = 始读数 - 读数。计算结果为"+"时，α 为仰角；"-"时 α 为俯角。

按此方法，不论始读数为 90°、270° 还是 0°、180°，竖盘注记是顺时针还是逆时针都适用。

4.4.3　竖直角的观测与计算

（1）在测站点上安置经纬仪，进行对中、整平。

（2）盘左位置，用十字丝的中丝瞄准目标的某一位置，旋转竖盘指标水准管微动螺旋，使指标水准管气泡居中，读取竖盘读数，记入手簿（表 4-5），按上述公式计算盘左时的竖直角。

表 4-5　竖直角观测手簿

测站	目标	竖盘位置	竖盘读数 ° ′ ″	半测回竖直角 ° ′ ″	一测回竖直角 ° ′ ″	指标差 ″	备注
O	M	左	71　12　36	+18　47　24	+18　47　12	-12	
		右	288　47　00	+18　47　00			
	N	左	96　18　42	-6　18　42	-6　18　51	-9	
		右	263　41　00	-6　19　00			

（3）盘右位置瞄准目标的原位置，调整指标水准管气泡居中，读取竖盘读数，将其记入手簿，

并按公式计算出盘右时的竖直角。

（4）取盘左、盘右竖直角的平均值，即为该点的竖直角。

若经纬仪的竖盘结构为竖盘指标自动归零补偿结构，则在仪器安置后，就要打开补偿器开关，然后进行盘左、盘右观测。注意，一个测站的测量工作完成后，应关闭补偿器开关。

4.4.4 竖盘指标差计算

望远镜视线水平，竖盘指标水准管气泡居中时，如果指标线所指的读数比始读数（90°或270°）略大或略小一个 x 值，则该值称为竖盘指标差，如图 4-23 所示。

竖盘指标差是由于指标线位置不正确造成的，如图 4-24a 所示盘左位置时，指标线所指读数比始读数（90°）大了一个 x 值，观测的竖直角必然小 x 值，而盘右位置观测竖直角则大了一个 x 值，如图 4-24b 所示，即：

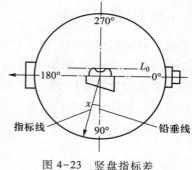

图 4-23 竖盘指标差

盘左时

$$\alpha = \alpha_{左} + x = 90° - L + x \qquad (a)$$

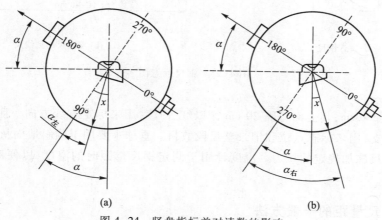

图 4-24 竖盘指标差对读数的影响

盘右时

$$\alpha = \alpha_{右} - x = R - 270° - x \qquad (b)$$

由（a）-（b）得

$$x = \frac{1}{2}(\alpha_{右} - \alpha_{左}) = \frac{1}{2}(R + L - 360°) \qquad (4-7)$$

由（a）+（b）得

$$\alpha = \frac{1}{2}(\alpha_{左} + \alpha_{右}) = \frac{1}{2}(R - L - 180°) \qquad (4-8)$$

综上所述，用盘左、盘右观测竖直角，然后取其平均值，可以消除竖盘指标差对竖直角的影响。然而，竖盘指标差的变化状况是测定竖直角观测精度高低的指标之一，因此，在原始观测记录中必须将指标差计算出来。DJ$_6$ 型经纬仪指标差不得超过 25″。

4.5　钢尺量距

4.5.1　量距工具

钢尺量距所使用的主要工具有:钢尺、标杆、测钎、垂球、温度计和弹簧秤。钢尺(图 4-25a)一般分为 20 m、30 m、50 m 等几种,其基本分划为毫米,每厘米、分米和米处都有数字注记。钢尺按尺上零点位置的不同,又分为端点尺和刻线尺。端点尺是以尺环的最外边缘作为尺的零点,刻线尺是以尺前端零点刻线作为尺的零点,如图 4-25b 所示。

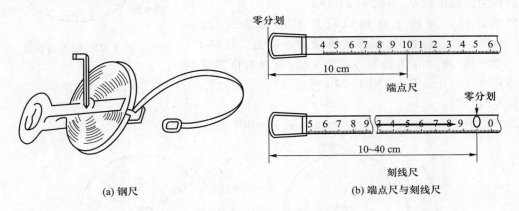

(a) 钢尺　　　　　　　　　　　　　　(b) 端点尺与刻线尺

图 4-25　钢尺示意图

标杆一般长 2~3 m,其上面每隔 20 cm 涂以红、白漆,用来标定直线方向。测钎是用 8#铁线制成,每组有 11 支,用来标志点位和记录整尺段数目。垂球主要用于倾斜地面量距时投点定位,弹簧秤用于对钢尺施加规定的拉力。温度计用于测定钢尺量距时的温度,以便对钢尺丈量的距离施加温度改正。

4.5.2　钢尺量距的一般方法

1. 直线定线

当两点间的距离超过一个整尺段,或者地面起伏较大,分段测量时,为使距离丈量沿直线方向进行,需要在两点间的直线上再标定该直线上的一些点位,以便于分段测量的尺段都在这条直线上,这项工作称为直线定线。在用钢尺一般方法量距时采用标杆目估法定线。

如图 4-26 所示,A、B 为地面上互相通视的两点,欲测量它们之间的距离。首先在 A、B 两点上各插一根标杆,测量员甲在 A 点标杆后 1~2 m 处,通过 A 点的标杆瞄准 B 点的标杆,然后测量员乙手持标杆在 1 点附近(距 A 点略小于一尺段之长),按甲的指挥左右移动标杆,直至 1 点位于 AB 直线上为止,并在地面上做一标志,此时,A、1、B 三点在一条直线上。用同样的方法可以确定其余各点的位置。

2. 丈量方法

(1) 平坦地面的丈量方法

平坦地区进行距离丈量,先定线后丈量或边定线边丈量均可。丈量工作由二人进行,如

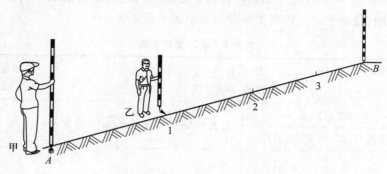

图 4-26 目估法定线

图 4-27 所示。司尺员甲(后尺手)拿着尺的首端位于 A 点,乙(前尺手)拿着尺末端花杆及测钎沿 AB 方向前进,当行至一整尺段时停下,将尺放在地面,立好花杆,根据甲的指挥,乙将花杆立于直线 AB 上,两人同时将钢尺拉紧,拉稳,使尺面保持水平,同时将钢尺靠紧花杆同一侧,乙将测钎对准钢尺末端刻划,铅直插入地面,即图中 1 点位置。然后两人抬起钢尺,同时前进,当甲行至 1 点时,用同样的方法测量出第二尺段,定出 2 点。再前进时,甲应随手拔起 1 点的测钎。如此继续丈量下去,直到终点 B。最后不足一个整尺段的长度叫余长,直线 AB 的水平距离可由下式计算。

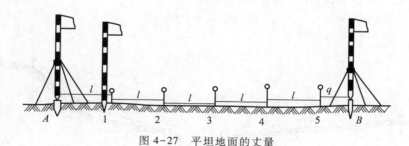

图 4-27 平坦地面的丈量

$$D = nl + q \tag{4-9}$$

式中:n——整尺段数(后尺手中的测钎数);

　　　l——整尺段长度;

　　　q——不足一整尺的余长。

(2)距离丈量的精度

为了校核距离丈量是否正确和提高距离丈量的精度,对于同一条直线的长度要求至少往、返各测量一次。即由 A 测量至 B,再由 B 测量至 A。由于误差的存在,往测和返测的距离不相等,往、返丈量的距离之差与距离的平均值之比,称为距离丈量相对误差,即较差率,用分子为 1 的分式表示,用来作为评定距离丈量的精度的指标。

$$K = \frac{|D_往 - D_返|}{\frac{1}{2}(D_往 + D_返)} = \frac{1}{\frac{1}{2}(D_往 + D_返)} = \frac{1}{N} \tag{4-10}$$

式中:K——相对误差即较差率;

平坦地区,钢尺量距的相对误差要求小于 1/3 000,一般地区小于 1/2 000,在量距困难的山区,相对误差也不应大于 1/1 000。如果符合精度要求,就取往、返丈量的平均值作为最后结果。否则应该分析原因,重新丈量。距离丈量常用的记录手簿见表 4-6。

表 4-6　钢尺量距手簿

工程名称:××××××		天气:晴、微风		测量:×××　　××	
日期:××××年××月××日		仪器:钢尺 012		记录:×××	

测线		分段丈量长度/m		总长度/m	平均长度/m	精度 K	备注
		整尺段/(nl)	零尺段(l')				
AB	往	6×50	36.547	336.537	386.482	$\dfrac{1}{3\ 087}$	量距方便地区 $K \leqslant \dfrac{1}{3\ 000}$
	返	6×50	36.428	336.428			

（3）倾斜地面的丈量方法

倾斜地面距离丈量方法有平量法和斜量法两种:

1）平量法。倾斜地面由于高差较大,整尺法量距有困难,可采用分段丈量。如图 4-28a 所示,在要丈量 AB 两点间根据地面高低变化情况定出 1、2 等桩。丈量时,尺面抬高的一端悬挂垂球线,垂球对准一端桩点,另一端直接对准另一桩上点,两人均匀拉紧使尺面水平,读出该段长度 d_1,如此一段一段丈量各段,则 AB 两点间水平距离为

$$D = d_1 + d_2 + \cdots + d_n \tag{4-11}$$

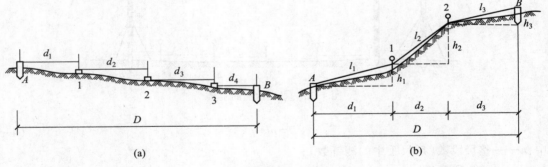

图 4-28　倾斜地面的丈量

用这种方法量距时不便返测,可增加一次往测代替返测,并用式（4-10）评定量距精度。

2）斜量法。当两点间的高差较大时,可通过直线定线,在地面坡度变化处钉桩分段,测出相邻分段点间的斜距和高差计算各分段的平距,即

$$d_i = \sqrt{l_i^2 - h_i^2} \quad (i = 1, 2, \cdots, n) \tag{4-12}$$

4.5.3　钢尺量距的精密方法

前面介绍的是钢尺量距的一般方法,距离丈量相对误差可达 1/1 000～1/5 000。在精度要求较高的距离丈量中,就需要采用精密量距方法进行距离丈量,具体方法如下。

1. 准备工作

（1）清理场地。丈量前要清除要量测直线上的障碍物及杂草等,保证视线通畅。

（2）直线定线。采用经纬仪定线，如图4-29所示，欲在 AB 直线上定出 1、2、3、…、n 诸分段点的位置，可在 A 点安置一台经纬仪，对中、整平后，用望远镜中的十字丝竖丝瞄准 B 点处标杆底部，将水平制动螺旋制动。按观测员的指挥，使各待定点处的测钎落在十字丝的竖丝上，将测钎插入地下。然后在各测钎处分别钉一木桩、相邻两桩顶之间的距离应略小于丈量所用钢尺的一整尺长，桩高应露出地面数厘米，桩顶应水平，钉上一钢钉，钢钉与直线重合。

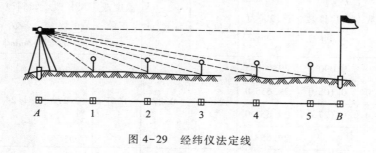

图4-29 经纬仪法定线

（3）测量桩顶高程。由于地面不平，桩顶有高有低，用水准仪测量各桩顶间的高差，以便进行倾斜改正。

（4）钢尺检定。丈量前，应对钢尺进行检定，以便进行尺长改正。

2. 钢尺的检定与尺长方程式

由于钢尺在制造时产生制造误差，钢尺经过长期使用产生变形误差，丈量时温度变化使钢尺膨胀产生误差，以及对钢尺施加拉力不一致产生误差，这些误差使得钢尺的实际长度与名义长度不相等，这样丈量的结果与实际长度不符，为了获得较准确的丈量结果，就必须对钢尺进行检定，计算钢尺在标准温度和标准拉力下的实际长度并给出钢尺的尺长方程式，以便对钢尺的丈量结果进行改正，计算丈量结果的实际长度。通常将钢尺的实际长度随温度而变化的函数式，称为钢尺的尺长方程式。其一般形式为

$$l_t = l_0 + \Delta l + \alpha(t - t_0)l_0 \tag{4-13}$$

式中：l_t——钢尺在 t 温度时的实际长度；

l_0——钢尺的名义长度；

Δl——整尺段的尺长改正数；

α——钢尺的膨胀系数；

t_0——钢尺检定时的温度（或标准温度）；

t——丈量距离时钢尺的温度。

3. 丈量方法

用检定过的钢尺在相邻两木桩之间进行丈量，一般由两人拉尺，两人读数，一人记录。拉尺人员将钢尺置于相邻木桩顶，并使钢尺的一侧对准"十"字线，后尺手同时用弹簧秤施加以标准拉力（30 m 的钢尺标准拉力一般为 10 kg，50 m 的钢尺标准拉力一般为 15 kg），准备好后，两读数人员同时读取钢尺读数（一般由后尺手或前尺手对准一整数时读数），要求估读到 0.5 mm，记录人员将两读数记入手簿（表4-7），然后将钢尺串动 1~2 cm，重新测两次。若三次丈量结果互差不超过 2~5 mm，可取三次结果的平均值作为该尺段的观测值。否则为不合格，应重新测量三次。依次测出其他各尺段长度。每丈量一尺段都应测量钢尺表面温度一次，精确到 0.1℃，以便计算温度改正数。为了校核，往测完毕应立即进行返测。

表 4-7   精密量距记录计算表

钢尺号码:001   钢尺膨胀系数:0.000 012 5   钢尺检定时温度:20℃
钢尺名义长度:30 m   钢尺检定长度:30.002 3 m   钢尺检定时拉力:10 kg
观测者:×××   测区:××测区   天气:晴
记录者:×××   日期:××年×月×日

尺段编号	实测次数	前尺读数/m	后尺读数/m	尺段长度/m	温度/℃	高差/m	温度改正数/mm	尺长改正数/mm	倾斜改正数/mm	改正后尺段长度/mm
A-1	1	29.740 0	0.090 5	29.649 5	24.5	-0.271	1.67	2.27	-1.24	29.656 4
	2	29.760 0	0.105 0	29.655 0						
	3	29.780 0	0.127 0	29.653 0						
	平均			29.653 7						
1-2	1	28.950 0	0.045 0	28.905 0	25.6	-0.184	2.02	2.22	-0.59	28.895 2
	2	28.970 0	0.065 5	28.904 5						
	3	29.990 0	0.125 0	28.865 0						
	平均			28.891 5						
2-3	1	29.420 0	0.071 0	29.349 0	26.3	-0.206	2.31	2.25	-0.72	29.358 5
	2	29.450 0	0.101 5	29.348 5						
	3	29.490 0	0.123 5	29.366 5						
	平均			29.354 7						
3-B	1	19.590 0	0.847 5	18.742 5	26.4	-0.097	1.50	1.44	-0.25	18.745 9
	2	19.570 0	0.827 5	18.742 5						
	3	19.550 0	0.805 5	18.744 5						
	平均			18.743 2						
总和										106.656 0

4. 尺段长度计算

精密量距时,每次往测和返测的结果都应按丈量的尺段长度进行尺长改正、温度改正和倾斜改正,求出改正后的尺段长度。

(1) 尺长改正

钢尺尺面注记的长度称名义长度,检定时在标准的拉力和温度下的长度称为实际长度。钢尺整尺段的尺长改正数 Δl 为:

$$\Delta l = l_实 - l_名 \tag{4-14}$$

式中:$l_实$——钢尺实际长度;

$l_名$——钢尺名义长度。

丈量时,若一尺段长度为 l,则该尺段的尺长改正数 Δl_1 为

$$\Delta l_1 = \frac{\Delta l}{l_名} \cdot l \tag{4-15}$$

（2）温度改正

钢尺检定时温度为 t_0℃，丈量时的温度为 t℃，钢尺的膨胀系数为 α（一般为 $1.25\times10^{-5}/1$℃），则丈量一个尺段 l 的温度改正数 Δl_t 为：

$$\Delta l_t = \alpha \cdot (t-t_0) \cdot l \tag{4-16}$$

（3）倾斜改正

丈量时的距离 l 是斜距，如图 4-30 所示。若尺段相邻两点高差为 h，则倾斜改正数 Δl_h 为：

$$\Delta l_h = d-l \tag{4-17}$$

在此由勾股定理知：$l^2 = d^2 + h^2 \Rightarrow (l-d)(l+d) = h^2$

所以

$$\Delta l_h = -\frac{h^2}{l+d} \approx -\frac{h^2}{2l} \tag{4-18}$$

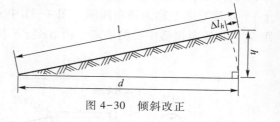

图 4-30　倾斜改正

每个尺段进行以上三项改正后，得改正后的尺段长度（即水平距离）

$$d = l + \Delta l_l + \Delta l_t + \Delta l_h \tag{4-19}$$

[例 4-1]

表 4-7 中，钢尺长 30 m，检定时温度为 20℃，拉力为 10 kg，检定长度为 30.002 3 m，钢尺膨胀系数为 $1.25\times10^{-5}/1$℃。A-1 尺段的丈量长度为 29.653 7 m，尺段高差为 -0.271 m，丈量时钢尺表面温度为 24.5℃。对尺段 A-1 水平距离计算如下：

尺长改正 $\Delta l = l_{实} - l_{名} = 30.002\ 3\ \text{m} - 30\ \text{m} = 0.002\ 3\ \text{m}$

$$\Delta l_l = \frac{\Delta l}{l_{名}} \times l = \frac{0.002\ 3\ \text{m}}{30\ \text{m}} \times 29.653\ 7\ \text{m} = 2.27\times10^{-3}\ \text{m}$$

温度改正 $\Delta l_t = \alpha \cdot (t-t_0) \cdot l = 1.25\times10^{-5}/1℃ \times (24.5℃ - 20℃) \times 29.653\ 7\ \text{m} = 1.67\times10^{-3}\ \text{m}$

倾斜改正 $\Delta l_h = -\dfrac{h^2}{2l} = -\dfrac{(-0.271\ \text{m})^2}{2\times29.653\ 7\ \text{m}} = -1.24\times10^{-3}\ \text{m}$

该尺段的水平距离为

$d = l + \Delta l_l + \Delta l_t + \Delta l_h = 29.653\ 7\ \text{m} + 2.27\times10^{-3}\ \text{m} + 1.67\times10^{-3}\ \text{m} + (-1.24\times10^{-3})\ \text{m} = 29.656\ 4\ \text{m}$

在表 4-7 中线段 AB 丈量 4 个尺段，各尺段改正后长度相加，即得其全长。同样方法分别计算出返测全长，用相对误差进行精度评定，若结果符合精度要求，取平均值作为该距离的最后结果，否则应重测。

4.6　视距测量

视距测量是利用望远镜内十字丝分划板上的视距丝在视距尺（或水准尺）上进行读数，根据几何光学和三角学原理，同时测定水平距离和高差的一种方法。这种方法具有操作方便，速度快，不受地面高低起伏限制等优点。虽然精度较低，约为 1/300～1/200，但能满足测定碎部点位置的精度要求，因此被广泛应用于过去的白纸测图碎部测量中。

4.6.1 视线水平时的视距测量公式

如图 4-31 所示,测定 A,B 两点间的水平距离 D 及高差 h,可在 A 点安置经纬仪,B 点立视距尺,设望远镜视线水平,瞄准 B 点视距尺,此时视线与视距尺(水准尺)垂直。若尺上 G、M 点成像在十字丝分划板上的两根视距丝 g、m 处,则尺上 GM 的长度可由上、下视距丝读数之差求得。上、下丝读数之差称为视距间隔。图 4-31 中 l 为视距间隔,p 为上、下视距丝的间距,f 为物镜焦距,δ 为物镜至仪器中心的距离。由 $\Delta m'g'F$ 与 ΔMGF 相似可得:

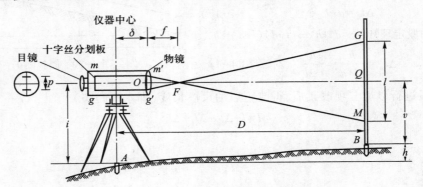

图 4-31 视线水平时的视距测量原理

$$\frac{GM}{g'm'} = \frac{FQ}{FO}$$

式中:$GM = l$——视距间隔;

$\quad FO = f$——物镜焦距;

$\quad g'm' = p$——上下视距丝的间距。

于是

$$FQ = \frac{FO}{g'm'} \cdot GM = \frac{f}{p}l$$

由图 4-31 可以看出,仪器中心离物镜前焦距点 F 的距离为 $\delta+f$,A,B 两点间的水平距离为

$$D = \frac{f}{P}l + f + \delta$$

令 $\dfrac{f}{P} = K, f+\delta = C$

则 $\qquad\qquad\qquad\qquad D = Kl + C \qquad\qquad\qquad\qquad\qquad (4-20)$

式中:K、C——视距乘常数和视距加常数。现代常用的内对光望远镜的视距常数,仪器设计时已使 $K=100$,C 接近于零,所以公式(4-20)可改写为

$$D = Kl \qquad\qquad\qquad\qquad\qquad (4-21)$$

同时,由图 4-31 可以看出 A,B 的高差

$$h = i - v \qquad\qquad\qquad\qquad\qquad (4-22)$$

式中:i——仪器高,是桩顶到仪器横轴中心的高度;

$\quad v$——十字丝中丝在尺上的读数。

4.6.2　视线倾斜时的视距测量公式

在地形起伏较大的地区进行视距测量时,必须使视线倾斜才能看到视距尺,如图 4-32 所示。由于视线不垂直于视距尺,故不能直接应用上述公式。下面将讨论视线倾斜时的视距公式。

在图 4-32 中,当视距尺垂直立于 B 点时的视距间隔 $G'M' = l$。假定视线与尺面垂直时的视距间隔 $GM = l'$,按式(4-21)可得倾斜距离 $D' = Kl'$,则水平距离 D 为

$$D = D'\cos\alpha = Kl'\cos\alpha \tag{4-23}$$

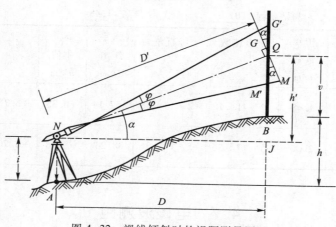

图 4-32　视线倾斜时的视距测量原理

下面求解 l' 与 l 的关系。

在 $\triangle MQM'$ 和 $\triangle G'QG$ 中

$$\angle M'QM = \angle G'QG = \alpha,\ \angle QMM' = 90°-\varphi,\ \angle QGG' = 90°+\varphi$$

式中 φ 为上(或下)视距丝与中丝间的夹角,其值一般约为 17′左右很小,所以 $\angle QMM'$ 和 $\angle QGG'$ 可近似地视为直角,于是得

$$l' = GM = QG'\cos\alpha + QM'\cos\alpha = (QG' + QM')\cos\alpha$$

而 $QG' + QM' = G'M' = l$,则有 $l' = l\cos\alpha$,代入式(4-23),得水平距离为

$$D = Kl\cos^2\alpha \tag{4-24}$$

由图中看出,A、B 间的高差 h 为

$$h = h' + i - v$$

式中　h' 为初算高差(也称高差主值)。可按下式计算

$$\left.\begin{array}{l} h' = D'\sin\alpha = Kl\cos\alpha\sin\alpha = \dfrac{1}{2}Kl\sin2\alpha \\[2mm] 或\ h' = D\tan\alpha \end{array}\right\} \tag{4-25}$$

所以

$$h = \frac{1}{2}Kl\sin2\alpha + i - v \tag{4-26}$$

或

$$h = D\tan\alpha + i - v \tag{4-27}$$

式中 i 为仪器高,v 为十字丝中丝在视距尺上的读数。若使 $v = i$ 则有 $h = h'$

4.6.3　视距测量的观测与计算

观测步骤如下:

（1）在测站点 A 安置经纬仪（图 4-32），量取仪器高 i，在 B 点竖立视距尺（水准尺）；

（2）转动照准部，瞄准 B 点视距尺（水准尺），上、下丝和中丝读数，将下丝读数减去上丝读数得视距间隔 l；

（3）转动竖盘水准管气泡调节螺旋使水准管气泡居中，或打开竖盘自动补偿开关，使竖盘指标线处于正确位置，读取竖盘读数计算竖直角 α；

（4）按式（4-24）、（4-26）或（4-27）计算水平距离和高差。记录和计算列于表 4-8。

表 4-8 视距测量记录表

测站名称 _A_   测站高程 _101.38_   仪器高 _1.48_   仪器 _DJ_6

测站	上丝读数 下丝读数 /m	视距间隔 l/m	中丝读数 v/m	竖盘读数 ° ′ ″	竖直角 ° ′ ″	水平距离 D/m	高差主值 h'/m	高差 h/m	测点高程 H/m	备注
1	2.237 0.663	1.574	1.48	87 41 12	+2 18 48	157.14	+6.35	+6.35	107.73	盘左观测
2	2.445 1.555	0.890	2.00	95 17 36	−5 17 36	88.24	−8.18	−8.70	92.68	

4.7 电磁波测距

4.7.1 概述

电磁波测距（electro-magnetic distance measuring，简称 EDM）是用电磁波（光波或微波）作为载波传输测距信号，以测量两点间距离的一种方法。按测程可分为短程（小于 5 km）、中程（5~15 km）和远程（大于 15 km）三类。它具有测距精度高、速度快和不受地形影响等优点，已广泛用在工程测量中。

电磁波测距就本质来说是测定电磁波在待测距离上往、返传播的时间 t，利用已知的电磁波传播速度 c 获取待测距离值（图 4-33），即

$$D = \frac{1}{2}ct \tag{4-28}$$

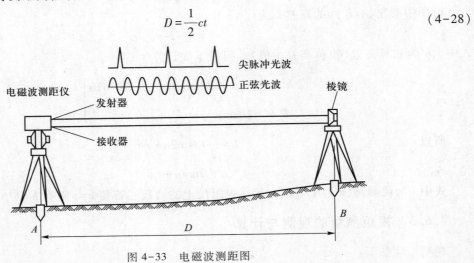

图 4-33 电磁波测距图

光波在测段内传播时间的测定方法,可分为脉冲法和相位法。脉冲式光电测距仪是将发射光波的光强调制成一定频率的尖脉冲,通过测量发射的尖脉冲在待测距离上往返传播的时间来计算距离。由于受到脉冲宽度和电子计数器时间分辨率的限制,脉冲式测距仪的精度不高一般只能达到 $1\sim5$ m;相位式光电测距仪则是将发射光波的光强调制成正弦波的形式,通过测量正弦光波在待测距离上往返传播的相位移来计算距离。高精度的测距仪基本上采用这种方式。

4.7.2 相位式测距原理

相位式测距主要由调制器、接收器、相位计、计数显示器等部分组成。其工作原理为:由光源灯[一般采用砷化镓(GaAs)半导体发光二极管作光源发射器]发出的光通过调制器后,成为光强随高频信号呈正弦变化的调制光射向测线另一端的反射镜,经反射镜反射后被接收器接收,再由相位计通过比对得到其相位的位移量,然后根据位移量所对应的距离值由计数器显示器显示出来。

如图 4-34 所示,设测距仪在 A 点发出的连续调制光,被 B 点反射后,又回到 A 点所经过的时间为 t。如果将光波在测线上按往、返距离展开,显然接收时的相位移比发射时相位移延迟了一个 φ 角,设调制光波的频率为 f,则

$$\varphi = 2\pi f t$$

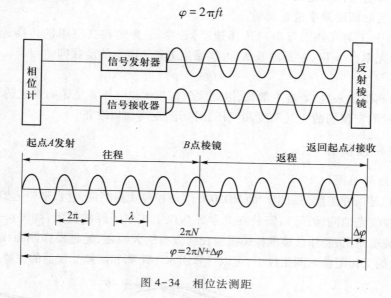

图 4-34　相位法测距

即

$$t = \frac{\varphi}{2\pi f} \tag{4-29}$$

把式(4-29)代入(4-28)得

$$D = \frac{c}{2f} \times \frac{\varphi}{2\pi}$$

因为

$$\lambda = \frac{c}{f}$$

所以

$$D = \frac{\lambda}{2} \times \frac{\varphi}{2\pi} \tag{4-30}$$

其中相位移 φ 是以 2π 为周期变化的。

设从发射点至接收点之间的调制波整周期数为 N,不足一个整周期的比例数为 ΔN,由图 4-34可知

$$\varphi = N \times 2\pi + \Delta N \times 2\pi$$

代入式(4-30),得

$$D = \frac{\lambda}{2}(N + \Delta N) \qquad\qquad (4-31)$$

式(4-31)就是相位法测距的基本公式。它与钢尺量距的情况相似,$\lambda/2$ 相当于整尺长,称为光尺或测尺,N 与 ΔN 相当于整尺段数和不足一整尺段的余长。$\lambda/2$ 为已知,只要测定 N 和 ΔN,即可求得距离 D。

由于测相的相位计只能分辩 $0 \sim 2\pi$ 的相位变化,所以只能测量出不足 2π 的相位尾数 $\Delta\varphi$,无法测定相位的整周期数 N。因此,需在测距仪中设置两个调制频率测同一段距离。例如用调制光的频率为 15 MHz,光尺长度为 10 m 的调制光作为精测尺,用调制光的频率为 150 kHz,光尺长度为 1 000 m 的调制光作为粗测尺。前者测量出小于 10 m 的毫米位、厘米位、分米位和米位距离;后者测量出十米位和百米位距离。两者测得的距离衔接起来,便得到完整的距离。衔接工作由仪器内部的逻辑电路自动完成,并一次显示测距结果。对于测程较长的中、远程光电测距仪,一般采用三个以上的调制频率进行测量。

在式(4-28)中,c 为光在大气中的传播速度,若令 c_0 为光在真空中的传播速度,则 $c = c_0/n$,其中 n 为大气折光率($n \geqslant 1$),它是波长 λ、大气温度 t 和气压 p 的函数即

$$n = f(\lambda, t, p) \qquad\qquad (4-32)$$

对一台红外测距仪来说,λ 是一常数,因此大气温度 t 和气压 p 是影响光速的主要因素,所以在作业中,应实时测定现场的大气温度和气压,对所测距离加以改正。

4.7.3   测距仪简介

1. ND3000 红外测距仪

图 4-35 所示是南方测绘公司生产的 ND3000 红外相位式测距仪,它自带望远镜,望远镜的视准轴、发射光轴和接收光轴同轴,可以安装在光学经纬仪上或电子经纬仪上,如图 4-36a所示。测距时,测距仪瞄准棱镜测距,经纬仪瞄准棱镜测量视线方向的天顶距,通过操作测距仪面板上的键盘,将经纬仪测量出的天顶距输入测距仪中,可以计算出水平距离和高差。仪器的主要技术参数如下:

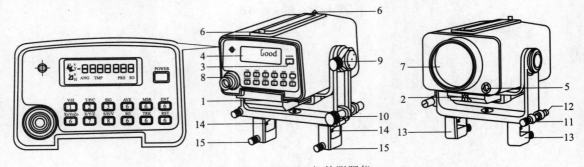

图 4-35   ND3000 红外测距仪

1—电池;2—外接电源插口;3—电源开关;4—显示屏;5—RS-232C 数据接口;6—粗瞄器;7—望远镜物镜;
8—望远镜物镜调焦螺旋;9—垂直制动螺旋;10—垂直微动螺旋;11,12—水平调整螺钉;
13—宽度可调连接支架;14—支架宽度调整螺钉;15—连接固定螺钉

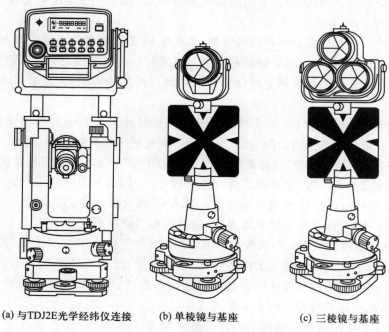

(a)与TDJ2E光学经纬仪连接   (b)单棱镜与基座   (c)三棱镜与基座

图 4-36   安装在 TDJ2E 光学经纬仪上的 ND3000 及棱镜

① 红外光源波长:0.865 mm
② 测尺长及对应的调制频率
精测尺:10 m,f_1 = 14.835 546 MHz
粗测尺 1:1 000 m,f_2 = 148.355 46 kHz
粗测尺 2:10 000 m,f_2 = 14.835 546 kHz
③ 测程:2 500 m(单棱镜),3 500 m(三棱镜)
④ 标称精度:±(5 mm+3 ppm×D)
⑤ 测量时间:正常测距 3 s,跟踪测距、初始测距 3 s,以后每次测距 0.8 s
⑥ 显示:带有灯光照明的 8 位数字液晶显示,最小显示距离为 1 mm
⑦ 供电:6 V 镍镉(NiCd)可充电电池
⑧ 气象修正范围:温度-20~+50℃;气压 533 MPa~1 332 MPa(400 mmhg~999 mmhg)

图 4-36b、c 所示为反射镜。反射镜(又称棱镜)安置在被测距离的一端,它的作用是将调制光反射回主机,单个的反射镜为一个直角棱镜,即从一个正方体切下一角而得的部分,这种反射镜的特点是可以将任何方向的入射光线平行地反射回去。近距离测量时,可用一块反射镜;当距离较远时,则要在觇牌上同时安置几块反射镜。

2. 测距方法

(1) 安置仪器。在待测距离的一端安置经纬仪(对中、整平),将测距仪安置在经纬仪的上方,不同类型的经纬仪其连接方式有所不同,应参照说明书进行。接通电源并打开测距仪开关,检查仪器是否正常工作;将反射镜安置在待测距离的另一端,进行对中和整平,并将棱镜对准测距仪方向。

(2) 测定现场的温度和气压。

(3) 读取竖盘读数。用望远镜瞄准目标棱镜下方的觇板中心,由于测距仪的光轴与经纬仪的视线不一定完全平行,因此还需调节测距仪的调节螺旋,使测距仪瞄准反光棱镜中心,读取竖盘读数,测定视线方向的竖直角(天顶距)。

(4)距离测量。检查气象数据和棱镜常数,若显示的气象数据和棱镜常数与实际数据不符时,应重新输入。按测距仪上的测量键即可测得两点之间经过气象改正的倾斜距离。

(5)测距成果计算。测距仪测量的结果是仪器到目标的倾斜距离,要求得水平距离需要进行如下改正。

① 仪器加常数、乘常数改正。由于仪器制造误差以及使用过程中各种因素的影响,对仪器加常数和乘常数一般应定期进行检测,据此对测得的距离进行加常数和乘常数改正。

② 气象改正。仪器的光尺长度是在标准气象参数下推算出来的。测距时的气象参数与仪器设置的标准气象参数不一致,使测距值含有系统误差。因此,测距时尚需测定大气的温度(读至 1℃)和气压(读到 Pa),然后利用仪器生产厂家提供的气象改正公式对测得距离进行改正。当测距精度要求不高时,也可略去要求加常数、乘常数和气象改正。

③ 平距计算。测距仪测得的距离经仪器加、乘常数和气象改正数改正后,是测距仪中心到反射镜中心的倾斜距离,应按经纬仪测得的竖直角(天顶距)进行倾斜改正。

实际工作中,可利用测距仪的功能键盘设定棱镜常数、气象常数和竖盘读数,仪器即可自动进行各项改正,从而迅速获得相应的水平距离。

(6)测距精度。电磁波测距精度的表达式通常为

$$m = \pm(a+bD) \tag{4-33}$$

式中:a 称为测距的非比例误差或固定误差,b 称为比例误差,D 为测距长度,m 为测距仪精度(又称标称精度)。

现在普通测距仪或全站仪的测距精度一般能达到 $\pm(2 \text{ mm}+2\times D \cdot \text{ppm})$(ppm 为百万分之一)。

4.8 全站仪测量

全站仪是由光电测距、电子测角、微处理机及其软件组合而成的智能型测量仪器。由于全站仪一次观测即可获得水平角、竖直角和倾斜距离 3 种基本观测数据,而且借助仪器内的固化软件可以组成多种测量功能(如自动完成平距、高差、镜站点坐标的计算等),并将结果显示在液晶屏上。全站仪还可以实现自动记录、存储、输出测量结果,使测量工作大为简化。目前,全站仪已广泛应用于控制测量、大比例尺数字测图以及各种工程测量中。

4.8.1 全站仪的构造及其功能

1. 基本结构

全站仪的基本结构如图 4-37 所示,图中上半部分包括水平角、竖直角、测距及水平补偿等光电测量系统,通过 I/O 接口接入总线与数字计算机连接起来,微处理机是全站仪的核心部件,它的主要功能是根据键盘指令执行测量过程中的数据检核、处理、传输、显示和存储等工作。数据存储器是测量的数据库。仪器中还提供程序存储器,以便根据工作需要编制有关软件进行某些测量成果处理。

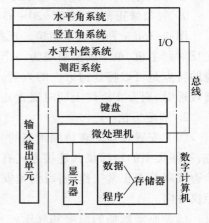

图 4-37 全站仪基本结构

2. 望远镜

全站仪望远镜中的视准轴与光电测距仪的红外光发射光轴和接收光轴是同轴的,其光路如图 4-38 所示。测量时使望远镜照准棱镜中心就能同时测出斜距、水平角和竖直角。

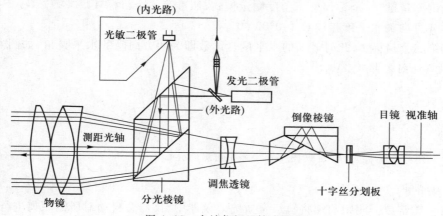

图 4-38　全站仪望远镜光路图

3. 竖轴倾斜自动补偿

当仪器未精确整平以致竖轴倾斜时,测量水平角和竖直角引起的误差,不能用盘左、盘右观测取中数消除。因此,全站仪内设有倾斜传感器,即水平补偿系统,自动改正竖轴倾斜对水平角和竖直角的影响,当仪器整平在 3′ 范围内时,补偿精度可达 0.1″。

4. 数据存储与通信

有的全站仪将仪器的数据传输接口和外接的记录器连接起来,数据存储于外接记录器中。大多数的全站仪内部都有一大容量内存,有的还配置存储卡来增加存储容量。仪器上还设有标准的 RS-232C 通信接口,用电缆与计算机的 COM 口连接,实现全站仪与计算机的双向数据传输。

5. 全站仪的功能

全站仪的功能与仪器内置的软件有关,可分为基本测量功能和程序测量功能。基本测量功能包括:电子测距、电子测角(水平角、垂直角),显示的数据为观测数据;程序测量功能包括:水平距离和高差的切换显示、三维坐标测量、对边测量、放样测量、偏心测量、后方交会测量、面积计算等,显示的数据为观测数据经处理后的计算数据。

4.8.2　全站仪测量

1. 全站仪安置

包括对中与整平,方法与经纬仪基本相同。有的全站仪使用激光对中器,操作十分方便。仪器有双轴补偿器,整平后气泡略有偏差,对观测并无影响。

2. 开机和设置

开机后仪器进行自检,自检通过后,显示主菜单。测量前进行相关设置,如各种观测量单位与小数点位数设置、测距常数设置、气象参数设置、标题信息设置、测站信息设置、观测信息设置等。

3. 角度、距离、坐标测量

在标准测量状态下,角度测量模式、斜距测量模式、平距测量模式、坐标测量模式之间可互相切换。全站仪精确照准目标后,通过不同测量模式之间的切换,可得所需的观测值。不同型号的全站仪,其具体操作方法会有较大的差异。下面简要介绍全站仪的基本操作方法。

(1)水平角测量

1)按角度测量键,使全站仪处于角度测量模式,照准第一个目标 A。

2)设置 A 方向的水平度盘读数为 $0°00'00''$。

3)照准第二个目标 B,此时显示的水平度盘读数即为两方向间的水平夹角,如图 4-39 所示(水平角测量方法可参照 4.3)。

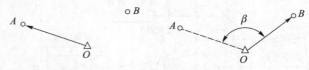

图 4-39　水平角测量示意图

(2)距离测量

1)设置棱镜常数。测距前须将棱镜常数输入仪器中,仪器会自动对所测距离进行改正。

2)设置大气改正值或气温、气压值。

光在大气中的传播速度会随大气的温度和气压而变化,15℃ 和 760 mmHg 是仪器设置的一个标准值,此时的大气改正为 0 ppm。实测时,可输入温度和气压值,全站仪会自动计算大气改正值(也可直接输入大气改正值),并对测距结果进行改正。

3)量仪器高、棱镜高并输入全站仪。

4)距离测量。照准目标棱镜中心,按测距键,距离测量开始,测距完成时显示斜距、平距、高差。

全站仪的测距模式有精测模式、跟踪模式、粗测模式三种。精测模式是最常用的测距模式,测量时间约 2.5 s,最小显示单位 1 mm;跟踪模式常用于跟踪移动目标或放样时连续测距,最小显示一般为 1 mm,每次测距时间约 0.3 s;粗测模式测量时间约 0.7 s,最小显示单位 1 cm 或 1 mm。在距离测量或坐标测量时,可按测距模式(MODE)键选择不同的测距模式。

应注意,有些型号的全站仪在距离测量时不能设定仪器高和棱镜高,显示的高差值是全站仪横轴中心与棱镜中心的高差。

(3)坐标测量

1)设定测站点的三维坐标。

2)设定后视点的坐标或设定后视方向的水平度盘读数为其方位角。当设定后视点的坐标时,全站仪会自动计算后视方向的方位角,并设定后视方向的水平度盘读数为其方位角。

3)设置棱镜常数。

4)设置大气改正值或气温、气压值。

5)量仪器高、棱镜高并输入全站仪。

6)照准目标棱镜,按坐标测量键,全站仪开始测距并计算显示测点的三维坐标。

如图 4-40a 所示,O 为测站点,A 为后视点,P 为目标点,α_{OA} 为后视方位角,α_{OP} 为目标点方位角,β 为 A、O、P 间水平角,则

$$\alpha_{OP} = \arctan\left(\frac{E_A - E_O}{N_A - N_O}\right) + \beta \tag{4-34}$$

如图 4-40b 所示,i 为仪器高,v 为棱镜高,则目标点三维坐标计算公式为:

$$N_P = N_O + S \sin Z_{OP} \cos \alpha_{OP}$$
$$E_P = E_O + S \sin Z_{OP} \sin \alpha_{OP}$$
$$Z_P = Z_O + S \cos Z_{OP} + i - v$$
$$(4-35)$$

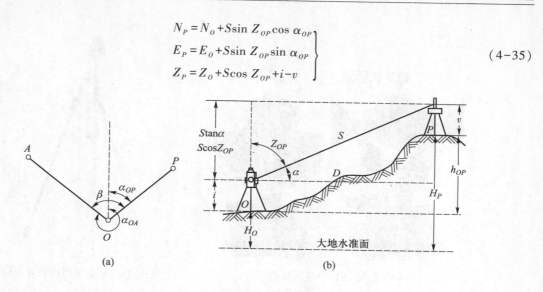

图 4-40　三维坐标测量

4.8.3　全站仪简介

（一）南方 NTS-352 全站仪简介

1. 各部件名称

图 4-41 所示为南方测绘 NTS-352 型全站仪。仪器带有数字/字母键盘,光栅度盘,单轴补偿。其主要技术参数为:一测回方向观测中误差为 ±2″;竖盘指标自动归零补偿采用电子液体补偿器,补偿范围为 ±3′;最大测程为 1.8 km(单棱镜)、2.6 km(三块棱镜);测距精度为 ±3 mm+2D ppm,测量时间:精测单次 3 s,跟踪 1 s;内存可同时存储 3 456 个点的测量数据和坐标数据;仪器采用 6 V 镍氢可充电电池供电,一块充满电的电池可供连续测量 8 h。

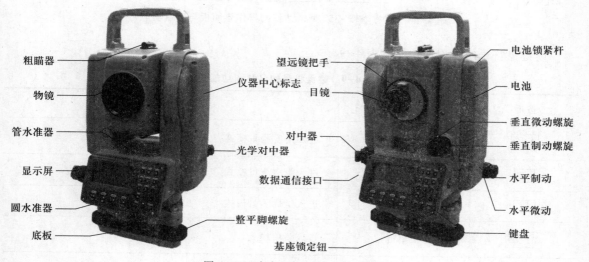

图 4-41　南方 NTS-352 型全站仪

全站仪专用棱镜如图 4-42 所示。棱镜对中杆如图 4-43 所示。

图 4-42   全站仪用棱镜与基座

图 4-43   全站仪用棱镜对中杆

2. 键盘功能与信息显示（图 4-44）。

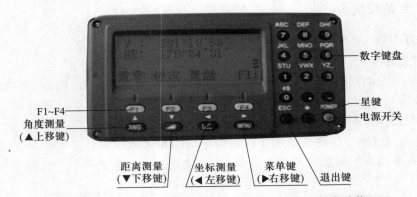

图 4-44   南方 NTS-352 型全站仪的操作界面板与键盘功能

① 键盘符号的名称和功能见表 4-9。

表 4-9   键盘符号的名称和功能

按键	名称	功能
ANG	角度测量键	进入角度测量模式
◣	距离测量键	进入距离测量模式
◪	坐标测量键	进入坐标测量模式
MENU	菜单键	进入菜单模式
ESC	退出键	返回上一级状态或返回测量模式

续表

按键	名称	功能
POWER	电源开关键	电源开关
F1 ~ F4	软键（功能键）	对应于显示的软键信息
0 ~ 9	数字键	输入数字和字母、小数点、负号
★	星键	用于仪器若干常用功能的操作

按下★键进入星键主菜单，可以对以下项目进行设置：

对比度调节：按星键后，通过按［▲］或［▼］键，可以调节液晶显示对比度。

照明：按星键后，通过按 F1 选择"照明"，按 F1 或 F2 选择开关背景光。

倾斜：按星键后，通过按 F2 选择"倾斜"，按 F1 或 F2 选择开关倾斜改正。

S/A：按星键后，通过按 F4 选择"S/A"，可以对棱镜常数和温度气压进行设置。并且可以查看回光信号的强弱。

② 全站仪操作过程中显示符号的含义见表 4-10。

表 4-10　全站仪操作过程中显示符号表

符号	含义	符号	含义
V%	垂直角（坡度显示）	*	EDM（电子测距）正在进行
HR	水平角（右角）	m	以米为单位
HL	水平角（左角）	ft	以英尺为单位
HD	水平距离	fi	以英尺与英寸为单位
VD	高差	F	精测模式
SD	倾斜距离	T	跟踪模式
N	北向坐标	R	重复测量
E	东向坐标	ppm	大气改正值
Z	高程	psm	棱镜常数值

3. 字母、数字的输入方法

全站仪中很多操作均需要进行字母、数字的输入，如点号名称、仪器高、棱镜高、测站点和后视点等。例如，现要在"数据采集模式"中，"点号->"条目行输入测站点编码"SOUTHI"，如图 4-45a 所示，按 F1（输入）键，箭头即变成等号（＝），如图 4-45b 所示，按 F3 可以切换到字母输入方式，如图 4-45c 所示。

注：按 F3 键可以进行"字母"与"数字"的输入切换。

具体的输入过程为：

点号->	点号=	点号=SOUTHI
标识符:	标识符:	标识符:
仪高: 0.000 m	仪高: 0.000 m	仪高:0.000 m
输入　查找　记录　测站	回退　空格　数字　回车	回退　空格　字母　回车
(a)	(b)	(c)

图 4-45　南方 NTS-352 型全站仪的字母输入过程

按 STU 键,显示"S";

按 ► 键,光标显示到下一位,连续按三次 MNO 键,显示"O";

按 ► 键,光标显示到下一位,连续按三次 STU 键,显示"U";

按 ► 键,光标显示到下一位,连续按两次 STU 键,显示"T";

按 ► 键,光标显示到下一位,连续按两次 GHI 键,显示"H";

按 ► 键,光标显示到下一位,再按三次 GHI 键,显示"I"。回车。

> 注:修改字符,可以按[◄][►]键将光标移到待修改的字符上,并再次输入。

然后在"数据采集模式"中输入测站仪器高,按[▲][▼]键上下移动箭头,将->移动到仪高条目,如图 4-46a 所示,具体的输入过程为:

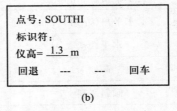

点号: SOUTHI	点号: SOUTHI
标识符:	标识符:
仪高->0.000 m	仪高= 1.3 m
输入　查找　记录　测站	回退　---　---　回车
(a)	(b)

图 4-46　南方 NTS-352 型全站仪的数字输入过程

按 F1 键进入输入菜单

按 1 输入"1";

按 . 输入".";

按 3 输入"3 ",回车。

此时仪高=1.3 m,仪器高输入为 1.3 m,如图 4-46b 所示。

4. 菜单基本操作

确认仪器已经整平,按 POWER 键打开电源开关,仪器开机时应确认棱镜常数值(PSM)和大气改正值(PPM),并可通过按 F1(↓)或 F2(↑)键调节对比度,为了在关机后保存设置值,可按 F4(回车)键。旋转望远镜,使视准轴通过水平方向,蜂鸣声响过后进入角度测量模式界面,如图 4-47 所示。

（1）测角模式

按 ANG 键进入测角模式，它有 P1，P2，P3 三页菜单，按 F4 键翻页，如图 4-47 所示，每一页菜单上所显示的功能需要按它所对应下方的软键来实现，具体操作说明见表 4-11。

表 4-11　角度测量模式显示功能表

模式	菜单页	显示	功能及操作键
角度测量	第一页	置零	水平角置为 0°0′0″，须操作软键 F1
		锁定	水平角读数锁定，须操作软键 F2
		置盘	通过键盘输入数字设置水平角，须操作软键 F3
		P1↓	显示第 2 页软键功能，须操作软键 F4
	第二页	倾斜	设置倾斜改正开或关，若选择开则显示倾斜改正，须操作软键 F1
		V%	垂直角与百分比坡度的切换，须操作软键 F3
		P2↓	显示第 3 页软键功能，须操作软键 F4
	第三页	H-蜂鸣	仪器转动至水平角 0°、90°、180°、270°是否蜂鸣的设置，须操作软键 F1
		R/L	水平角右/左计数方向的转换，须操作软键 F2
		竖角	垂直角显示格式（高度角/天顶距）的切换，须操作软键 F3
		P3↓	显示第 1 页软键功能，须操作软键 F4

角度测量模式（三个界面菜单）

全站仪角度观测的方法步骤与光学经纬仪相同，首先在测站点安置仪器，开机后在测角模式下，将仪器望远镜瞄准第一目标点后进行度盘设置，有三种方式可以设置度盘，分别为：

1）置零：按 F1 键，度盘设置成 0°0′0″；

2）锁定：用水平微动螺旋转到所需的水平角，按 F2 键；

3）置盘：按 F3 键，通过键盘输入所要求的水平角。

然后精确瞄准第二目标点，屏幕上显示即为瞄准的两方向之间的水平夹角。

（2）测距模式

按 ◢ 键进入测距模式，测距模式（两个界面菜单）有 P1、P2 两页菜单，按 F4 键翻页，如图 4-48 所示，各软键的功能简介见表 4-12。

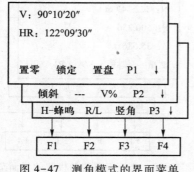

图 4-47　测角模式的界面菜单

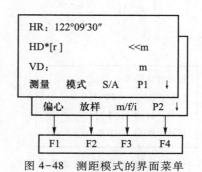

图 4-48　测距模式的界面菜单

表 4-12 距离测量模式显示功能表

模式	菜单页	显示	功能及操作键
距离测量	第一页	测量	启动距离测量,须操作软键 F1
		模式	设置测距模式为精测/跟踪,须操作软键 F2
		S/A	设置温度、气压、棱镜常数等,须操作软键 F3
		P1↓	显示第 2 页软键功能,须操作软键 F4
	第二页	偏心	偏心测量模式,操作软键 F1
		放样	距离放样模式,放样平距、高差与斜距,须操作软键 F2
		m/f/i	距离单位的设置:米/英尺/英寸,须操作软键 F3
		P2↓	显示第 1 软键功能,须操作软键 F4

在进行距离测量前通常需要确认大气改正的设置和棱镜常数的设置,再进行距离测量。

1)大气改正的设置:由距离测量模式下按 F3 键,如图 4-49 所示,

继续按 F2(PPM)键,显示当前设置值,可以按 F1 键输入大气改正值,按 F4 键确认。

2)反射棱镜常数的设置:

南方全站的棱镜常数的出场设置为-30,若使用棱镜常数不是-30 的配套棱镜,则必须设置相应的棱镜常数。

在如图 4-49 所示页面状态下,按 F1(棱镜)键,进入棱镜常数设置页面,按 F1 键输入棱镜常数改正值,按 F4 键确认。

安置好仪器,照准棱镜中心,按 ◢ 键,距离测量开始,屏幕出现"∗"标志,表示测距正在进行。屏幕显示水平角(HR)、平距(HD)和高差(VD),再次按 ◢ 键,显示变为水平角(HR)、垂直角(V)和斜距(SD)。

在距离测量模式下,按 F2(模式)键来进行精测/跟踪模式设置,按 F1(精测)键进行精测,按 F2(跟踪)键进行跟踪测量。

(3)坐标模式

按 ◪ 键进入坐标模式,它有 P1、P2、P3 三页菜单,按 F4 键翻页,坐标测量模式(三个界面菜单)如图 4-50 所示,各软键的功能简介见表 4-13。

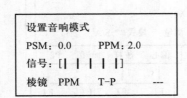

图 4-49 大气改正和棱镜常数设置

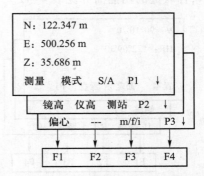

图 4-50 坐标距离测量模式的界面菜单

表 4-13　坐标测量模式显示功能表

模式	菜单页	显示	功能及操作键
坐标测量	第一页	测量	启动测量，须操作软键 F1
		模式	设置测距模式为精测/跟踪，须操作软键 F2
		S/A	设置温度、气压、棱镜常数等，须操作软键 F3
		P1↓	显示第 2 页软键功能，须操作软键 F4
	第二页	镜高	设置棱镜高度，须操作软键 F1
		仪高	设置仪器高度，须操作软键 F2
		测站	设置测站坐标，须操作软键 F3
		P2↓	显示第 3 页软键功能，须操作软键 F4
	第三页	偏心	偏心测量模式，操作软键 F1
		m/f/i	距离单位的设置：米/英尺/英寸，须操作软键 F3
		P3↓	显示第 1 页软键功能，须操作软键 F4

　　坐标测量在施测前应进行起始方向的设置，可以先在测角模式下，将后视方向水平盘读数设置为该方向的方位角，在坐标测量模式下执行第二页的"测站"命令，键入测站点的坐标，开始坐标测量。下面来讲述它的操作过程：

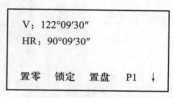

图 4-51　设置已知方向角

　　首先在测角模式下，设置已知点的方向角，如图 4-51 所示。

　　然后照准后视点棱镜，按 ∠ 键，进入坐标测量模式，按 F4 键，转到第二页菜单功能，如图 4-52a 所示，按 F3（测站）键，输入测站的 N、E 和 Z 坐标数据，如图 4-52b 所示，然后按 F4 键回车，显示屏返回坐标测量显示。

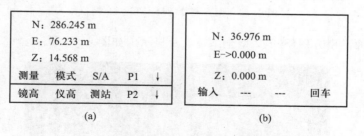

(a)　　　　　　(b)

图 4-52　坐标测量——输入测站点坐标

　　继续按 F4 键，再转到第 2 页菜单功能，按 F2（仪高）键，显示当前值，输入仪器高，如图 4-53a 所示，然后回车；再转到第 2 页菜单功能，按 F1（镜高）键，显示当前值，输入棱镜高，如图 4-53b，然后回车，显示屏返回坐标测量显示后，按 F1 键（测量）开始坐标测量，完毕后，瞄准待测目标点，继续按 F1 键测量。

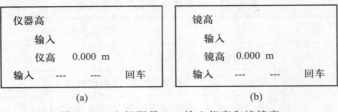

图 4-53　坐标测量——输入仪高和棱镜高

（二）南方 NTS-370 系列全站仪

图 4-54 所示为南方测绘 NTS-372 型全站仪。其特点是视窗操作，Window CE. NET 4.2 中文操作系统，全站仪上实现电脑化操作，一次显示大量信息，测量简单明了。

1. 主要部件

（1）各部件名称如图 4-54 所示。

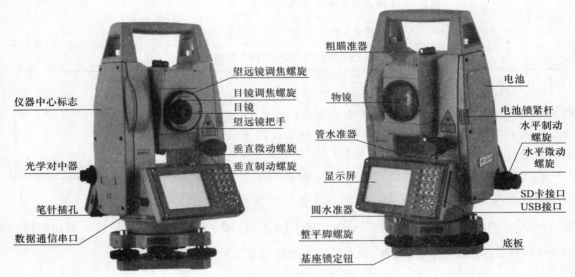

图 4-54　南方测绘 NTS-372 型全站仪

（2）操作界面。南方 NTS-372 型全站键盘及显示屏如图 4-55 所示。

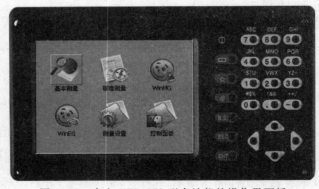

图 4-55　南方 NTS-372 型全站仪的操作界面板

（3）按键功能见表 4-14。

表 4-14 全站仪操作过程中显示符号表

按键	名称	功能
⏻	电源键	控制电源的开/关
0~9	数字键	输入数字,用于预置数值
A~/	字母键	输入字母
·	输入面板键	显示输入面板
★	星键	用于仪器若干常用功能的操作
@	字母切换键	切换到字母输入模式
B.S	后退键	输入数字或字母时,光标向左删除一位
ESC	退出键	退回到前一个显示屏或前一个模式
ENT	回车键	数据输入结束并认可时按此键
✥	光标键	上下左右移动光标

2. 开机及设置

（1）按下 POWER 键开机,进入 Windows CE 操作界面（图 4-55）。点击"🖼"进行多项设置,比如背景光调节、触摸屏校准等。

（2）数字和字母的输入方法。

在主菜单界面点击"🖼",在出现的列表中选择"工程"→"新建工程",在出现的工程名称处可以进行数字和字母的输入。数字和字母的输入方法有两种,一种是按"·"打开软键盘进行输入,单击软键盘的[Shift]可进行大写字母的输入。另一种是在主菜单界面上,选择🖼,在出现的列表中选择"工程"→"新建工程",用仪器面板上的字母数字键盘输入。按[@]键进行字母、数字模式转换。

3. 星（★）键模式

按下星（★）键可作如下操作:

（1）电子圆水准器图形显示,如图 4-56a 所示。当圆气泡难以直接看到时,利用这项功能整平仪器就方便多了,整平之后单击[返回]键可返回先前模式。

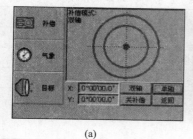 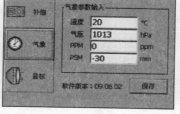 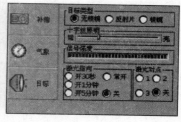

(a)　　　　　　　(b)　　　　　　　(c)

图 4-56 星（★）键模式操作

（2）设置温度、气压、大气改正值（PPM）和棱镜常数值（PSM）如图 4-56b 所示。单击［气象］即可查看温度、气压、PPM 和 PSM 值。若要修改参数，用笔针将光标移到待修改的参数处，输入新的数据即可。

（3）设置目标类型、十字丝照明和接收光线强度（信号强弱）显示，如图 4-56c 所示。单击［目标］键可设置目标类型、十字丝照明等功能。

此外，Windows CE（R）系列全站仪的补偿设置有：关闭补偿、单轴补偿和双轴补偿三种选项。双轴补偿：改正垂直角指标差和竖轴倾斜对水平角的误差。当任一项超限时，系统会出现仪器补偿对话框，提示用户必须先整平仪器。单轴补偿：改正垂直角指标差。当垂直角补偿超限时，系统才出现补偿对话框。关闭补偿：补偿器关闭。

4. 基本测量

在主菜单界面单击图标"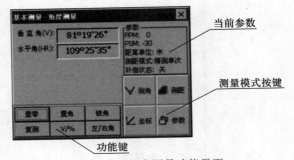"，进入基本测量功能界面，如图 4-57 所示。功能键显示在屏幕底部，并随测量模式的不同而改变。表 4-15列举了各测量模式下的功能键。

图 4-57　基本测量功能界面

表 4-15　各测量模式下的功能键

模式	显示	软键	功能
测角	置零	1	水平角置零
	置角	2	预置一个水平角
	锁角	3	水平角锁定
	复测	4	水平角重复测量
	V%	5	垂直角/百分度的转换
	左/右角	6	水平角左角/右角的转换
测距	模式	1	设置单次精测/N 次精测/连续精测/跟踪测量模式
	m/ft	2	距离单位米/国际英尺/美国英尺的转换
	放样	3	放样测量模式
	悬高	4	启动悬高测量功能
	对边	5	启动对边测量功能
	线高	6	启动线高测量功能
坐标	模式	1	设置单次精测/N 次精测/连续精测/跟踪测量模式
	设站	2	预置仪器测站点坐标
	后视	3	预置后视点坐标
	设置	4	预置仪器高度和目标高度
	导线	5	启动导线测量功能
	偏心	6	启动偏心测量（角度偏心/距离偏心/圆柱偏心/屏幕偏心）功能

以上对全站仪的使用做了简单介绍,不同厂家生产的仪器在使用上有一定的差异,但进行数据采集的操作过程大致相同,详细操作方法可参照说明书。

思考题与习题

1. 什么叫水平角?在同一个竖直面内不同高度的点在水平度盘上的读数是否一样?
2. 什么是竖直角、天顶距、竖盘指标差?
3. 测水平角时,对中、整平的目的是什么?是怎样进行的?
4. 在观测水平角和竖直角时,采用盘左、盘右观测,可以消除哪些误差对测角的影响?
5. 竖直角观测时,为什么在读取竖盘读数前一定要使竖盘指标水准管的气泡居中?将某经纬仪置于盘左,当视线水平时,竖盘读数为90°;当望远镜逐渐上仰,竖盘读数减少。试写出该仪器的竖直角计算公式。
6. 在距离丈量前,为什么要进行直线定线?如何进行定线?
7. 丈量 AB、CD 两段距离,AB 段往测为 137.770 m,返测为 137.782 m,CD 段往测为 234.422 m,返测为 234.410 m,两段距离丈量精度是否相同?为什么?两段丈量结果各为多少?
8. 一钢尺名义长度为 30 m,经检定实际长度为 30.002 m,用此钢尺量两点间距离为 186.434 m,求改正后的水平距离。
9. 试述红外测距仪采用的相位法测距原理。
10. 试述全站仪的结构原理。
11. 简述全站仪三维坐标测量的基本原理。
12. 用 DJ_6 型光学经纬仪进行测回法测量水平角 β,其观测数据记在表中,试计算水平角值。并说明盘左与盘右角值之差是否符合要求。

水平角观测手簿(测回法)

测回	测站	目标	竖盘位置	读数 ° ′ ″	半测回角值 ° ′ ″	一测回角值 ° ′ ″	平均角值 ° ′ ″	备注
1	O	A	左	00 01 06				
		B		78 49 54				
		A	右	180 01 36				
		B		258 50 06				
2	O	A	左	90 08 12				
		B		168 57 06				
		A	右	270 08 30				
		B		348 57 12				

13. 根据下表中方向测回法的观测数据,完成其所有计算工作。

水平角观测手簿（方向观测法）

测回	测站	目标	读数 盘左			读数 盘右			2C	平均方向值 $\frac{左+右\pm180°}{2}$			归零后的方向值			各测回归零平均方向值			角 值		
			°	′	″	°	′	″	° ′ ″	°	′	″	°	′	″	°	′	″	°	′	″
1	O	A	00	02	36	180	02	30													
		B	70	23	36	250	23	36													
		C	228	19	24	48	19	36													
		D	254	17	54	74	17	54													
		A	00	02	30	180	02	36													
2	O	A	90	03	12	270	03	18													
		B	160	24	06	340	23	54													
		C	318	20	00	138	19	54													
		D	344	18	30	164	18	24													
		A	90	03	18	270	03	12													

14. 竖直角的观测数据列于下表，请完成其记录计算。

竖直角观测手簿

测站	目标	竖盘位置	竖盘读数			半测回竖直角			一测回竖直角			指标差	备注
			°	′	″	°	′	″	°	′	″	″	
O	M	左	98	41	18								
		右	261	18	48								
	N	左	86	16	18								
		右	273	44	00								

15. 分析水平角观测时产生误差的原因。观测时应采取什么措施？

16. 电子经纬仪的测角原理与光学经纬仪的主要区别是什么？

17. 根据下表数据，采用计算器计算水平距离和高程：测站 A，定向方向为 B，仪高 $i=1.50$ m，测站点高程 $H_0=646.500$ m（竖盘为顺时针刻划）

视距测量记录表

点号	尺间隔/m	竖盘读数 °	竖盘读数 ′	竖直角 °	竖直角 ′	初算高差/m	$i-v$/m	高差/m	水平角 °	水平角 ′	水平距离/m	高程/m
1	0.456	87	23						46	25		
2	0.654	88	41						85	31		
3	0.362	92	47						106	15		

18. 如图,已知 AB 边方位角为 $130°20'$,BC 边的长度为 82.00 m,$\angle ABC = 120°10'$,$X_B = 460.00$ m,$Y_B = 320.00$ m,试分别计算 BC 边的方位角和 C 点的坐标。

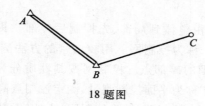

18 题图

第五章 小地区控制测量

5.1 概　述

测量工作所遵循的原则是"由整体到局部、先控制后碎部",即在测区内先选择一些起控制作用的点,组成一定的几何图形,称为控制网。用较精密的方法测定这些点的平面位置和高程,然后根据这些控制点施测其周围的碎部点。控制网按其性质分为平面控制网和高程控制网两类。测定控制点平面位置的工作称为平面控制测量,测定控制点高程的工作称为高程控制测量。根据控制网的规模可分为国家基本控制网、城市控制网、小地区控制网和图根控制网。

5.1.1　国家基本控制网

1. 平面控制网

国家平面控制网是在全国范围内主要按三角网和精密导线网布设,按精度分为一、二、三、四等四个等级,其中一等精度最高,二、三、四等精度逐级降低,低一级控制网是在高一级控制网的基础上建立的。控制点的密度,一等最小,逐级增大,如图 5-1 所示。一等三角网沿经纬线方向布设,一般称为一等三角锁,它不仅作为低等级平面控制网的基础,还为研究地球的形状和大小提供精确的科学资料。二等三角网布设于一等三角锁内,是扩展低等级平面控制网的基础。三、四等三角网作为一、二等控制网的进一步加密,满足测绘各种比例尺地形图和各项工程建设的需要。

2. 高程控制网

建立国家高程控制网的主要方法是采用水准测量的方法,按精度分一、二、三、四等,逐级控制,逐级加密,如图 5-2 所示。一等水准测量精度最高,由它建立的一等水准网是国家高程控制网的骨干,二等水准网在一等水准环内布设,是国家高程控制网的基础,三、四等水准网是国家高程控制网的加密,主要为测绘各种比例尺地形图和各项工程建设提供高程的起算数据。

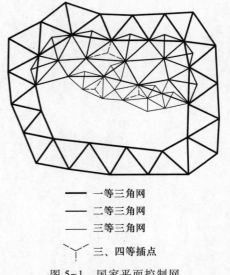

图 5-1　国家平面控制网

近年来,全球定位系统 GPS 技术已经得到了广泛的应用。我国从 20 世纪 90 年代初开始,建立了一系列 GPS 控制网。其中,国家测绘局于 1991—1995 年布设了国家高精度 GPS A、B 级网;此外,中国人民解放军总参谋部测绘局、中国地震局等也都建立了相应级别的 GPS 控制网。为了整合 3 个覆盖全国(除台湾省)的 GPS 控制网的整体效益和不兼容性,于 2000—2003 年进行整体平差处理,建立统一的、高精度的国家 GPS 大地控制网,并命名为"2000 国家大地控制网",为全国三维地心坐标系统提供了高精度的坐标框架,为全国提供了高精度的重力基准。

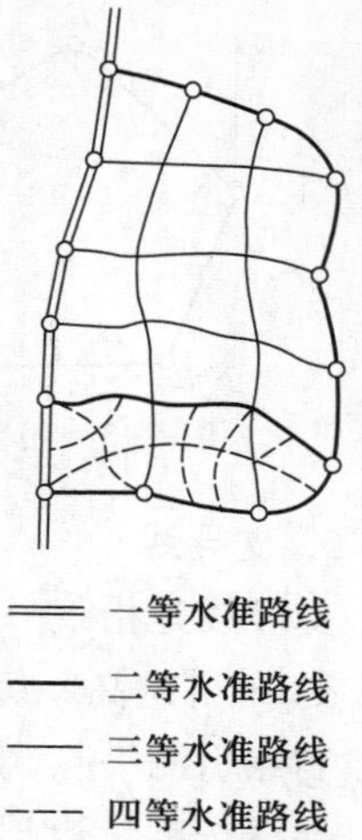

5.1.2 城市控制网

城市控制网是在国家控制网的基础上建立起来的,目的在于为城市规划、市政建设、工业民用建筑设计和施工放样服务。城市控制网建立的方法与国家控制网相同,只是控制网的精度有所不同。为了满足不同目的及要求,城市控制网也要分级建立。

国家控制网和城市控制网均由专门的测绘单位承担测量。控制点的平面坐标和高程由测绘部门统一管理,为社会各部门服务。

——— 一等水准路线
——— 二等水准路线
——— 三等水准路线
- - - 四等水准路线

图 5-2 国家高程控制网

5.1.3 小地区控制网

小地区控制网是为小地区(测区面积小于 $15~km^2$)大比例尺测图或工程建设所布设的控制网。小地区平面控制网建立时,应尽量与国家或城市已建立的高级控制网联测,将已知的高级控制点的坐标作为小地区控制网的起算数据。如果测区内或附近无国家或城市已知高级控制点,或者联测不便,可建立独立的平面控制网。平面控制网根据测区面积大小分级建立,主要采用一、二、三级导线测量,一、二级小三角网测量或一、二级小三边网测量。小地区高程控制网是根据测区面积的大小和工程建设的具体要求,采用分级建立的方法,一般情况下以国家高级控制点为基础。在测区范围内建立三、四等水准路线或水准网。对于地形起伏较大的山区可采用三角高程测量的方法建立高程控制网。

5.1.4 图根控制网

直接为地形测图而建立的控制网称为图根控制网,其控制点称为图根控制点。图根控制测量也分为图根平面控制测量和图根高程控制测量。图根平面控制测量通常采用图根导线测量、小三角测量和交会定点等方法来建立。图根高程控制测量一般采用三、四、五等水准测量和三角高程测量。

5.2 平面控制测量

5.2.1 导线测量

(一)导线的布设形式

1. 闭合导线

闭合导线自某一已知点出发经过若干点的连续折线仍回至原来一点,形成一个闭合多边形,如图 5-3 所示。

2. 附合导线

附合导线自某一高一级的控制点(或国家控制点)出发,附合到另一个高一级的控制点上的导线。如图 5-4 所示,A、B、C、D 为高一级的控制点,从控制点 C(作为附合导线的第 1 点)出发,经 2、3、4、5 等点附合到另一控制点 C(作为附合导线的最后一点 6),布设成附合导线。

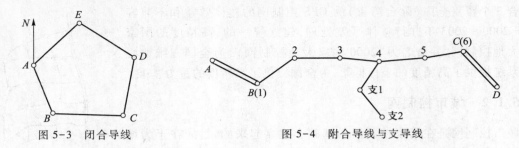

图 5-3　闭合导线　　　　　　　　图 5-4　附合导线与支导线

3. 支导线

支导线是指仅一端连接在高一级控制点上的伸展导线,如图 5-4 中的 4-支$_1$-支$_2$,4 点对支$_1$、支$_2$来讲是高一级的控制点。支导线在测量中若发生差错,无法校核,故一般只允许从高一级控制点引测一点,对 1∶2 000、1∶5 000 比例尺测图可连续引测两点。

导线按测量边长方法的不同分钢尺量距导线、电磁波测距导线等。二者仅测距方法不同,其余工作完全相同。

(二) 导线测量的等级与技术要求

在进行导线测量时,究竟采用何种形式,应根据原有控制点可利用的情况和密度、地形条件、测量精度要求及仪器设备而定。

用导线测量的方法建立小地区平面控制网,通常可分为一级导线、二级导线、三级导线和图根导线等几个等级,其主要技术指标见表 5-1。

表 5-1　导线测量的主要技术要求

等级	导线长度/km	平均边长/km	测角中误差/(")	测距中误差/mm	测距相对中误差	测回数 DJ$_1$	测回数 DJ$_2$	测回数 DJ$_6$	方位角闭合差/(")	导线全长相对闭合差
三等	14	3	±1.5	±20	1/150 000	6	10	—	±3.6$\sqrt{n}$	1/55 000
四等	9	1.5	±2.5	±18	1/80 000	4	6	—	±5$\sqrt{n}$	1/35 000
一级	4	0.5	±5	±15	1/30 000	—	2	4	±10$\sqrt{n}$	1/15 000
二级	2.4	0.25	±8	±15	1/14 000	—	1	3	±16$\sqrt{n}$	1/10 000
三级	1.2	0.1	±12	±15	1/7 000	—	1	2	±24$\sqrt{n}$	1/5 000
图根	≤α×M	1∶500 图 0.1 1∶1 000 图 0.15 1∶2 000 图 0.25	±20(首级) ±30(一般)	—	电磁波测距(单向施测)	—	—	1	±40$\sqrt{n}$(首级) ±60$\sqrt{n}$(一般)	≤1/(2 000×α)

注:1. 表中 n 为测站数。

　　2. 当测区测图的最大比例尺为 1∶1 000 时,一、二、三级导线的导线长度、平均长度可适当放长,但最大长度不应大于表中规定相应长度的 2 倍。

　　3. α 为比例系数,取值宜为 1,当采用 1∶500、1∶1 000 比例尺测图时,其值可在 1~2 之间选用。

　　4. M 为测图比例尺的分母;但对于工矿区现状图测量,不论测图比例尺大小,M 取值均应为 500。

　　5. 隐蔽或施工困难地区导线相对闭合差可放宽,但不应大于 1/(1 000×α)

　　6. 图根钢尺量距导线,首级控制,边长应进行往返丈量,其较差的相对误差不应大于 1/4 000;支导线,其较差的相对误差不应大于 1/3 000。

（三）导线测量的外业工作

导线测量的外业工作包括踏勘选点、测角、量边和连测等。

1. 踏勘选点

测量前应广泛搜集与测区有关的测量资料，如原有三角点、导线点、水准点的成果，各种比例尺的地形图等。然后做出导线的整体布置设计，并到实地踏勘，了解测区的实际情况，最后根据测图的需要，在实地选定导线点的位置，并埋设点位标志，给予编号或命名。选点时应注意做到：

（1）导线应尽量沿交通线布设，相邻导线点间应通视良好，地势平坦，便于丈量边长。

（2）导线点应选择在有利于安置仪器和保存点位的地方，最好选在土质坚硬的地面上。

（3）导线点应选在视野比较开阔的地方，不应选在低洼、闭塞的角落，这样便于碎部测量或加密。

（4）导线边长应大致相等或按表5-1规定的平均边长。尽量避免由短边突然过渡到长边。短边应尽量少用，以减小照准误差的影响和提高导线测量的点位精度。

（5）导线点在测区内应有一定的数量，密度要均匀，便于控制整个测区。

导线点选定后，要用明显的标志固定下来，通常是用一木桩打入土中，桩顶高出地面 1～2 cm，并在桩顶钉一小钉，作为临时性标志。当导线点选择在水泥、沥青等坚硬地面时，可直接钉一钢钉作为标志，需要长期保存使用的导线点要埋设混凝土桩，桩顶刻"十"字，作为永久性标志。导线点选定后，应进行统一编号。为了方便寻找，还应对每个导线点绘制"点之记"，如图 5-5 所示，注明导线点与附近固定地物点的距离。

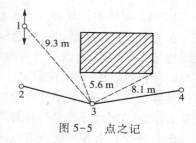

图 5-5 点之记

2. 测角

用测回法观测导线的转折角，导线的转折角分左角和右角，位于导线前进方向左侧的角叫左角，位于导线前进方向右侧的角叫右角。附合导线中测量导线的左角；闭合导线中均测内角，若闭合导线按逆时针方向编号，则其内角也就是左角，这样便于坐标方位角的推算。各等级导线，根据所用仪器不同，其角度闭合差见表5-1。

3. 量边

用来计算导线点坐标的导线边长应是水平距离。各等级导线，边长的技术要求见表5-1。对于图根导线，也可用检定过的钢尺丈量，其较差的相对误差见表5-1注中的说明。

4. 测定方位角或连接角和边

导线必须与高一级控制点连接，以取得坐标和方位角的起始数据。闭合导线的连接测量分两种情况：第一种情况是没有高一级控制点可以连接，或在测区内布设的是独立闭合导线。这时，需要在第 1 点上测出第一条边的磁方位角，并假定第 1 点的坐标，就得到起始数据，如图 5-6a 所示。第二种情况如图 5-6b 所示，A、B 为高一级控制点，1、2、3、4、5 等点组成闭合导线，则需要测出连接角 β' 及 β''，以及连接边长 D_0，才具有起始数据。

附合导线的两端点均为已知点，如图 5-7 所示，只要在已知点 B、C 上测出连接角 β_1 及 β_6，就能获得起始数据。

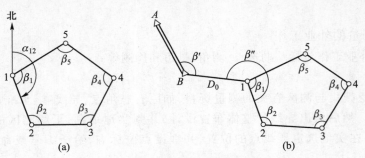

图 5-6 闭合导线连接测量

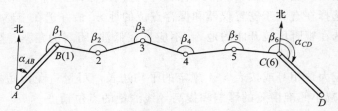

图 5-7 附合导线的连接测量

（四）导线测量的内业计算

1. 闭合导线坐标计算

在外业工作结束后，首先应整理外业测量资料，导线测量坐标计算所必须具备的资料有：各导线边的水平距离；导线各转折角和导线边与已知边所夹的连接角；高级控制点的坐标。当导线不与高级控制点连测时，应假定一起始点的坐标，并用罗盘仪测定起始边的坐标方位角。

计算前应对观测数据进行检查复核，当确认无误后，可绘制导线草图，注明已知数据和观测数据，并填入"闭合导线坐标计算表"（表 5-2）。

闭合导线是由各导线点组成的多边形，因此，它必须满足两个条件：一是多边形内角和条件，二是坐标条件。即由起始点的已知坐标，逐点推算导线各点的坐标到最后一点后继续推算起始点的坐标，推算得出的坐标应等于已知坐标。现以表 5-2 为例，说明其计算步骤如下：

（1）角度闭合差的计算与调整

具有 n 条边的闭合导线，内角总和理论上应满足

$$\sum \beta_{理} = (n-2) \times 180° \qquad (5-1)$$

设内角观测值的总为 $\sum \beta_{测}$，则角度闭合差

$$f_\beta = \sum \beta_{测} - (n-2)180° \qquad (5-2)$$

角度闭合差是角度观测质量的检验条件，各级导线角度闭合差的容许值应满足表 5-1 的规定。若 $f_\beta \leqslant f_{\beta容}$ 说明该导线水平角观测的成果可用；否则，应返工重测。

由于角度观测的精度是相同的，角度闭合差的调整往往采用平均分配原则，即将角度闭合差按相反符号平均分配到各角中（计算到秒），其分配值称为角度改正数 V_β，用下式计算

$$V_\beta = -\frac{f_\beta}{n} \qquad (5-3)$$

调整后的角值为：

$$\beta = \beta_{测} + V_\beta \qquad (5-4)$$

调整后的内角和应满足多边形内角和条件。

（2）坐标方位角推算

用起始边的坐标方位角和改正后的各内角可推算其他各边的坐标方位角，按第二章公式（2-9）推算。

以表5-2中的图为例，按1-2-3-4-1逆时针方向推算，使多边形内角均为导线前进方向的左角。为了检核，还应推算回起始边。

（3）坐标增量闭合差的计算与调整

根据导线各边的边长和坐标方位角，按第二章公式（2-11）计算各导线边的坐标增量。对于闭合导线，其纵、横坐标增量代数和的理论值应分别等于零（图5-8），即

$$\begin{cases} \sum \Delta X_{理} = 0 \\ \sum \Delta Y_{理} = 0 \end{cases} \tag{5-5}$$

由于量边的误差和角度闭合差调整后的残余误差，使得由起点1出发，经过各点的坐标增量计算，其纵、横坐标增量的总和 $\sum \Delta X_{测}$、$\sum \Delta Y_{测}$ 都不等于零，这就存在着导线纵、横坐标增量闭合差 f_x 和 f_y，其计算式为

$$\begin{cases} f_x = \sum \Delta X_{测} - \sum \Delta X_{理} = \sum \Delta X_{测} \\ f_y = \sum \Delta Y_{测} - \sum \Delta Y_{理} = \sum \Delta Y_{测} \end{cases} \tag{5-6}$$

如图5-9所示，由于坐标增量闭合差 f_x、f_y 的存在，从导线点1出发，最后不是闭合到出发点1，而是1'点，期间产生了一段差距1—1'，这段距离称为导线全长闭合差 f_D，由图5-9可知：

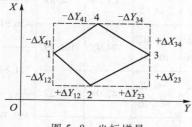

图5-8 坐标增量

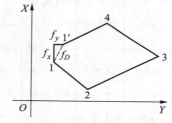

图5-9 坐标增量闭合差

$$f_D = \sqrt{f_x^2 + f_y^2} \tag{5-7}$$

导线全长闭合差是由测角误差和量边误差共同引起的，一般说来，导线越长，全长闭合差就越大。因此，要衡量导线的精度，可用导线全长闭合差 f_D 与导线全长 $\sum D$ 的比值来表示，得到导线全长相对闭合差（或叫导线相对精度）K，且化成分子是1的分数形式：

$$K = \frac{f_D}{\sum D} = \frac{1}{\sum D / f_D} \tag{5-8}$$

不同等级的导线，其导线全长相对闭合差有着不同的限差，见表5-1。当 $K \leqslant K_{容}$ 时，说明该导线符合精度要求，可对坐标增量闭合差进行调整。调整的原则是将 f_x、f_y 反符号与边长成正比例分配到各边的纵、横坐标增量中去，即

$$\begin{cases} V_{x_i} = -\dfrac{f_x}{\sum D} \times D_i \\ V_{y_i} = -\dfrac{f_y}{\sum D} \times D_i \end{cases} \tag{5-9}$$

式中：V_{x_i}、V_{y_i}——第 i 条边的坐标增量改正数；

　　　　D_i——第 i 条边的边长。

计算坐标增量改正数 V_{xi}、V_{yi} 时，其结果应进行凑整，满足

$$\begin{cases} \sum V_{xi} = -f_x \\ \sum V_{yi} = -f_y \end{cases} \tag{5-10}$$

（4）导线点坐标计算

根据起始点的坐标和改正后的坐标增量 $\Delta X_i'$、$\Delta Y_i'$，可以依次推算各导线点的坐标，即

$$\begin{cases} \Delta X_i' = \Delta X_i + V_{xi} \\ \Delta Y_i' = \Delta Y_i + V_{yi} \end{cases} \tag{5-11}$$

$$\begin{cases} X_{i+1} = X_i + \Delta X_i' \\ Y_{i+1} = Y_i + \Delta Y_i' \end{cases} \tag{5-12}$$

最后还应推算起始点的坐标，其值应与原有的数值一致，以作校核。

表 5-2　闭合导线坐标计算表

点号	观测角（左角）。′″	改正数 ″	改正角 。′″	方位角 。′″	距离 /m	坐标计算量		改正后增量		坐标值	
						Δx/m	Δy/m	$\hat{\Delta x}$/m	$\hat{\Delta y}$/m	x/m	y/m
1	2	3	4 = "2" + "3"	5	6	7	8	9	10	11	12
1				144 36 00	77.38	-0.02 -63.07	-0.01 44.82	-63.09	44.81	500.00	800.00
2	89 33 47	+16	89 34 03	54 10 03	128.05	-0.03 74.96	-0.02 103.81	74.93	103.79	436.91	844.81
3	72 59 47	+16	73 00 03	307 10 06	79.38	-0.02 47.96	-0.01 -63.26	47.94	-63.27	511.84	948.60
4	107 49 02	+16	107 49 18	234 59 24	104.16	-0.02 59.76	-0.02 -85.31	59.78	-85.33	559.78	885.33
1	89 36 20	+16	89 36 36	144 36 00						500.00	800.00
2											
总和	359 58 56	+64	360 00 00		388.97	+0.09	+0.06	0.00	0.00		

辅助计算

$f_\beta = \sum \beta_{测} - (n-2) \times 180° = -64''$

$f_{\beta容} = \pm 40'' \sqrt{4} = \pm 80''$

$f_x = \sum \Delta x = +0.09$

$f_y = \sum \Delta y = +0.06$

$f_D = \sqrt{f_x^2 + f_y^2} = 0.11$

$K = \dfrac{f_D}{\sum D} = \dfrac{0.11}{388.97} = \dfrac{1}{3\,500} \leqslant \dfrac{1}{2\,000}$（钢尺量距导线）

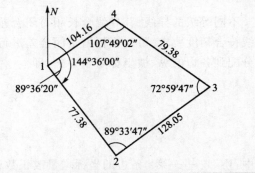

2. 附合导线坐标计算

附合导线坐标计算方法与闭合导线的计算方法基本相同,但由于计算条件有些差异,致使角度闭合差与坐标增量闭合差的计算有所不同,现叙述如下:

如图 5-10 所示,1-2-3-⋯-(n-1)-n 为一附合导线,它的起点 1 和终点 n 分别与高一级的控制点 A、B 和 C、D 连接,后者的坐标已知,因此可按第二章公式(2-13)、(2-14)计算起始边和终了边的方位角 α_{AB} 和 α_{CD}。

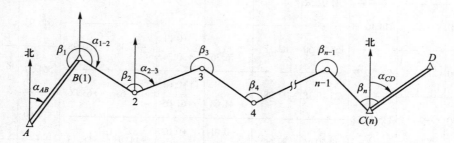

图 5-10　附合导线计算

(1)角度闭合差的计算

附合导线的角度闭合条件是方位角条件,即由起始边的坐标方位角 α_{AB} 和左角 β_i 推算得终了边的坐标方位角 α'_{CD} 应与已知 α_{CD} 一致,否则,就存在角度闭合差。现以图 5-10 为例推算角度闭合差 f_β 如下:

$$\left.\begin{aligned}
\alpha_{12} &= \alpha_{AB} + \beta_1 \pm 180° \\
\alpha_{23} &= \alpha_{12} + \beta_2 \pm 180° \\
&\cdots\cdots \\
+)\ \alpha'_{CD} &= \alpha_{(n-1)n} + \beta_n \pm 180° \\
\hline
\alpha'_{CD} &= \alpha_{AB} + \sum\beta_{测} \pm n\times180°
\end{aligned}\right\} \tag{5-13}$$

上式算得的方位角应减去若干个 360°,使其角在 0°~360° 之间。附合导线的角度闭合差为

$$f_\beta = \alpha'_{CD} - \alpha_{CD} \tag{5-14}$$

附合导线角度闭合差的容许值的计算公式及闭合差的调整方法,与闭合导线相同。

(2)坐标增量闭合差计算

附合导线两个端点——起点 B 及终点 C,都是高一级的控制点,它们的坐标值精度较高,误差可忽略不计,故

$$\left.\begin{aligned}
\sum\Delta X_{理} &= X_{终} - X_{始} \\
\sum\Delta Y_{理} &= Y_{终} - Y_{始}
\end{aligned}\right\} \tag{5-15}$$

由于测角和量距含有误差,坐标增量不能满足理论上的要求,产生坐标增量闭合差,即

$$\left.\begin{aligned}
f_x &= \sum\Delta X_{测} - \sum\Delta X_{理} = \sum\Delta X_{测} - (X_{终} - X_{始}) \\
f_y &= \sum\Delta Y_{测} - \sum\Delta Y_{理} = \sum\Delta Y_{测} - (Y_{终} - Y_{始})
\end{aligned}\right\} \tag{5-16}$$

求得坐标增量闭合差后,闭合差的限差和调整以及其他计算与闭合导线相同。附合导线坐标计算的全过程见表 5-3。

表 5-3　附合导线坐标计算表

点号	观测角（左角）(° ′ ″)	改正数(″)	改正角(° ′ ″)	方位角(° ′ ″)	距离/m	坐标计算量		改正后增量		坐标值	
						Δx/m	Δy/m	$\Delta \hat{x}$/m	$\Delta \hat{y}$/m	x/m	y/m
1	2	3	4 = 2+3	5	6	7	8	9	10	11	12
A				224 02 52						843.40	1 264.29
B(1)	114 17 00	-2	114 16 58							640.93	1 068.44
				158 19 50	82.17	-76.36	+0.01 +30.34	-76.36	+30.35		
2	146 59 30	-2	146 59 28							564.57	1 098.79
				125 19 18	77.28	-44.68	+0.01 +63.05	-44.68	+63.06		
3	135 11 30	-2	135 11 28							519.89	1 161.85
				80 30 46	89.64	-0.01 +14.78	+0.02 +88.41	+14.77	+88.43		
4	145 38 30	-2	145 38 28							534.66	1 250.28
				46 09 14	79.84	+55.31	+0.01 +57.58	+55.31	+57.59		
C(5)	158 00 00	-2	157 59 58							589.97	1 307.87
				24 09 12						793.61	1 399.19
D											
总和	700 06 30				328.93	-50.95	+239.38	-50.96	+239.43		

辅助计算

$$\alpha_{AB} = \arctan \frac{y_B - y_A}{x_B - x_A} = 224°02'52''$$

$$\alpha_{CD} = \arctan \frac{y_D - y_C}{x_D - x_C} = 24°09'12''$$

$$\alpha_{CD} = \alpha_{AD} + \sum \beta - n \times 180° = 24°09'22''$$

$$f_\beta = \alpha'_{CD} - \alpha_{CD} = 24°09'22'' - 24°09'12'' = +10''$$

$$f_y = \pm 60\sqrt{5} = \pm 134''$$

$$f_x = \sum \Delta x - (x_C - x_D) = +0.01$$

$$f_y = \sum \Delta y - (y_C - y_D) = -0.05$$

$$f_D = \sqrt{f_x^2 + f_y^2} = 0.05$$

$$K = \frac{f_D}{\sum D} = \frac{0.05}{328.93} = \frac{1}{6\ 579} \leqslant \frac{1}{2\ 000}$$

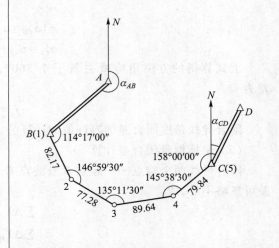

5.2.2　交会定点

当现有控制点的数量不能满足测图或施工放样需要时,可采用交会定点的方法加密控制点。交会定点的方法很多,随着测绘仪器的提升,传统的方法应用越来越少,这里仅介绍测角前方交会法。

如图 5-11 所示，用经纬仪在已知点 A、B 上测出 α 和 β 角，计算待定点 P 的坐标，就是测角前方交会定点，计算公式推导如下。

$$\left.\begin{array}{l} x_P-x_A=D_{AP}\cos\alpha_{AP} \\ y_P-y_A=D_{AP}\sin\alpha_{AP} \end{array}\right\} \tag{5-17}$$

$$\alpha_{AP}=\alpha_{AB}-\alpha \tag{5-18}$$

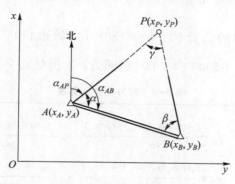

图 5-11 前方交会法

式中 α_{AB} 由已知坐标反算而得。将式(5-18)代入式(5-17)，得

$$\left.\begin{array}{l} x_P-x_A=D_{AP}(\cos\alpha_{AB}\cos\alpha+\sin\alpha_{AB}\sin\alpha) \\ y_P-y_A=D_{AP}(\sin\alpha_{AB}\cos\alpha-\cos\alpha_{AB}\sin\alpha \end{array}\right\} \tag{5-19}$$

因为

$$\cos\alpha_{AB}=\frac{x_B-x_A}{D_{AB}} ; \sin\alpha_{AB}=\frac{y_B-y_A}{D_{AB}}$$

则

$$\left.\begin{array}{l} x_P-x_A=\dfrac{D_{AP}}{D_{AB}}\sin\alpha\left[(x_B-x_A)\operatorname{ctg}\alpha+(y_B-y_A)\right] \\[3mm] y_P-y_A=\dfrac{D_{AP}}{D_{AB}}\sin\alpha\left[(y_B-y_A)\operatorname{ctg}\alpha+(x_A-x_B)\right] \end{array}\right\} \tag{5-20}$$

由 $\triangle ABP$ 可得

$$\frac{D_{AP}}{D_{AB}}=\frac{\sin\beta}{\sin(\alpha+\beta)}$$

上式等号两边乘以 $\sin\alpha$，得

$$\frac{D_{AP}}{D_{AB}}\cdot\sin\alpha=\frac{\sin\beta\sin\alpha}{\sin\alpha\cos\beta+\cos\alpha\sin\beta}=\frac{1}{\cot\alpha+\cot\beta} \tag{5-21}$$

将式(5-21)代入式(5-20)，经整理后得

$$\left.\begin{array}{l} x_P=\dfrac{x_A\cot\beta+x_B\cot\alpha+(y_B-y_A)}{\cot\alpha+\cot\beta} \\[3mm] y_P=\dfrac{y_A\cot\beta+y_B\cot\alpha+(x_A-x_B)}{\cot\alpha+\cot\beta} \end{array}\right\} \tag{5-22}$$

为了提高精度，交会角 γ 最好在 $90°$ 左右，一般不应小于 $30°$ 或大于 $120°$。同时为了校核所定点位的正确性要求由三个已知点进行交会，有两种方法：

（1）分别在已知点 A、B、C（图见表 5-4 算例）上观测角 α_1、β_1 及 α_2、β_2，由两组图形算得待定

点 P 的坐标 (x_{p1}, y_{p1}) 及 (x_{p2}, y_{p2})。如两组坐标的较差 $f(\pm\sqrt{(x_{p1}-x_{p2})^2+(y_{p1}-y_{p2})^2}) \leqslant 0.2M$ 或 $0.3M$ mm，则取平均值。式中 M 为比例尺的分母；前者用于 1:5 000 及 1:10 000 的测图，后者用于 1:500~1:2 000 的测图。

（2）观测一组角度 α_1、β_1，计算坐标，而以另一方向检查，即在 B 点观测检查角 $\varepsilon_{测} = \angle PBC$（图见表 5-4）。由坐标反算检查角 $\varepsilon_{算}$，与实测检查角 $\varepsilon_{测}$ 之差 $\Delta\varepsilon''$ 进行检查，$\varepsilon'' \leqslant \pm\dfrac{0.15M\rho''}{s}$ 或 $\pm\dfrac{0.2M\rho''}{s}$，式中 s 为检查方向的边长（表 5-4 图中 BC 的边长）。上式前者用于 1:5 000、1:10 000 的测图，后者用于 1:500~1:2 000 的测图。算例见表 5-4。

表 5-4　前方交会计算表

略图与公式	$x_{P1}=\dfrac{x_A\cot\beta_1+x_B\cot\alpha_1+(y_B-y_A)}{\cot\alpha_1-\cot\beta_1}$　$x_{P2}=\dfrac{x_B\cot\beta_2+x_C\cot\alpha_2+(y_C-y_B)}{\cot\alpha_2+\cot\beta_2}$ $y_{P1}=\dfrac{y_A\cot\beta_1+y_B\cot\alpha_1+(x_A-x_B)}{\cot\alpha_1+\cot\beta_1}$　$y_{P2}=\dfrac{y_B\cot\beta_2+y_C\cot\alpha_2+(x_B-x_C)}{\cot\alpha_2+\cot\beta_2}$ $x_P=\dfrac{1}{2}(x_{P1}+x_{P2})$　$y_P=\dfrac{1}{2}(y_{P1}+y_{P2})$			
已知 数据	x_A　1 659.232 m	y_A　2 355.537 m	x_B　1 406.593 m	y_B　2 654.051 m
	x_B　1 406.593 m	y_B　2 654.051 m	x_C　1 589.736 m	y_C　2 987.304 m
观测值	α_1　69°11′04″	β_1　59°42′39″	α_2　51°15′22″	β_2　76°44′30″
	x_{P1}　1 869.200 m	y_{P1}　2 735.228 m	x_{P2}　1 869.208 m	y_{P2}　2 735.226 m
计算与校核	测图比例尺 1:500　$f_{容}=\pm0.2\times500=\pm100$ mm　$f=\sqrt{8^2+2^2}=\pm8$ mm$<\pm100$ mm $x_P=1\ 869.204$ m　$y_P=2\ 735.227$ m			

5.3　高程控制测量

高程控制测量经常采用三、四等水准测量及三角高程测量等方式建立高程控制网。其中三、四等水准测量已在第三章介绍［具体内容见第三章 3.3.3（二）］，本节主要介绍三角高程测量方法。

5.3.1　三角高程测量原理

地面起伏变化较大时，进行水准测量往往比较困难。由于光电测距仪和全站仪的普及，可以用光电测距仪三角高程测量的方法或全站仪三角高程测量的方法测定两点间的高差，从而推算各点的高程。

如图 5-12 所示，如果用经纬仪配合测距仪或用全站仪测定两点间的水平距离 D 及竖直角 α，

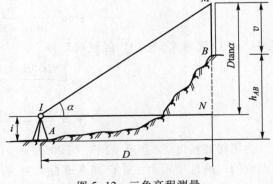

图 5-12　三角高程测量

则 AB 两点间的高差计算公式为

$$h_{AB} = D \cdot \tan\alpha + i - v \tag{5-23}$$

公式(5-23)是在假定地球表面为水平面,观测视线为直线的条件下导出的。当地面上两点间距离较近时(一般在 300 m 以内)可以运用。如果两点间的距离大于 300 m,就要考虑地球曲率及观测视线由于大气垂直折光的影响。前者为地球曲率差,简称球差;后者为大气垂直折光差,简称气差。由第三章公式(3-21),得球、气差的改正数

$$f = \frac{D^2}{2R} - \frac{D^2}{7 \times 2R} = 0.43\frac{D^2}{R}$$

用不同的 D 值为引数,计算出改正值列于表 5-5。考虑球气差改正时,三角高程测量的高差计算公式为

$$h = D\tan\alpha + i - v + f \tag{5-24}$$

表 5-5　地球曲率与大气折光改正值表

D/m	$f = 0.43\dfrac{D^2}{R}$/cm	D/m	$f = 0.43\dfrac{D^2}{R}$/cm
100	0.1	600	2.4
200	0.3	700	3.3
300	0.6	800	4.3
400	1.1	900	5.5
500	1.7	1000	6.8

施测仅从 A 点向 B 点观测,称为单向观测。当距离超过 300 m 时,测得的高差应加球、气差改正。如果不仅由 A 点向 B 点观测,而且又从 B 点向 A 点观测,则称为双向观测或对向观测。因为两次观测取平均值可以自行消减地球曲率和大气垂直折光的影响,所以一般采用对向观测。另外,为了减少大气垂直折光的影响,观测视线应高出地面或障碍物 1 m 以上。

5.3.2　三角高程测量的观测

三角高程测量中,应将已知高程点和待测高程点按照闭合路线、附合路线、支路线等形式进行观测、计算,以确保成果的精度。

在测站上安置经纬仪(或全站仪),量取仪器高 i,在目标点安置棱镜,量取棱镜高 v。i 和 v 用小钢卷尺量两次取平均数,读数至 1 mm。

三角高程测量的主要技术要求见表 5-6、表 5-7。

表 5-6　电磁波测距三角高程测量的主要技术要求

等级	每千米高差 全中误差/mm	边长/km	观测方式	对向观测高 差较差/mm	附合或环形 闭合差/mm
四等	10	≤1	对向观测	$40\sqrt{D}$	$20\sqrt{\sum D}$
五等	15	≤1	对向观测	$40\sqrt{D}$	$30\sqrt{\sum D}$

注:1. D 为测距边的长度,km。

2. 起讫点的精度等级,四等应讫于不低于三等水准的高程点上,五等应讫于不低于四等水准的高程点上。

3. 路线长度不应超过相应等级水准路线的长度限值。

表 5-7　电磁波测距三角高程观测的主要技术要求

等级	垂直角观测				边长测量	
	仪器精度等级	测回数	指标差较差/(")	测回较差/(")	仪器精度等级	观测次数
四等	2"级仪器	3	≤7"	≤7"	10 mm 级仪器	往返各一次
五等	2"级仪器	2	≤10"	≤10"	10 mm 级仪器	往一次

注:当采用 2"级光学经纬仪进行垂直角观测时,应根据仪器的垂直角检测精度,适当增加测回数。

5.3.3　三角高程测量的计算

　　三角高程测量的往、返测高差按式(5-24)计算。由对向观测求得往、返测高差较差的容许值,及三角高程测量闭合或附合路线闭合差的容许值见表 5-6。

[例]

　　如图 5-13 所示,在 A、1、2、B 四点间进行三角高程测量并构成附合路线的实测数据略图,已知 A 点的高程为 103.681 m,B 点的高程为 95.401 m。观测数据注于图上,在表 5-8 中进行高差计算。

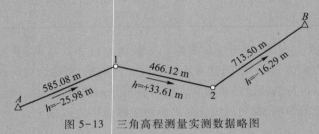

图 5-13　三角高程测量实测数据略图

　　(1)首先按表 5-6 检核对向观测高差较差,符合要求时计算两点之间的高差(平均值),列于表 5-8。

表 5-8　三角高程测量高差计算表

测站点	A	1	1	2	2	B
目标点	1	A	2	1	B	2
水平距离 D	585.08	585.08	466.12	466.12	713.50	713.50
竖直角	$-2°28'48''$	$+2°32'24''$	$-4°07'12''$	$-3°52'24''$	$-1°17'42''$	$-1°21'52''$
$D\tan\alpha$	-25.36	25.94	33.58	-31.56	-16.13	16.00
测站仪器高 i	1.34	1.30	1.30	1.32	1.32	1.28
目标棱镜高 v	2.00	1.30	1.30	3.40	1.50	2.00
球、气差改正 f	0.02	0.02	0.02	0.02	0.03	0.03
单向高差 h	-25.98	$+25.97$	33.60	-33.62	-16.28	16.30
$f_{\Delta h容}$	0.031		0.027		0.033	
平均高差 $\bar{h}$	-25.98		33.61		-16.29	

（2）依据表 5-8 的平均高差,计算高差闭合差,高差闭合差的容许值按表 5-6 计算,符合要求时对各段高差进行调整,根据调整后的高差计算未知点高程,计算方法同水准路线测量,计算结果见表 5-9。

表 5-9 三角高程测量成果整理表

点　号	水平距离/m	观测高差/m	改正值/m	改正后高差/m	高程/m
A					103.681
1	585.08	-25.980	+0.013	-25.967	77.714
2	466.12	33.610	+0.010	33.620	111.334
B	713.50	-16.290	+0.015	-16.275	95.059
Σ	1 764.70	-8.660		+0.038	
备注	$f_h = -8.660 \text{ m} - (95.059 - 103.681) \text{ m} = -0.038 \text{ m}, \sum D = 1.765 \text{ km}$ $f_{h容} = \pm 30 \sqrt{\sum D} = \pm 0.040 \text{ m}, f_h \leqslant f_{h容}(\text{合格})$				

5.4 全站仪导线三维坐标测量

全站仪导线三维坐标测量就是利用全站仪三维坐标测量功能,依次在各导线点上安置仪器,测定各导线点的三维坐标,再以坐标为观测值进行导线的近似平差计算。全站仪导线可布设为附合导线、闭合导线和支导线三种形式。

全站仪三维坐标计算公式见第四章式（4-35）。如图 5-14 所示附合导线,用全站仪进行观测,观测时首先把仪器安置在 B 点,并以 A 为定向点观测 2 号点的坐标,然后再将仪器置于 2 号点,以 B 点为后视点（定向点）观测出 3 号点的坐标。按此观测顺序最后可观测出 C 点的坐标观测值,设为 $(x_C'、y_C'、H_C')$,由于观测过程中有各种误差

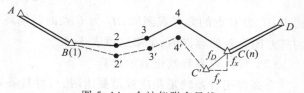

图 5-14 全站仪附合导线

的存在,所以各点的坐标观测值与其理论值不相等,且离 B 点越远的点由于误差的积累,点位误差会越大。如图 5-14 所示,$2'、3'、\cdots、C'$ 点分别为各导线点的实际观测值位置,而图中的 2、3、$\cdots$、C 点为各导线点的正确位置。其中 C 点为已知点,设其已知坐标为 $(x_C、y_C、H_C)$,其计算步骤如下。

1. 导线点坐标计算

（1）坐标闭合差的计算

设该导线的纵、横坐标闭合差分别为 f_x、f_y,则

$$\left. \begin{array}{l} f_x = x_C' - x_C \\ f_y = y_C' - y_C \end{array} \right\}$$

（5-25）

（2）导线全长闭合差的计算

由式（5-25）可以计算出导线的全长闭合差 f_D 为：

$$f_D = \sqrt{f_x^2 + f_y^2} \tag{5-26}$$

（3）导线全长相对闭合差的计算

$$K = \frac{f_D}{\sum D} = \frac{1}{\sum D / f_D} \tag{5-27}$$

式中：$\sum D$ 为导线全长，在观测各点坐标时可以同时测得。

不同等级的导线、其导线全长相对闭合差的容许值 K 是不一样的，可查表 5-1。

（4）各点坐标改正数计算

当导线的全长相对闭合差小于规范规定的该等级导线全长相对闭合差的容许值时，即可按下式计算各点坐标的改正数：

$$\left. \begin{array}{l} v_x = -\dfrac{f_x}{\sum D} \times \sum D_i \\[3mm] v_y = -\dfrac{f_y}{\sum D} \times \sum D_i \end{array} \right\} \tag{5-28}$$

式中：$\sum D$ 为导线边长之和；$\sum D_i$ 为第 i 点前的各导线边长之和。

（5）改正后各点的坐标计算

$$\left. \begin{array}{l} x_i = x_i' + v_{xi} \\ y_i = y_i' + v_{yi} \end{array} \right\} \tag{5-29}$$

式中：x_i'、y_i'——第 i 点的坐标观测值。

2. 导线点高程计算

（1）高程闭合差的计算

高程的计算可与坐标一并进行，设高程闭合差为 f_H，则

$$f_H = H_C' - H_C \tag{5-30}$$

式中：H_C' 为 C 点的高程观测值；H_C 为 C 点的已知高程值。f_H 的容许值可参照水准测量相应等级的高差闭合差的容许值，见第三章表 3-4。

（2）导线点高程改正数的计算

当高程闭合差满足相应规范要求时，可计算各导线点高程改正数：

$$v_{Hi} = -\frac{f_H}{\sum D} \times \sum D_i \tag{5-31}$$

式中：$\sum D$ 为导线边长之和；$\sum D_i$ 为第 i 点前的各导线边长之和。

（3）改正后各点的高程计算

$$H_i = H_i' + v_{Hi} \tag{5-32}$$

式中：H_i'——第 i 点的高程观测值。

对于图根导线，在精度要求不高时，采用上述方法简便易行。在实际测量时，当高程闭合差达不到相应规范要求时，也可仅做坐标测量，高程仍采用水准测量的方法。

全站仪导线三维坐标测量近似平差计算示例见表 5-10。

表 5-10　全站仪附合导线三维坐标测量近似平差计算表

点号	坐标观测值/m			边长/m	坐标改正数/mm			坐标平差值/mm		
	X'	Y'	H'		v_x	v_y	v_H	X	Y	H
A								31 242.685	9 631.274	
B				1 573.261				27 654.173	6 814.216	462.874
2	26 861.436	18 173.156	467.102	865.360	−5	+4	+6	26 861.431	18 173.160	467.108
3	27 150.098	18 988.951	460.912	1 238.023	−8	+6	+9	27 150.090	18 988.957	460.921
4	27 286.434	20 219.444	451.446	1 821.746	−12	+10	+13	27 286.422	20 219.454	451.459
5	29 104.742	20 331.319	462.178	507.681	−18	+14	+20	29 104.724	20 331.333	462.198
C	29 564.269	20 547.130	468.518	$\sum D =$ 6 006.071	−19	+16	+22	29 564.250	20 547.146	468.540
D								30 666.511	21 880.362	

辅助计算

$f_x = X'_C - X_C = +19$ mm　　$v_x = -\dfrac{f_x}{\sum D} \times \sum D_i$

$f_y = Y'_C - Y_C = -16$ mm　　$v_y = -\dfrac{f_y}{\sum D} \times \sum D_i$

$f_H = H'_C - H_C = -22$ mm　　$v_H = -\dfrac{f_H}{\sum D} \times \sum D_i$

$f_D = \sqrt{f_x^2 + f_y^2} = \pm 24$ mm

$k = \dfrac{1}{\sum D/f_x} = \dfrac{1}{250\,000}$

5.5　GPS 定位测量

GPS 是英文 Navigation Satalite Timing And Ranging/Global Positioning System 的缩写 NAVSTAR/GPS 的简称,其含义是利用卫星定时和测距进行导航/全球定位系统,是美国国防部于 1973 年开始研制的全球性卫星定位、导航和授时系统,历时 20 年,1993 年建设完成。GPS 的研制最初主要用于军事,在测绘领域,GPS 最初主要用于高精度大地测量和控制测量,随着测绘工作者对 GPS 的应用研究和各种实用软件的开发,GPS 已在测量方面用于各种类型的施工放样、测图、变形观测、航空摄影测量、地理信息系统中地理数据的采集等。

5.5.1　GPS 系统的组成

GPS 系统由 GPS 卫星星座、地面监控系统和用户设备三个部分组成,如图 5-15 所示。

1. GPS 卫星星座

GPS 卫星星座由 21 颗工作卫星和 3 颗在轨备用卫星组成。2004 年底在轨运行卫星已有 30

颗,这些卫星分布在 6 个轨道面上,每个轨道面布设至少 4 颗卫星(其中一颗为备用卫星),轨道面倾角为 55°,各轨道平面之间相距 60°,轨道高度为 20 200 km,卫星运行周期为 11 h 58 min。卫星同时在地平线以上的情况至少为 4 颗,最多可达 11 颗。这样的分布方案可以保证在世界任何地点、任何时刻都可以进行三维定位、测速、定时等。

在全球定位系统中,GPS 卫星的主要功能是:接收、储存和处理地面监控系统发射的控制指令及其他有关信息等;向用户连续不断地发送导航与定位信息,并提供时间标准、卫星本身的空间实时位置及其他在轨卫星的概略位置。

2. 地面监控系统

地面监控部分包括 1 个主控站、3 个注入站和 5 个监测站。

(1) 主控站设在美国本土科罗拉多州的斯普林斯(Colorado Springs)。主控站除负责管理和协调整个地面监控系统的工作外,其主要任务是收集、处理本站和监测站收到的全部资料,编算出每颗卫星的星历和 GPS 时间系统,将预测的卫星星历、钟差、状态数据以及大气传播改正编制成导航电文传送到注入站;主控站还负责调整偏离轨道的卫星,使之沿预定轨道运行,检验注入给卫星的导航电文,监测卫星是否将导航电文发送给了用户。必要时启用备用卫星以代替失效的工作卫星。

(2) 三个注入站分别设在大西洋的阿森松岛、印度洋的迪戈加西亚岛和太平洋的卡瓦加兰。注入站的任务是将主控站发来的导航电文注入相应卫星的存储器。

(3) 五个监测站除了位于主控站和三个注入站之处的四个站以外,还在夏威夷设立了一个监测站。监测站的主要任务是连续观测和接收所有 GPS 卫星发出的信号并监测卫星的工作状态,将采集的数据和当地气象观测资料以及时间信息经处理后传送到主控站。地面监控系统的工作程序如图 5-16 所示。

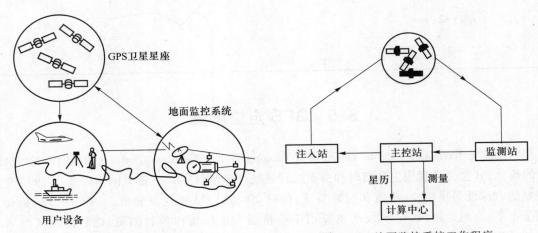

图 5-15　GPS 系统的组成　　　　　　　图 5-16　地面监控系统工作程序

整个 GPS 的地面监控部分,除主控站外均无人值守。各站间用现代化的通信网络联系起来,在原子钟和计算机的精确控制下,各项工作实现了高度的自动化和标准化。

3. 用户设备

用户设备由 GPS 接收机、数据处理软件和微处理机及其终端设备等组成。其主要任务是接收 GPS 卫星所发出的信号,利用这些信号进行导航、定位等工作。用户设备部分的核心是 GPS 信号接收机,一般由天线、主机和电源三部分组成。其主要功能是跟踪、接收 GPS 卫星发射的信号并进行变换、放大、处理,以便测量出 GPS 信号从卫星到接收机天线的传播时间;解译导航电文,实时地计算出测站的三维坐标、速度和时间。

GPS 接收机根据其用途可分为导航型、大地型和授时型;根据接收的卫星信号频率,又可分为单频(L_1)和双频(L_1、L_2)接收机等。在精密定位测量工作中,一般采用大地型双频接收机或单频接收机。单频接收机适用于 10 km 左右或更短距离的精密定位工作,其相对定位的精度能达 $5\text{ mm}+10^{-6}\cdot D$($D$ 为基线长度,km)。而双频接收机由于能同时接收到卫星发射的两种频率的载波信号,可进行长距离的精密定位测量工作,其相对定位测量的精度可优于 $5\text{ mm}+10^{-6}\cdot D$。用于精密定位测量工作的 GPS 接收机,其观测数据必须进行后期处理,因此必须配有功能完善的后处理软件,才能求得所需测站点的三维坐标。

5.5.2 GPS 卫星信号

GPS 测量是在已知卫星位置的情况下,通过单程测距的方式定出用户接收机所处的位置(属后方距离交会)。因此,卫星信号中必须还有发射信号时刻的时间信息和卫星瞬时位置的信息。同时为了进行高精度的定位、测速、导航,信号必须为高频(测量多普勒频移)、双频(计算机改正电离层的折射影响)信号。另外,为了军事保密的目的,信号中还必须有粗码(供民用)和精码(供军用)两种。综上所述,GPS 卫星信号含有多种信息,但从用途上大致可分为三种信号,即载波信号、测距码和数据码。

1. 载波信号

为提高测量精度,GPS 卫星使用两种不同的载波:L_1 载波,波长 $\lambda=19.03$ cm,频率 $f_1=1\,575.42$ MHz;L_2 载波,波长 $\lambda=24.42$ cm,频率 $f_1=1\,227.60$ MHz。

2. 测距码

GPS 卫星信号中有两种测距码,即 C/A 码和 P 码。

C/A 码是英文粗码/捕获码(Coarse/Acquisition Code)的缩写。它被调制在 L_1 波段上。C/A 码的结构公开,不同的卫星有不同的 C/A 码,C/A 码是普通用户用以测定测站到卫星间距离的一种主要信号。

P 码的测距精度高于 C/A 码,又被称为精码,它被调制在 L_1 和 L_2 波段上。因美国的 AS(反电子欺骗)技术,一般用户无法利用 P 码来进行导航定位。

3. 数据码(D 码)

数据码即导航电文。数据码是卫星提供给用户的有关卫星的位置、卫星钟的性能、发射机的状态、准确的 GPS 时间以及如何从 C/A 码捕获 P 码的数据信息。用户利用观测值以及这些信息和数据就能进行导航和定位。

5.5.3 GPS 坐标系统

由于 GPS 是全球性的定位导航系统,其坐标系统必然是全球性的。为了使用方便,它是通过国际协议确定的,通常称为协议地球坐标系(Conventional Tenrrestrial System,简称 CTS)。目前,GPS 测量中所使用的协议地球坐标系统称为 WGS-84 世界大地坐标系(World Geodetic System)。WGS-84 世界大地坐标系的几何定义是:原点是地球质心,Z 轴指向 BIH1984.0 定义的协议地球极(CTP)方向,X 轴指向 BIHl984.0 的零子午面和 CTP 赤道的交点,Y 轴与 Z 轴、X 轴构成右手坐标系,如图 5-17 所示。

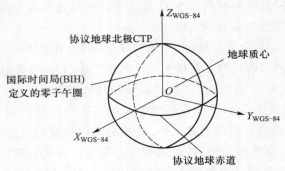

图 5-17   WGS-84 世界大地坐标系

5.5.4   GPS 时间系统

在 GPS 测量中,时间对点位的精度具有决定性的作用。首先,作为动态已知点的 GPS 卫星的位置是不断变化的,在星历(描述有关卫星运行轨道的信息)中,除了要给出卫星的空间位置参数外,还要给出相应的时间参数。其次,GPS 测量是通过接收和处理 GPS 卫星发射的电磁波信号来确定星、站距离进而求得测站坐标的。要精确测定星、站距离,就必须精确测定信号传播时间。最后,由于地球自转的缘故,地面点的位置是不断变化的。为此必须精确测定时间,在建立 GPS 定位系统的同时,就必须建立相应的时间系统。

时间包含有"时刻"和"时间间隔"两个概念。所谓时刻,即发生某一现象时的瞬间,在卫星定位中,与所获数据对应的时刻也称为历元。而时间间隔,是指发生某一现象所经历的过程,即这一过程始末的时刻之差。一般来说,任何一个可观察、可复现、连续、稳定的周期运动现象,都可用做时间的基准。由于所选周期运动现象不同,便产生了不同的时间系统,例如恒星时、力学时和原子时等。

时间系统与坐标系统一样,应有尺度(时间单位)与原点(历元)。GPS 时间系统属于原子时,由 GPS 主控站的原子钟控制。所谓原子时,其秒长的定义为:位于海平面上的铯 133 原子基态两个超精细能级,在零磁场中跃迁辐射振荡 9 192 631 770 周所持续的时间,为一原子秒时,此秒亦为国际制(SI)秒的时间单位。在 GPS 时间系统中,原点定义为 1980 年 1 月 6 日 0 时。

5.5.5   GPS 定位原理

GPS 定位的基本原理是空中后方交会。如图 5-18 所示,用户用 GPS 接收机在某一时刻同时接收 3 颗以上的 GPS 卫星信号,测量出测站点(接收机天线中心)至 3 颗卫星的距离 $\rho_i (i=1,2,3,\cdots)$ 通过导航电文可获得卫星的坐标 $(x_i,y_i,z_i)(i=1,2,3,\cdots)$,据此即可求出测站点 P 的坐标 (X,Y,Z)。

$$\left.\begin{array}{l}\rho_1^2 = (x_1-X)^2+(y_1-Y)^2+(z_1-Z)^2\\\rho_2^2 = (x_2-X)^2+(y_2-Y)^2+(z_2-Z)^2\\\rho_3^2 = (x_3-X)^2+(y_3-Y)^2+(z_2-Z)^2\end{array}\right\}\qquad(5-33)$$

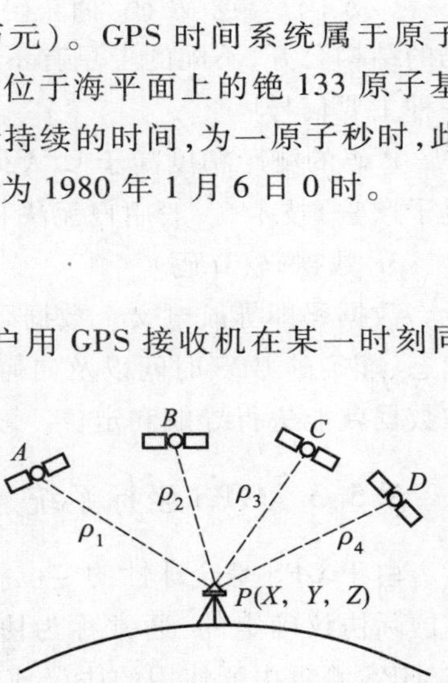

图 5-18   GPS 定位原理

为了获得距离观测量,主要采用两种方法:一种是测量 GPS 卫星发射的测距码信号到达用户接收机的传播时间,即伪距测量;另一种是测量具有载波多普勒频移的 GPS 卫星载波信号与接收机产生的参考载波信号之间的相位差,即载波相位测量。采用伪距测量定位速度最快,但定位精度低;而采用载波相位观测量定位精度最高。

1. 伪距测量

从式(5-33)可知,欲求测站点的坐标(X,Y,Z),关键问题是要测定用户接收机天线至 GPS 卫星之间的距离。站、星间的距离可利用测距码从卫星发射至接收机天线所经历的时间乘以其在真空中传播速度求得。但应注意,GPS 采用的是单程测距原理,它不同于电磁波测距仪中的双程测距。首先,卫星时钟与接收机时钟不同步,并且卫星时钟和接收机时钟均有误差,称为钟差。其次,测距码在大气中传播还受到大气电离层折射及大气对流层的影响,产生延迟误差。因此,测距码所求得距离值并非真正的站星几何距离,习惯上称其为"伪距"。

由于卫星钟差、电离层折射和大气对流的影响,可以通过导航电文中所给的有关参数加以修正,而接收机的钟差却难以预先准确地确定,所以把接收机的钟差当作一个未知数,与测站坐标一起解算。这样,在一个观测站上要解算出四个未知参数,即 3 个坐标分量和 1 个钟差参数,就至少要同时观测 4 颗卫星,从而求得测站在 WGS-84 坐标系中的三维坐标,然后根据 WGS-84 坐标系与大地坐标系之间的转换关系就可得到待定点的大地坐标。

定位时,接收机本机振荡产生与卫星发射信号相同的一组测距码(P 码或 C/A 码),通过延迟器与接收机收到的信号进行比较,当两组信号彼此完全相关时,测出本机信号延迟量即为卫星信号的传输时间,加上一系列的改正后乘以光速,得出卫星与天线相位中心的距离。由于测距码的波长 $\lambda_P=29.3$ m,$\lambda_{C/A}=293$ m。以 1% 的码元长度估算测距分辨率,则只能分别达到 0.3 m(P 码)和 3 m(C/A 码)的测距精度。因此,伪距法的精度是比较低的。一般来说,利用 C/A 码进行实时绝对定位,各坐标分量精度在 5~10 m 内。

2. 载波相位测量

载波相位测量是测定卫星载波信号在卫星处某时刻的相位 φ_s 与该信号到达待测点天线时刻的相位 φ_r 间的相位差,即:

$$\varphi=\varphi_r-\varphi_s=N_0 \cdot 2\pi+\Delta\varphi \tag{5-34}$$

式中:N_0——信号的整周期数;

$\Delta\varphi$——不足一整周期的小数部分。

卫星与待测点天线间的距离则为:

$$\rho=\lambda \cdot (\varphi/2\pi)=\lambda(N_0+\Delta\varphi/2\pi) \tag{5-35}$$

式中:λ——波长。

在进行载波相位测量时,仪器实际能测出的只是不足一整周的部分 $\Delta\varphi$,因为载波只是一种单纯的余弦波,不带有任何识别标志,所以无法直接测得整周数 N_0,于是在载波信号测量中便出现了一个整周未知数 N_0(又称整周模糊度),通过其他途径解算出 N_0 后,就能求得卫星至接收机的距离(求解整周半模糊度 N_0 比较复杂,本书不做详细介绍,可参考其他参考书)。

利用 GPS 卫星发射的载波作为测距信号,由于载波的波长 $\lambda_{L1}=19$ cm,$\lambda_{L2}=24$ cm,比测距码波长短很多,因此,对载波进行相位测量,就可能得到较高的定位测量精度,实时单点定位,各坐标分量精度在 0.1~0.3 m 内。

5.5.6 GPS 定位方法

GPS 定位的方法有多种,根据接收机的运动状态可分为静态定位和动态定位,根据定位的模式又可分为绝对定位(单点)和相对定位(差分定位),按数据的处理方式还可分为实时定位和后处理定位。

1. 绝对定位和相对定位

1）绝对定位。绝对定位又称为单点定位,它是利用一台接收机观测卫星,独立地确定接收机天线在 WGS-84 坐标系的绝对位置。绝对定位的优点是只需一台接收机,该法外业方便,数据处理简单;缺点是定位精度低,受各种误差的影响比较大,只能达到米级。绝对定位一般用于导航和精度要求不高的场合。

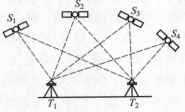

图 5-19 静态相对定位

2）相对定位。如图 5-19 所示,用两台 GPS 接收机分别安置在基线两端,同步观测相同的卫星,以确定基线端点在 WGS-84 坐标系统中的相对位置或基线向量（基线两端坐标差）。由于同步观测相同的卫星,卫星的轨道误差、卫星的钟差、接收机的钟差以及电离层、对流层的折射误差等对观测量具有一定的相关性,因此利用这些观测量不同组合,进行相对定位,可以有效地消除或削弱上述误差的影响,从而提高定位精度。缺点是至少需要两台精密测地型 GPS 接收机,并要求同步观测,外业组织和实施比较复杂。

2. 静态定位和动态定位

1）静态定位。静态定位就是指在进行 GPS 定位时,认为接收机天线在整个观测过程中的位置是保持不变的。也就是在数据处理时,将接收机天线的位置作为一个不随时间变化的量。具体观测模式是一台或多台接收机在测站上进行静止观测,时间持续几分钟、几小时甚至更长。

静态定位通过大量的重复观测高精度测定 GPS 信号传播时间,根据已知 GPS 卫星瞬间位置,准确确定接收机的三维坐标。静态定位观测量大、可靠性强、定位精度高,是测绘工程中精密定位的基本方法。在工程测绘中,静态定位一般用于高精度定位测量。

2）动态定位。动态定位就是指在进行 GPS 定位时,认为接收机天线在整个观测过程中的位置是变化的。在进行数据处理时,将接收机天线的位置作为一个随时间变化的量。动态定位是待定点相对周围固定点显著运动（相对于地球运动）的 GPS 定位方法,以车辆、舰船、飞机和航天器为载体,实时测定 GPS 信号接收机的瞬间位置。在测得运动载体实时位置的同时,测得运动载体的速度、时间和方位等状态参数,进而引导运动载体驶向预定的后续位置,这称为导航。导航就是动态定位。

3. 实时动态差分定位技术

1）RTK 定位的概念。实时动态差分定位技术（Real-Time Kinematic,简称 RTK）基于载波相位差分动态相对定位技术,是 GPS 测量技术与数据传输技术相结合的定位技术。在合适的位置上安置 GPS 接收机和电台（称为基准站）,流动站联测已知坐标的控制点,求出观测值的校正值,并将校正值通过无线电通信技术实时发送给各流动站,对流动站接收机的观测值进行修正,以达到提高实时定位精度的目的,如图 5-20 所示。实时动态差分定位至少需要 2 台接收机,在基准站和流动站之间进行同步观测,利用误差的相关性来削弱误差影响,从而提高定位精度。其精度可达到 cm 级,单基站作用距离为 10~20 km。

2）单基站 RTK 定位系统的组成如下:

① 基准站。安置 GPS 接收机和电台（无线电通信

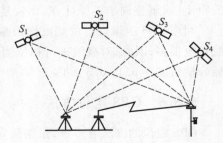

图 5-20 单基站 RTK 定位

链），接收卫星定位信息，通过电台给流动站提供实时差分修正信息。

② 流动站。GPS 接收机随待测点位置不同而流动，接收卫星定位信息，并接收基准站传输来的修正信息进行实时定位。

③ 无线电通信链。将基准站差分修正信息传输到流动站。

3）网络 RTK——连续运行参考站系统 CORS。网络 RTK 技术是通过建立多个基准站，并利用 GPS 实时动态差分定位技术进行定位，通常也被称为多基站 RTK 技术。网络 RTK 技术是单基站 RTK 技术的改进和发展。当前，网络 RTK 技术的先进代表是连续运行参考站系统 CORS。

连续运行参考站系统 CORS 是基于若干个固定的、连续运行的 GPS 参考站，利用计算机、数据通信和互联网（LAN/WAN）技术组成网络，实时、自动地向不同用户提供经过检验的不同类型的 GPS 观测值（载波相位、伪距）、各种改正数、状态信息以及其他 GPS 服务项目的系统。

连续运行参考站系统 CORS 由 GPS 参考站子系统、通信网络子系统、数据控制中心子系统、用户应用子系统组成。

① GPS 参考站子系统由若干个参考站组成，主要功能是全天候不间断地接收 GPS 卫星信号，采集原始数据。

② 通信网络子系统由一条静态 IP 和若干条动态 IP 组成的互联网络以及 GSM/GPRS 无线通信网络组成，功能是实时传输各参考站 GPS 数据至数据控制中心，并发送 RTK 改正数给流动站。

③ 数据控制中心子系统由服务器和相应的计算机软件构成，功能是控制、监控、下载、处理、发布和管理各参考站 GPS 数据，计算 RTK 改正数，生成各种格式的改正数据。

④ 用户应用子系统由不同的 GPS-RTK 流动站组成，功能是接收 RTK 改正数并同时接收卫星数据，实时计算流动站的精确位置。

5.5.7 GPS 定位测量

（一）仪器主要硬件组成

图 5-21 所示是上海华测 GNSS 系统的大地测量类产品 i70 及其组件。其中 i70 是一款由高度集成 OLED 显示屏、收发一体电台、GPRS 网络、双电池智能供电的全功能 RTK 接收机。

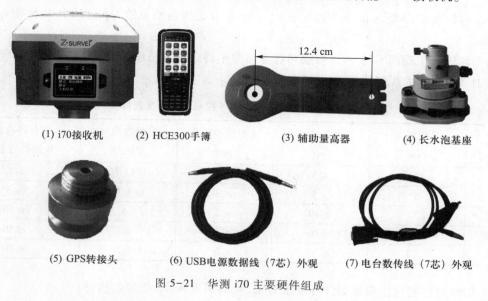

| (1) i70接收机 | (2) HCE300手簿 | (3) 辅助量高器 | (4) 长水泡基座 |
| (5) GPS转接头 | (6) USB电源数据线（7芯）外观 | (7) 电台数传线（7芯）外观 | |

图 5-21 华测 i70 主要硬件组成

（二）静态相对定位

采用三台（或三台以上）GPS 接收机，分别安置于测站上进行同步观测，确定测站之间相对位置。适用于建立国家大地控制网（二等或二等以下）；建立精密工程控制网，如桥梁测量、隧道测量等；建立各种加密控制网，如城市测量、图根点测量、道路测量、勘界测量等。用于中小城市、城镇以及测图、地籍、土地信息、房产、物探、勘测、建筑施工等的控制测量。

1. GPS 控制网的技术设计

其内容上包括以下几个方面。

（1）充分考虑建立控制网的应用范围

应根据工程的近、中、长期的需要确定控制网的应用范围。

（2）GPS 测量精度标准及分类

1）GPS 测量精度分类。目前，按《全球定位系统（GPS）测量规范》（GB/T 18314）将 GPS 测量分为 5 个等级，即 A 级、B 级、C 级、D 级和 E 级，见表 5-11。

表 5-11   GPS 测量精度分类

级别	用途
A	国家一等大地控制网，全球性地球动力学研究，地壳形变测量和精密定轨等
B	国家二等大地控制网，地方或城市坐标基准框架，区域性地球动力学研究，地壳形变测量，局部形变监测和各种精密工程测量等
C	三等大地测量，区域、城市及工程测量的基本控制网等
D	四等大地控制网
E	中小城镇及测图、地籍、土地信息、房产、物探、勘测、建筑施工等的控制网等

2）GPS 测量的精度标准。通常是以网中相邻点之间的距离中误差 m_D 来表示，其形式为

$$m_D = \sqrt{a^2 + (b \times D)^2} \tag{5-36}$$

式中：m_D 为距离中误差，mm；a 为固定误差，mm；b 为比例误差系数，ppm，10^{-6}；D 为相邻点间的距离，km。

用于城市或工程的 GPS 网可根据相邻点间的平均距离和精度参照《卫星定位城市测量技术规范》（JJ/T 73）中的规定执行，见表 5-12。

表 5-12   城市或工程 GPS 控制网的精度指标

等级	平均距离 /km	固定误差 /mm	比例误差系数 /ppm	最弱边相对中误差	闭合环或附合线路的边数/条
二	9	≤5	≤2	1/12 万	≤6
三	5	≤5	≤2	1/8 万	≤8
四	2	≤10	≤2	1/4.5 万	≤10
一级	1	≤10	≤5	1/2 万	≤10
二级	<1	≤10	≤5	1/1 万	≤10

3）GPS 点的密度主要考虑任务要求对象，可参照表 5-13 的规定执行。

表 5-13　GPS 控制网中相邻点间距　　　　　　　　　　　　　　　　单位：km

等级	A	B	C	D	E
相邻点最小距	100	15	5	2	1
相邻点最大距	1 000	250	40	15	10
相邻点平均距	300	70	10~15	5~10	2~5

（3）坐标系统与起算数据

GPS 测量获得的是 GPS 基线向量（两点的坐标差），其坐标基准为 WGS-84 坐标系，而实际工程中，需要的是国家坐标系或地方独立坐标系的坐标。为此，在 GPS 网的技术设计中，必须明确 GPS 网的成果所采用的坐标系统和起算数据。

WGS-84 系统与我国的 1954 年北京坐标系统和 1980 年国家大地坐标系相比，彼此之间采用的椭球、定位、定向均不相同。因此，GPS 测量获得的坐标是不同于我们常用的大地坐标的。为了获得大地坐标，必须在两坐标之间进行转换。为解决两坐标系间的转换，可采用类似区域网平差中绝对定向的方法，即在该需要转换区域内选择 3 个以上均匀分布的控制点，已知它们在两个坐标系中的坐标，通过空间相似变换求得 7 个待定系数：3 个平移参数、3 个旋转参数和 1 个缩放参数。但在我国的大部分地区，转换精度较低。常用的方法是首先对 GPS 网在 WGS-84 坐标中单独平差处理，然后再以两个以上的地面控制点作为起始点，在大地坐标系（1954 年北京坐标系或 1980 年国家大地坐标系）中进行一次平差处理，可以获得较高的控制测量精度。

（4）GPS 点的高程

GPS 测定的高程是 WGS-84 坐标系中的大地高，与我国采用的 1985 年国家高程基准正常高之间也需要进行转换。为了得到 GPS 点的正常高，应使一定数量的 GPS 点与水准点重合，或者对部分 GPS 点联测水准。若需要进行水准联测，则在进行 GPS 布点时应对此加以考虑。

（5）GPS 网的图形设计

常规测量中控制网的图形设计是一项非常重要的工作，而 GPS 测量因无需相邻点间互相通视，故在 GPS 图形设计时具有较大的灵活性。GPS 网的图形布设通常有点连式、边连式、网连式及边点混合连接式这四种基本形式。

1）点连式。点连式是指相邻同步图形（同步环）之间仅用一个公共点连接，如图 5-22a 所示。这样构成的图形检核条件少、几何强度弱，一般不单独使用。

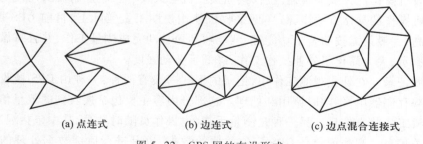

(a) 点连式　　　　　(b) 边连式　　　　　(c) 边点混合连接式

图 5-22　GPS 网的布设形式

2）边连式。边连式是指相邻同步图形之间由一条公共边连接，如图 5-22b 所示。这样构成的图形其几何强度高，有较多的复测边，非同步图形的观测边可组成异步观测环（异步环），异步环常用于观测成果质量的检查。因此,边连式较点连式可靠。

3）边点混合连接式。边点混合连接式是把点连式和边连式有机地结合,组成 GPS 网,如图 5-22c 所示。这种网的布设特点是周围的图形尽量采用边连式,在图形内部形成多个异步环,这样既能保证网的几何强度和提高网的可靠性,又能减少外业工作量和降低成本,是一种较为理想的布网方法。

4）网连式。网连式是指相邻同步图形之间两个以上的公共点连接。这种方法需要 4 台以上的接收机。这种布网方法的几何强度和可靠性指标相当高,但花费的时间和经费多,一般用于布设高精度的控制网。

2. 选点和建立点位标志

选点前应根据测量任务和测区状况,收集有关测区的资料(包括测区小比例尺地形图、已知各类大地点的资料等),以便恰当地选定 GPS 点的点位。在实地选定 GPS 点位时,应遵循以下几点原则:

(1) 点位要稳定,便于保存和安置仪器;视野要开阔,便于联测、控制加密和使用。

(2) 点位目标要显著,视场周围 15° 以上不应有障碍物,以减小 GPS 信号被阻或被障碍物吸收。

(3) 点位要远于大功率无线电发射源(200 m)、高压输电线(50 m)等,以避免电磁场对 GPS 信号的干扰。

(4) 点位附近不要有大面积的水域或强烈干扰卫星信号接收的物体,以减弱多路径效应的影响。

(5) 要适当地保持点间的通视,以便于其他测量手段的方位定向等。

点位选定后,应按要求埋石作标志,并绘制点之记、测站环视图和 GPS 选点图等。

3. 外业观测

外业观测的主要目的是捕获 GPS 卫星信号,并对其跟踪、处理,以获得所需要的定位信息和观测数据。外业观测应严格按照技术设计时所拟定的观测计划实施,只有这样,才能协调好外业观测的进程,提高工作效率,保证测量成果的精度。为了顺利地完成观测任务,在外业观测之前,还必须对所选定的接收设备进行严格的检验。其作业过程大致可分为天线安置、接收机操作和观测记录。

(1) 天线安置。天线的妥善安置是实现精密定位的重要条件之一,其具体内容包括对中、整平和定向(天线的定向标志线指向正北),并量取天线高。

(2) 接收机操作。天线安置完成后,接通接收机与天线、电源、控制器的连接电缆,即可启动观测。接收机操作的具体方法步骤,详见接收机使用说明书。实际上,目前 GPS 接收机的自动化程度相当高,一般仅需按动若干功能键,就能顺利地自动完成测量工作;并且每做一步工作,显示屏上均有提示,大大简化了外业操作工作,降低了劳动强度。

(3) 观测记录。在外业观测工作中,记录的形式一般有两种:一种由 CPS 接收机自动进行,并保存在机载存储器中,供随时调用和处理。这部分内容主要包括接收到的卫星信号、实时定位结果及接收机工作状态信息。另一种是测量手簿,由操作员随时填写,其中包括观测时的气象条件等其他有关信息。观测记录是 GPS 定位的原始数据,也是进行后续数据处理的依据,必须认真妥善保管。

4. 观测成果检核与数据处理

观测成果检核是确保外业观测质量、实现预期定位精度的重要环节。所以,当观测任务结束后,必须在测区及时对外业观测数据进行严格的检核,并根据情况采取淘汰或必要的重测、补测措施。只有按照规范要求,对各项检核内容严格检查,确保准确无误,才能进行后续的平差计算和数据处理。

GPS 测量采用连续同步观测的方法,一般 15 s 自动记录一组数据,其数据之多、信息量之大是常规测量方法无法相比的;同时,采用的数学模型、算法等形式多样,数据处理的过程比较复杂。在实际工作中,借助于计算机,使得数据处理工作的自动化达到了相当高的程度,这也是 GPS 能够被广泛使用的重要原因之一。GPS 测量数据处理的基本步骤如下。

（1）数据传送与转储。在一段外业观测结束后,应及时地将观测数据传送到计算机中,并根据要求进行备份,在数据传送时需要对照外业观测记录手簿,检查所输入的记录是否正确。数据传送与转储应根据条件及时进行。

（2）基线处理与质量评估。对所获得的外业数据及时地进行处理,解算出基线向量,并对解算结果进行质量评估。

（3）网平差处理。对由合格的基线向量所构建的 GPS 基线向量网进行平差解算,得出 GPS 网中各点的坐标成果。如果需要利用 GPS 测定网中各点的正高或正常高,还需要进行高程拟合。限于篇幅,数据处理和整体平差的方法不作详细介绍,可参考有关专业书籍。

（4）技术总结。根据整个 GPS 网的布设及数据处理情况,进行全面的技术总结。

（三）实时动态（GPS-RTK）测量

1）电台工作模式基站架设要求。基准站脚架和天线脚架之间应该保持至少 3 m 的距离,避免电台干扰 GNSS 信号。基准站应架设在地势较高、视野开阔的地方,避免高压线、变压器等强磁场,以利于 UHF 无线信号的传送和卫星信号的接收。若移动站距离较远,还需要增设电台天线加长杆。基准站若是架设在已知点上,要做严格的对中整平。基准站外挂电台架设,如图 5-23 所示。

2）移动站操作:先把手簿托架安装在伸缩对中杆上,手簿固定在手簿托架上,接收机固定在伸缩对中杆上,并根据使用的工作模式安装好天线。

开机,接收机设置为移动站工作模式。

打开手簿,并运行软件,然后利用 Landstar7 软件对仪器进行各项设置。

在电台或网络作业模式下,如果基准站发射成功,移动站会收到差分信号,通

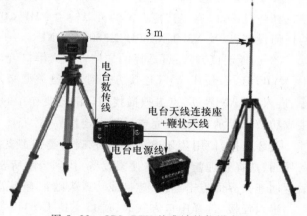

图 5-23　GPS-RTK 基准站的架设方法

过查看移动站主机的差分信号灯是否闪烁来判断,如果一秒一次,表示收到差分信号,如果手簿上没有显示"浮动"或者"固定",则需重新启动及检查相关设置。

移动站收到差分信号后会有一个"单点定位"→"浮动"→"固定"的 RTK 初始化过程。

单点定位——接收机未使用任何差分改正信息计算的 3D 坐标;

浮动——移动站接收机使用差分改正信息计算的当前相对坐标。但对于浮点解来讲,相位的整周模糊度参数未能固定为一整数,而是用浮点的估值来替代它。不建议在此情况下测点;

固定——在 RTK 模式下,整周模糊度参数固定后,移动站接收机计算得当前相对坐标。达到固定解后即可开始测量。

3）连接。用于手簿连接接收机。Landstar7 如果是安装在安卓手机上,安装软件之后会提示安装 GNSS sever 软件,根据提示安装,server 软件有连接仪器的功能,但不建议用这个软件中连接设备,尽量在 Landstar7 软件中进行设备的连接,连接界面如图 5-24 所示。

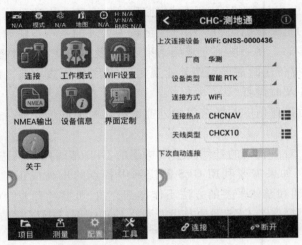

图 5-24   Landstar7 连接界面

详细步骤如下:

① 选择厂商:厂商可选择华测、通用。

② 选择设备类型:设备类型包括 GNSSRTK、智能 RTK、本地。

如果设备类型选择本地,设备型号包括:安卓设备、LT300、LT300C、LT30C、LT40,如果设备类型选择外设,可以连接其他厂家的可以输出 NMEA 0183(GPGGA、GPGSA、GPRMC、GPGSV)格式的任何设备,以及 X360、X360H、X360T、XONE。

③ 选择连接方式:可选择的连接方式为串口、蓝牙、演示模式、WiFi。

WiFi 连接:使用 WiFi 连接方式时,设备类型必须选择智能 RTK,点击连接热点后面的列表 ，进入 WLAN 界面,点击扫描找到当前所要连接的接收机 SN 号,输入 WiFi 密码,点击连接,连接成功会有提示,待连接完成后返回连接界面。

蓝牙连接:使用蓝牙连接方式时,设备类型都支持,点击目标蓝牙后面的列表 ，进入蓝牙设备界面,选择管理蓝牙,点击搜索设备,找到当前所要连接的接收机 SN 号,选择配对,配对成功之后返回连接界面点击连接,连接成功或失败都有相关提示信息。

串口连接:选择串口方式时,端口支持 COM1～COM10,串口连接模式默认计算机连接串口号。另外选择串口连接方式时需选择波特率,可选择 9 600、19 200、38 400 等(华测接收机一般选择 9 600)。

演示模式:不连接任何接收机,只进行简单的功能查看和演示。

④ 选择天线类型:点击列表,打开天线类型列表框,选择相应的天线类型,点击详情查看某一天线类型的具体参数,也可自定义进行添加、编辑和删除某一天线。

4）新建工程。无论何种作业模式下工作,都必须首先新建一个工程对数据进行管理。进入"项目"-"工程管理",点击"新建",如图 5-25 所示。

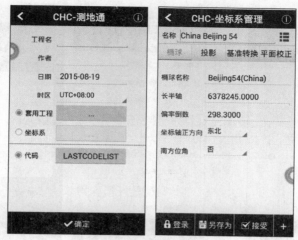

图 5-25 新建工程

输入工程名、选择或新建坐标系、新建代码集或选择默认代码。

完成坐标系和代码集的选择或新建之后,点击确定,即完成了工程的新建。

5)设置基准站或移动站。如图 5-26 所示,设置方法如下:

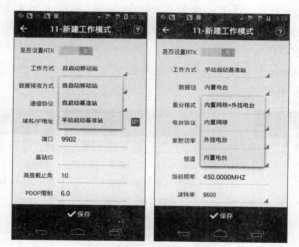

图 5-26 工作模式设置

① 内置电台 1+N 模式(作业距离短,一般小于 3 km 时使用)。连接基准站,进入"配置"-"工作模式",选择"默认:自启动基准站"-"内置电台"点击"接受";连接移动站,选择"默认:自启动移动站"-"华测电台"(此时基站移动站使用电台信道 7,频率 461.050 MHz 通讯)点击"接受"。

② 外挂电台 1+N 模式。连接基准站,进入"配置"-"工作模式",选择"默认:自启动基准站"-"外挂电台"点击"接受",设置外挂电台为信道 7(频率 461.050 MHz);连接移动站,选择"默认:自启动移动站"-"华测电台"点击"接受",如图 5-27 所示。

③ 网络 1+N 模式。连接基准站,进入"配置"-"工作模式",选择"默认:自启动基准站"-"内置网络+外挂电台"点击"接受"(没接外挂电台移动站仅网络可用,接了外挂电台并设置信道 7,频率 461.050 MHz,移动站网络与电台都可用);连接移动站,选择"默认:自启动移动站"-"Apis 网络"点击"接受",在弹出的输入基站 SN 号中输入基准站 SN 号(SN 号在接收机底部标

签上),如图 5-28 所示。

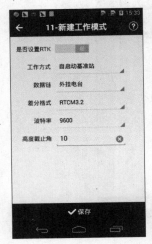
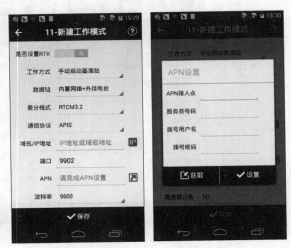

图 5-27　基站电台工作模式　　　　　图 5-28　网络模式 APN 设置

　　④ CORS 模式。如图 5-29 所示,连接移动站,通过华测云服务器下载当地 CORS 配置或新建一个 CORS 配置。新建方法:进入配置-工作模式-新建-是否设置 RTK 选择"是"-工作方式(自启动移动站)—数据接收方式(手机卡在接收机中选择网络,手机卡在手簿中选择手簿网络)-通信协议(CORS)-IP 地址(CORS 的 IP)-端口(CORS 端口)-APN(普通 CORS 设置 3GNET 或 CMNET,内网 CORS 设置 CORS 中心给的 APN,电信手机卡需要填入拨号用户名及密码,移动联通用户不用)-源列表(CORS 中心给出)-用户名及密码正常填入-其他项目使用默认,点击确定后输入名称完成。再选择新建的模式点击"接受",如图 5-30 所示。

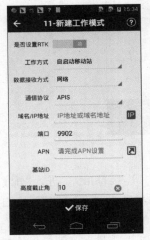
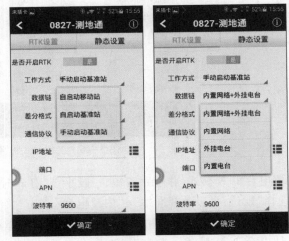

图 5-29　CORS 模式　　　　　　　　图 5-30　移动站设置

6)点校正与基站平移。

点校正(图 5-31):第一次到一个测区,想要测量的点与已知点坐标相匹配,需要做点校正。

① 输入已知点坐标:项目-点管理-添加。

② 实地测量控制点(如果已知控制点经纬度坐标,在"项目-点管理-添加"中输入经纬度坐标)。

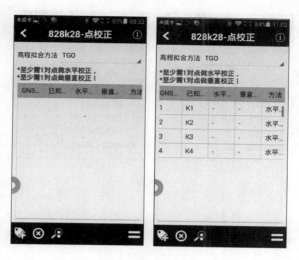

图 5-31　点校正

注：①②顺序可颠倒。

③ 在"项目-坐标系参数"中选择好坐标系,输入正确的中央子午线(如果有投影高则输入投影高)。

④ 进入"测量-点校正-添加",GNSS点选择测量的坐标(或输入的经纬度),已知点选择输入的平面坐标(xyh)。如果已知点平面和高程都用,在方法中选择"水平+垂直校正",如果仅用平面坐标,选择"水平校正",如果仅用高程坐标,选择"垂直校正",以此选择完所有的控制点。

⑤ 在"测量-点校正"界面点击"计算",如果残差较小,说明校正合格,点击"应用",在弹出的提示中选择"是"。

注：(ⅰ) 已知点最好分布在整个作业区域的边缘。例如,如果用四个点进行点校正,测量作业的区域最好在这四个点连成的四边形内部;

(ⅱ) 一定要避免高程控制点的线形分布。例如,如果用三个高程点进行点校正,这三个点组成的三角形要尽量接近正三角形;如果是四个点,就要尽量接近正方形,一定要避免所有的已知点的分布接近一条直线,这样会严重影响测量的精度。

基站平移(图 5-32):

基站平移是在同一个测区,基站重新开关机(使用自启动基准站,如果是已知点启用基站则不需要重设当地坐标)后不用再次做点校正并且能使用之前点校正的参数。

方法:移动站固定后找一个已知点(可以是测量点)测量,测量完成后发现和已知坐标不一样,这时候进入"测量-基站平移",GNSS点选择刚测的点,已知点中选择这个点的已知坐标,然后点击"确定",在弹出的提示中选择"是"

7) 点测量。如图 5-33 所示,进入"测量-点测量(或图形作业,详细操作见所在页面帮助)",单击右下角"测量"按钮完成目标点的测量及成果保存。

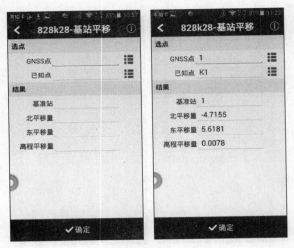

图 5-32　基站平移

8）点放样。如图 5-34 所示，进入"测量-点放样"，在点库中增加待放样点（待放样点较多可导入），然后按照箭头提示找到目标点。

图 5-33　点位测量

图 5-34　点位放样

9）数据导出。如图 5-35 所示，进入"项目-导出"，选择需要导出的点类型，可选"测量点、输入点、基站点"，时间选择后只导出选择的时间段内的点；选择导出点类型为平面（neh 形式）或经纬度（可选择经纬度格式），选择导出的数据类型并输入导出坐标文件的名称，选择导出的目录，即可导出。

10）数据导入。首先在电脑上制作数据文件，点名、代码、坐标的排列方式按照"项目-导入-文件类型"中的任意一种排列，格式建议为 .txt 或 .csv（csv 导入时要选择逗号分隔）。在软件中选择格式，选中要导入的文件，点击"导入"完成，如图 5-36 所示。

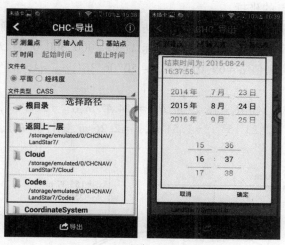

图 5-35　导出数据

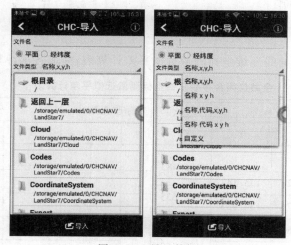

图 5-36　导入数据

思考题与习题

1. 平面控制网有哪几种形式？各在什么情况下采用？

2. 导线的布设形式有哪几种？选择导线点应注意哪些事项？导线的外业工作包括哪些内容？

3. 地球曲率和大气折光对三角高程测量的影响在什么情况下应予考虑？在施测时应如何减弱它们的影响？

4. 简述闭合导线坐标计算的步骤。

5. 如图根据已知点 A，其坐标为 $x_A = 500.00$ m，$y_A = 1\,000.00$ m，布设闭合导线 A—B—C—D—A，观测数据标在图中，计算 B、C、D 三点的坐标。

6. 在下图的附合导线 B—2—3—C 中，已标出已知数据

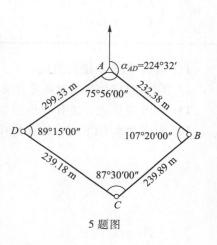

5 题图

和观测数据,计算 2、3 两点的坐标。

7. 交会定点有哪几种交会方法? 采取什么方法来检查交会成果正确与否?

8. 前方交会如图所示,已知 A、B、C 三点坐标 $A(500.000,500.000)$,$B(473.788,664.985)$,$C(631.075,709.566)$;观测值 $\alpha=69°01'04''$,$\beta=50°06'25''$,$\varepsilon_{测}=46°41'36''$。计算 P 点的坐标并进行校核计算。

9. 在三角高程测量中,已知 $H_A=78.29$ m,$D_{AB}=624.42$ m,$\alpha_{AB}=2°38'07''$,$i_A=1.42$ m,$s_B=3.50$ m,从 B 点向 A 点观测时 $\alpha_{BA}=2°23'15''$,$i_B=1.51$ m,$s_A=2.26$ m,试计算 B 点高程。

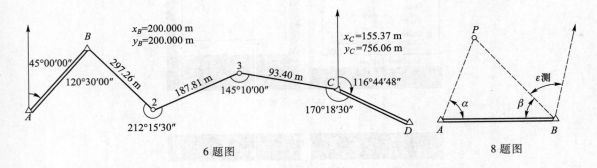

6 题图   8 题图

10. 根据全站仪闭合导线三维坐标测量近似平差计算表,完成各项计算。

全站仪闭合导线三维坐标测量近似平差计算表

点号	坐标观测值/m			边长 /m	坐标改正数/mm			坐标平差值/mm		
	X'	Y'	H'		v_x	v_y	v_H	X	Y	H
A				156.483				800.000	500.000	135.265
B	895.251	624.122	135.143	152.635						
C	778.555	722.474	134.933	227.236						
D	464.375	537.581	134.848	158.169						
A	800.024	500.056	135.253							
辅助计算	$f_x=$ $f_y=$ $f_D=$		$K=$	$f_H=$						

11. 简述 GPS 系统的组成。

12. GPS 定位的基本原理是什么?

13. GPS 定位的方法有哪些?

14. 简述静态 GPS 定位外业作业内容有哪些。

第六章 大比例尺地形图的测绘及应用

6.1 地形图的基本知识

地面的高低起伏形态如高山、丘陵、平原、洼地等称地貌。而地表面天然或人工形成的各种固定物体如河流、森林、房屋、道路和农田等总称为地物。

地形图是将一定范围内的地物和地貌特征点按规定的比例尺和图式符号测绘到图纸上形成的正射投影图。

6.1.1 地形图的比例尺

1. 比例尺的表示方法

图上任一线段的长度与其地面上相应线段的水平距离之比,称为地形图的比例尺。比例尺的表示形式有数字比例尺和图式比例尺两种。

(1)数字比例尺。以分子为 1 分母为整数的分数形式表示的比例尺称为数字比例尺。

设图上一直线段长度为 d,其相应的实地水平距离为 D,则该图的比例尺为:

$$\frac{d}{D} = \frac{1}{M} \tag{6-1}$$

式中:M——比例尺分母。M 越小,比例尺越大,地形图表示的内容越详尽。

(2)图示比例尺。常用的图示比例尺是直线比例尺。在绘制地形图时,通常在地形图上同时绘制图示比例尺。图示比例尺一般绘于图纸的下方,具有随图纸同样伸缩的特点,从而减小图纸伸缩变形的影响。如图 6-1 所示为 1:2 000 的直线比例尺,其基本单位为 2 cm。使用时从直线比例尺上直接读取基本单位的 1/10,估读到 1/100。

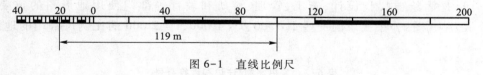

图 6-1 直线比例尺

2. 比例尺精度

人眼的分辨率为 0.1 mm,在地形图上分辨的最小距离也是 0.1 mm。因此把相当于图上 0.1 mm 的实地水平距离称为比例尺精度。比例尺大小不同其比例尺精度也不同,见表 6-1。

表 6-1 比例尺精度

比例尺	1:500	1:1 000	1:2 000	1:5 000	1:10 000
比例尺精度	0.05	0.1	0.2	0.5	1.0

比例尺精度的概念对测图和设计用图都具有非常重要的意义。例如:在测 1:2 000 图时,实地只需取到 0.2 m,因为量得再精细在图上也表示不出来。又如在设计用图时,要求在图上能反映地面上 0.05 m 的精度,则所选的比例尺不能小于 1:500。

3. 比例尺的分类

通常把 1:500、1:1 000、1:2 000、1:5 000、1:10 000 比例尺的地形图称为大比例尺图;1:2.5 万、1:5 万、1:10 万比例尺的地形图称为中比例尺图;1:20 万、1:50 万、1:100 万比例尺的地形图称为小比例尺图。中比例尺地形图是国家的基本地图,由国家测绘部门负责在全国范围内测绘,目前均用航空摄影测量方法成图,小比例尺地形图一般由中比例尺地形图缩小编绘而成,城市和工程建设一般需要大比例尺地形图。

4. 比例尺的选择

在城市和工程建设的规划、设计、施工以及管理运营中,需要用大比例尺地形图,在实际应用时地形图比例尺的选择可参照表 6-2。

表 6-2 地形图比例尺的选择

比例尺	用途
1:10 000	城市总体规划、厂址选择、区域布置、方案比较
1:5 000	
1:2 000	城市详细规划及工程项目初步设计
1:1 000	
1:500	建筑设计、城市详细规划、工程施工设计、竣工图

6.1.2 地形图图式

地球表面的形状极为复杂,为便于测图和用图,在地形图上用各种点位、线条、符号、文字等表示实地的地物和地貌,这些线条和符号等统一代表地形图上所有的地形要素,总称为地形图图式。大比例尺地形图图式是由国家质量监督检验总局与国家标准化管理委员会颁布,2007 年 12 月 1 日实施的《国家基本比例尺地图图式第一部分 1:500 1:1 000 1:2 000地形图图式》(GB/T 20257.1—2007),以下简称《图式》。《图式》标准适用于国民经济建设各部门,是测绘、规划、设计、施工、管理、科研和教育等部门使用地形图的重要依据。表 6-3 所示为从《图式》中摘录的一些 1:500、1:1 000、1:2 000 的比例尺常用的地形图图式符号。

表 6-3 常用地物、注记和地貌符号

编号	符号名称	1:500 1:1 000 1:2 000
1	三角点 凤凰山——点名 394.468——高程	△ 凤凰山 / 394.468 3.0
2	导线点	2.0 ▣ 116 / 84.46

续表

编号	符号名称	1:500　1:1 000　1:2 000
3	图根点 1. 埋石 2. 不埋石	1　1.6 ⊕　$\dfrac{16}{84.46}$　2.6 2　1.6 ⊙　$\dfrac{25}{62.74}$
4	水准点	2.0 ⊗　$\dfrac{II京石5}{32.804}$
5	一般房屋 混——房屋结构 3——房屋层数	混3　▨ 1.6　2
6	简单房屋	▭
7	棚房	▱ 45°　1.6
8	台阶	0.6　1.0　1.0
9	围墙 a. 依比例尺 b. 不依比例尺	a 10.0 b 10.0　0.3 0.6
10	栅栏	10.0　1.0
11	篱笆	10.0　1.0
12	水塔	🚰　2.0　1.0 ▯ 3.6　1.0
13	烟囱与烟道 a. 烟囱 b. 烟道	3.6 ⬤　1.0
14	路灯	2.0 1.6 ⊙ 4.0 1.0
15	等级公路 2-技术等级代码	———— 0.2 ———— 0.4 2(G301)
16	等外公路 9-技术等级代码	———— 0.2 9
17	大车路	8.0　2.0 0.2
18	高压线	4.0

续表

编号	符号名称	1：500　1：1 000　1：2 000
19	低压线	
20	电杆	
21	电线架	
22	上水检修井	
23	下水检修井	
24	消火栓	
25	沟渠 1. 有堤岸 2. 一般的 3. 有沟堑	
26	干沟	
27	陡坎 1. 未加固 2. 已加固	
28	散树、行树 a. 散树 b. 行树	
29	水田	
30	旱地	
31	水生经济作物地	
32	菜地	

编号	符号名称	1 : 500　1 : 1 000　1 : 2 000
33	经济作物地	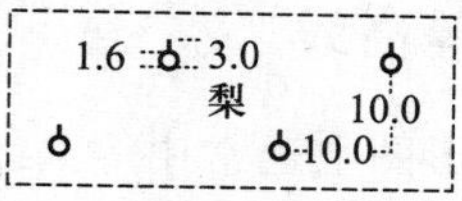 1.6 ┄ 3.0　梨　10.0
34	草地	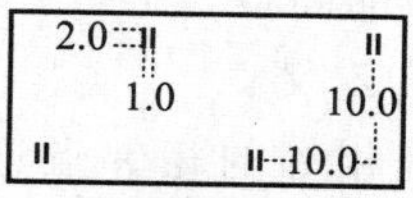 2.0 ┄ Ⅱ　1.0　10.0
35	等高线	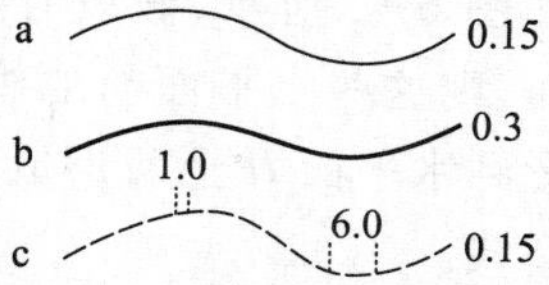 a ～～～ 0.15 b ～～～ 0.3　1.0 c ～～～ 0.15　6.0
36	高程点及其注记	0.5 ┄●163.2　🔺75.4
37	示波线	 0.8
38	滑坡	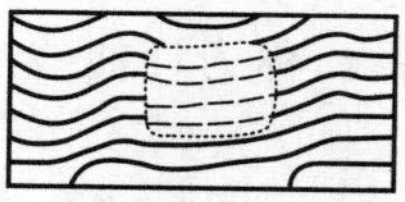
39	陡崖 1. 土质的 2. 石质的	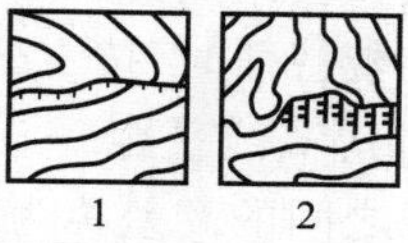 1　2
40	冲沟	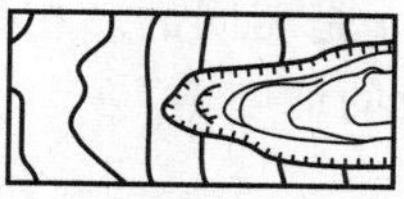

《图式》中的符号有三类:地物符号、地貌符号、注记符号。

1. 地物符号

地物符号分比例符号、非比例符号和半比例符号。按测图比例尺缩绘,用规定符号表示某种地物,图上图形与实地图形完全相似,称为比例符号,如地面上的房屋、桥梁、旱田等。有些地物,如三角点、导线点、水准点、独立树、路灯、检修井等,其轮廓较小,无法将其形状和大小按照地形图的比例尺绘到图上,则不考虑其实际大小,而是采用规定的符号表示,这种符号称为非比例符号。对于一些带状延伸地物,如小路、通信线、管道、垣栅等,其长度可按比例缩绘,而宽度无法按比例表示的符号称为半比例符号。

2. 地貌符号

地形图上表示地面高低起伏的地貌方法一般是等高线。还有一些特殊地貌符号,如冲沟、梯田、峭壁、悬崖等特殊地形,不便用等高线表示时,则绘制相应的符号。

3. 注记符号

有些地物除了用相应的符号表示外,对于地物的性质、名称等在图上还需要用文字和数字加以注记,如房屋的结构和层数、地名、路名、单位名、等高线高程、散点高程以及河流的水深、流速等文字说明,称为地形图注记。

6.1.3 等高线

地貌在地形图上通常用等高线表示。等高线不仅能表示地面的起伏状态,还能表示出地面的坡度和地面点的高程。

1. 等高线的定义

地面上高程相等的相邻点连接的闭合曲线,称为等高线。如图 6-2 所示,假设有可以在不同高度静止的水平面,则这些水平面与地貌的交线,按一定的比例尺投影到水平面 H 上所形成的闭合光滑曲线即为一组等高线。

2. 等高线的种类

(1)首曲线:在同一幅图上,按规定的基本等高距描绘的等高线统称为首曲线,也称基本等高线。它是宽度为 0.15 mm 的细实线。

(2)计曲线:为便于看图,每隔四条首曲线描绘一条加粗的等高线,称为计曲线。计曲线用 0.3 mm 粗实线描绘。

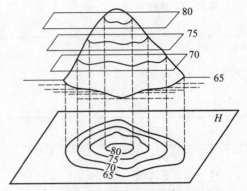

图 6-2 用等高线表示地貌的方法

(3)间曲线和助曲线:当地面的坡度特缓,或者在绘制等高线时有特殊要求,基本等高线不能很好地显示地貌特征时,按二分之一或四分之一基本等高距加密等高线,通常用长虚线表示。

3. 等高距和等高线平距

相邻等高线之间的高差称为等高距,常以 h 表示。图 6-2 中的等高距为 5 m。在同一幅地形图上,等高距 h 是相同的。相邻等高线之间的水平距离称为等高线平距,常以 d 表示。h 与 d 的比值就是地面的坡度 i:

$$i = \frac{h}{d \cdot M} \qquad (6-2)$$

式中:M 为比例尺分母;坡度 i 一般以百分率表示,向上为正、向下为负。

因为同一张地形图内等高距 h 是相同的,所以地面坡度与等高线平距 d 的大小有关。等高线平距越小,地面坡度就越大;平距越大,则坡度越小;平距相等,则坡度相同。因此,可以根据地形图上等高线的疏、密来判定地面坡度的缓、陡。

等高距的大小,直接影响地形图的效果,因此在测图时,应根据测图比例尺的大小,以及测区的实际情况确定绘制等高线的基本等高距,参见表 6-4。

表 6-4 等高线的基本等高距

比例尺	地图类别			
	平地	丘陵	山地	高山
1:500	0.5	0.5	0.5 或 1.0	1.0
1:1 000	0.5	0.5 或 1.0	1.0	1.0 或 2.0
1:2 000	0.5 或 1.0	1.0	2.0	2.0

4. 几种典型地貌等高线的特征

地面形态各不相同,但主要由山丘、盆地、山脊、山谷、鞍部等基本地貌构成。要用等高线表示地貌,关键在于掌握等高线表达基本地貌的特征。

(1)山丘与洼地(盆地):图 6-3a 所示为山丘及其等高线,图 6-3b 所示为盆地及其等高线,其等高线的特征表现均为一组闭合的曲线。在地形图上区分山丘或洼地的方法:高程注记由外圈向里圈递增的表示山头,由外圈向里圈递减的表示盆地。垂直绘在等高线上表示坡度递减方向的短线,称为示坡线。示坡线由里向外的表示山丘,由外向里的表示盆地。

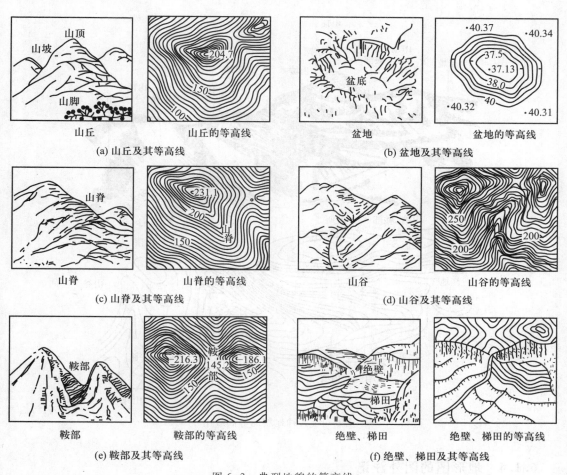

(a) 山丘及其等高线   (b) 盆地及其等高线

(c) 山脊及其等高线   (d) 山谷及其等高线

(e) 鞍部及其等高线   (f) 绝壁、梯田及其等高线

图 6-3　典型地貌的等高线

(2)山脊与山谷:图 6-3c 所示为山脊及其等高线,图 6-3d 所示为山谷及其等高线。其中山脊是沿着一个方向延伸的高地,其等高线凸向低处;山谷是两山脊之间的凹部,其等高线凸向高处。山脊最高点连成的棱线称为山脊线或分水线,山谷最低点连成的棱线称为山谷线或集水线。山脊线和山谷线统称为地性线。不论山脊线还是山谷线,都与等高线正交。

(3)鞍部:图 6-3e 所示为两个山顶之间马鞍形的地貌及其等高线。鞍部是相邻两山头之间呈马鞍形的低凹部分。鞍部等高线的特点是在一圈大的闭合曲线内,套有两个小的闭合曲线。

(4)峭壁、悬崖、冲沟、陡坎、梯田:图 6-3f 所示为峭壁(绝壁)和梯田的等高线,其凹入部分投影到平面上后与其他的等高线相交,用虚线表示。

5. 等高线的特性

（1）同一条等高线上的所有点的高程都相等。

（2）等高线是连续的闭合曲线,如不在本图闭合,则在图外闭合。

（3）除悬崖和峭壁处以外,等高线在图上不能相交或重合。

（4）等高线与山脊线和山谷线正交。

（5）等高线之间的平距愈小,坡度愈陡;平距愈大,坡度愈缓,平距相等坡度相等。

图 6-4 所示是各种典型地貌的综合及相应的等高线。

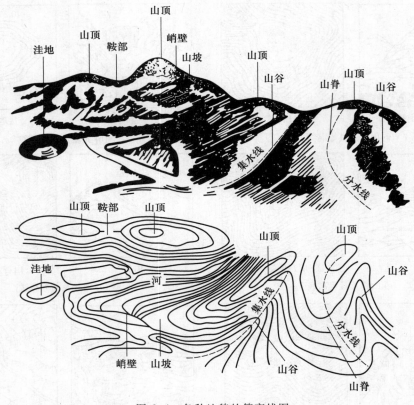

图 6-4   各种地貌的等高线图

6.1.4   地形图的图外注记

为了便于管理和用图,在地形图的图框外有许多注记。对于一幅标准的大比例尺地形图,图廓外应注有图名、图号、接图表、比例尺、图廓、坐标格网和其他图廓外注记等,如图 6-5 所示。

1. 图名和图号

图名通常是用图幅内具有代表性的地名、村庄或企事业单位名称命名。如图 7-5 中图名为范家屯。

图号是指本图幅相应分幅方法的编号。地形图的分幅编号有两种方法:一种是按经纬线分幅的梯形分幅法,用于国家基本地形图的分幅;另一种是按坐标格网划分的矩形分幅法,用于工程建设的大比例尺地形图的分幅,图幅大小见表 6-5。

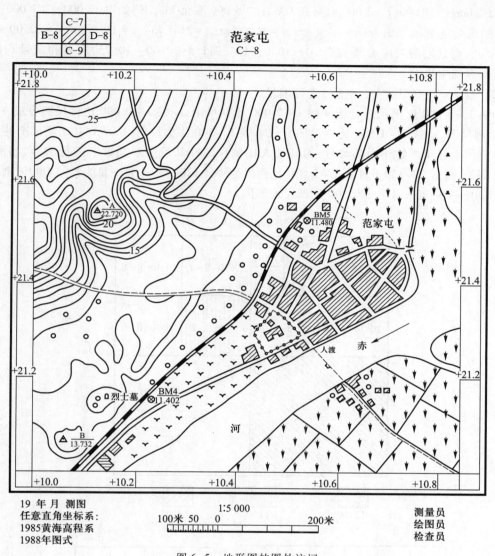

图 6-5 地形图的图外注记

表 6-5 大比例尺地形图图幅的大小

比例尺	图幅大小/cm×cm	实地面积/km	1∶5 000 图幅内的分幅数
1∶5 000	40×40	4	1
1∶2 000	50×50	1	4
1∶1 000	50×50	0.25	16
1∶500	50×50	0.062 5	64

矩形分幅与编号有以下几种方法：

（1）按本幅图的西南角坐标进行编号

按图幅西南角坐标千米数，x 坐标在前，y 坐标在后，中间用短线连接。图号的小数位：1∶500

取至 0.01 km；1∶1 000、1∶2 000 取至 0.1 km；1∶5 000 取至 km。例如 1∶2 000、1∶1 000、1∶500 三幅图的西南角坐标分别为：$x = 20.0$ km、$y = 10.0$ km；$x = 21.5$ km、$y = 11.5$ km；$x = 20.00$ km、$y = 10.75$ km。则它们的对应编号为 20.0—10.0；21.5—11.5；20.00—10.75，图名和图号均标注在北图廓上方的中央。

（2）按 1∶5 000 比例尺的图号进行编号

一幅 1∶5 000 比例尺图分成 4 幅 1∶2 000 比例尺图，一幅 1∶2 000 比例尺图分成 4 幅 1∶1 000 比例尺图，一幅 1∶1 000 比例尺图分成 4 幅 1∶500 比例尺图，1∶5 000 比例尺图的编号取图幅西南角坐标千米数作为其编号，而其他大比例尺图在其后缀罗马数字进行编号，如图 6-6a 所示。例如，编号 20—30—Ⅲ 为 1∶2 000 比例尺地形图；20—30—Ⅱ—Ⅲ 为 1∶1 000 比例尺地形图；20—30—Ⅰ—Ⅱ—Ⅰ 为 1∶500 比例尺地形图。

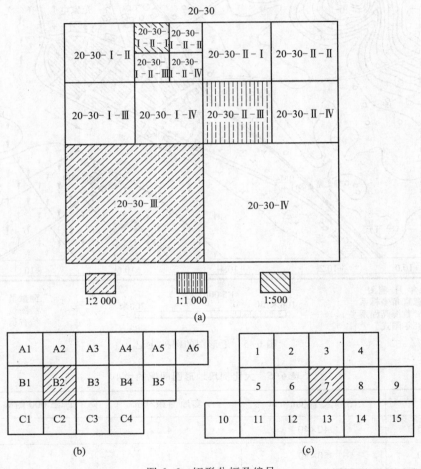

图 6-6　矩形分幅及编号

（3）按行列进行编号

将测区内的图幅行与列分别进行编号，如行以 A、B、C、…由上到下排列，列以 1、2、3、…由左到右排列，如图 6-6b 所示。例如，阴影区的图号为 B2。

（4）按某种自然序号进行编号

这种编号通常按从上至下、从左到右的顺序，用自然序号（常用阿拉伯数字）进行编排，如

图 6-6c 所示。例如,阴影区的图号为 7。当测区面积较小图幅数量不多时,可采用此方法。

　　2. 接图表和比例尺

　　接图表在图幅外图廓线的左上角,表示本图幅与相邻图幅的连接关系。如图 6-5 所示,接图表中画有斜线的代表本图幅,各邻接图幅均注有图名或图号。在图幅的下方中央注以测图的数字比例尺,有的图则在数字比例尺的下方绘出图示比例尺,如图 6-5 所示。

　　3. 图廓和坐标格网

　　图廓是地形图的边界线,有内、外图廓之分,如图 6-5 所示。内图廓线是坐标格网线,也是地形图的界址线,用细实线绘制;外图廓线是图幅的外围边线,是加粗的装饰线,内外图廓相距 12 mm。

　　此外,在地形图的下方还标注有坐标、高程系统和成图时间、测绘单位、绘图员等;对于中小比例尺地形图,在地形图的南图廓下方,还绘有三北方向线,表示真子午线、磁子午线和轴子午线三者之间的角度关系。

6.2　大比例尺地形图的传统测绘方法

　　地形图测绘是按照测量工作的“先控制,后细部”的原则进行的。先在测区内建立平面和高程控制网,然后根据控制点进行地物和地貌测绘。将地面上各种地物的平面位置按一定的比例用线条和符号测绘在图纸上,又测定地面高程点,并据此绘制表示地貌的等高线,这种图形称为地形图。在地形图上用点位、线条、符号、文字表示的地物和地貌的空间位置及属性称为地形要素。

6.2.1　测图前的准备工作

　　测图前,除了做好仪器的准备工作外,还应做好图纸准备,图纸准备包括如下内容:

　　1. 图纸选择

　　为了保证测图的质量,地形图测绘时应选择质地较好的图纸。普通的绘图纸容易变形,为了减少图纸伸缩,可将图纸按糊在铝板或胶合木板上。

　　目前,很多测绘部门都采用聚酯薄膜。聚酯薄膜是一面打毛的半透明图纸,其厚度为 0.07～0.1 mm,伸缩率很小,且坚韧耐湿,沾污后可洗,在图纸上着墨后,可直接复晒蓝图。但聚酯薄膜图纸易燃,有折痕后不能消除,在测图、使用、保管时要多加注意。

　　2. 绘制坐标格网

　　为了准确地将测图控制点展绘到地形图上,首先要在绘图纸上精确地绘制直角坐标方格网,每个方格为 10 cm×10 cm。绘制方格网一般可使用坐标格网尺,也可以用长直尺按对角线法绘制方格网,也可以用绘图仪绘制方格网。现主要介绍利用坐标尺绘制坐标格网的方法。

　　使用坐标格网尺,能绘制 30 cm×30 cm、40 cm×40 cm、50 cm×50 cm 图幅的坐标格网。如图 6-7 所示,格网尺上共有 10 个孔,每个孔左侧为斜面,最左端孔斜面上刻有零点指示线,其余各孔都是以零点为圆心,以图上注记的尺寸为半径的圆弧,其中 42.426 cm、56.569 cm、70.711 cm 分别为边长 30 cm、40 cm、50 cm 正方形的对角线长,用以量取图廓边和对角线长。下面以 50 cm×50 cm 图幅为例说明其使用方法,如图 6-8 所示。

　　如图 6-8a 所示,先在图纸下方绘一直线,将尺置于线上,并使零点和 50 cm 网孔距图边大致相等。当尺上各孔中心通过直线时,沿各孔边缘画短弧与直线相交定出 A、1、2、3、4、B 各点。如图 6-8b 所示,将尺零点对准 B,使尺子大致垂直底边,沿各孔画圆弧 6、7、8、9、C。如图 6-8c 所

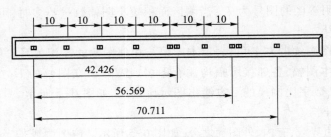

图 6-7　坐标格网尺

示,将尺子零点对准 A,使 70.711 cm 孔画出的弧与弧 C 相交定出 C 点,连接 BC 直线与相应弧线相交,定出 6、7、8、9 点。同理,将尺子置于图 6-8d、e 所示的位置绘出各网络点。连接对边相应点,即得坐标格网如图 6-8f 所示。

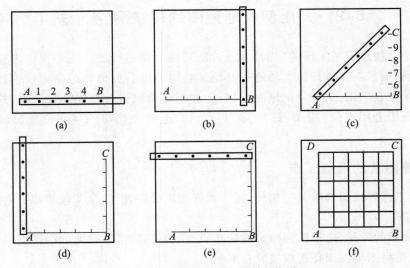

图 6-8　坐标格网尺法绘制方格网

绘成坐标格网后应进行检查,方格边长 10 cm 的误差不应超过 0.2 mm,对角线长 70.711 cm 的误差不应超过 0.3 mm,图廓边长 50 cm 的误差不应超过 0.2 mm,并且要用直尺检查各格网的交点是否在同一条直线上,其偏离值不应超过0.2 mm,如果超过限差,应重新绘制。

3. 展绘控制点

根据测区的大小、范围以及控制点的坐标和测图比例尺,对测区进行分幅,再依据控制点的坐标值展绘图根控制点。展绘控制点时,先根据控制点的坐标确定该点所在的方格。如图 6-9 所示,控制点 A 的坐标 $x_A = 628.43$ m,$y_A = 565.52$ m,可确定其位置应在 $plmn$ 方格内。然后按 y 坐标值分别从 l、p 点按测图比例尺

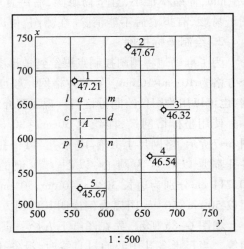

1 : 500

图 6-9　展绘控制点

向右各量 15.52 m,得 a、b 两点。同样从 p、n 点向上各量 28.43 m,得 c、d 两点。连接 ab 和 cd,其交点即为 A 点的位置。用同样方法将图幅内所有控制点展绘在图纸上,并在点的右侧以分数形式注明点号及高程,如图中的 1、2、3、4、5 点。最后用比例尺量出各相邻控制点之间的距离,与相应的实地水平距离比较,其误差在图上不应超过 0.3 mm。

6.2.2 测量碎部点平面位置的基本方法

测量碎部点平面位置的基本方法主要有下面四种。

1. 极坐标法

如图 6-10 所示,要测定碎部点 a 的位置,可将经纬仪安置在控制点 A 上,以 AB 线为依据,测出 AB 及 Aa 线的夹角 β,并量得 A 点至 a 点的距离,则 a 点的位置就确定了。此法用途最广,适用于开阔地区。

2. 直角坐标法

如图 6-10 所示,在测定碎部点 b(或 c)时,可由 b(或 c)点向控制边 AB 作垂线,如果量得控制点 A 至垂足的纵距为 5.9 m(或 10.6 m),量得 b(或 c)点至垂点的垂距为 5.0 m(或 6.2 m),则根据此两距离即可在图纸上定出点位。此法适用于碎部点距导线较近的地区。

3. 角度交会法

如图 6-11 所示,从两个已知控制点 A、B 上,分别测得水平角 α 与 β,以此确定 a 点的平面位置。此法适用于碎部点较远或不易到达的地方。采用角度交会法时,交会角宜在 30° 到 120° 之间。

4. 距离交会法

如图 6-11 所示,要测定 b 点的平面位置,从两个已知控制点 A 及 B 分别量得到 b 点的距离 d_1 及 d_2,根据这两段距离,可以在图上交会出 b 点的平面位置。

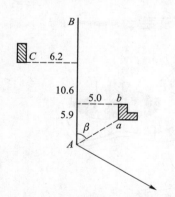

图 6-10 极坐标法与直角坐标法

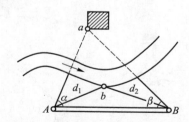

图 6-11 角度交会法与距离交会法

上述几种方法应视现场情况灵活选用。实际工作中一般以极坐标法为主,再配合其他几种方法,进行测绘。

6.2.3 碎部测量方法

控制测量工作结束之后,就可以根据图根控制点,测定地物和地貌的特征点平面位置和高程。并按规定的比例尺和地物地貌符号缩绘成地形图。对于不同测图比例尺,在测绘地形图时,所允许的最大视距即每平方千米应满足的图根控制点个数见表 6-6。

表 6-6   图根控制点个数

测图比例尺	最大视距				地面点间距	每幅图的图根控制点数	每平方千米的图根控制点数
	一般地区		城镇建筑区				
	地物	地貌	地物	地貌			
1:500	60	100	—	70	15	9~10	150
1:1 000	100	150	80	120	30	12~13	50
1:2 000	180	250	150	200	50	15	15
1:5 000	300	350	—	—	100	20	5

注:1. 垂直角超过±10°范围时,视线长度应适当缩短;平坦地区成像清晰时,视距长度可放长20%。

2. 城镇建筑区1:500比例尺测图,测站点至地物点的距离应实地丈量。

3. 城镇建筑区1:5 000比例尺测图不宜采用平板测图。

1. 经纬仪测绘法

传统的地形图测绘方法有:经纬仪测绘法、平板仪测绘法、小平板和经纬仪(测距仪)联合测绘法等。随着数字测图技术的发展,传统的测图方法将逐步被先进的测图技术所取代。因此,这里仅介绍经纬仪测绘法。

经纬仪测绘法的实质是按极坐标法定点进行测图,如图6-12所示。观测时先将经纬仪安置在测站上,绘图板安置于测站旁,用经纬仪测定碎部点的方向与已知方向之间的夹角,测站点至碎部点的水平距离和碎部点的高程。然后根据测定数据用量角器和比例尺把碎部点的位置展绘在图纸上,并在点的右侧注明其高程,再对照实地描绘地形。此法操作简单、灵活,适用于各类地区的地形图测绘。具体操作步骤如下:

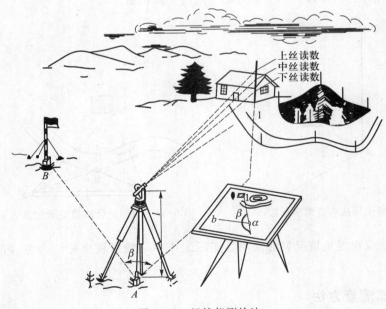

图 6-12   经纬仪测绘法

(1)安置仪器:如图6-12所示,安置仪器于测站点(控制点)A上,量取仪器高 i,填入手簿(表6-7)。

表 6-7 碎部测量手簿

_____测区   观测者_____   记录者_____

_____年__月__日   天 气_____   测站 A 零方向 B   测站高程 46.54

仪器高 i = 1.42   乘常数 100   加常数 0   指标差 x = 0

测点	水平角		尺上读数/m		视距间距/m	竖直角 α				高差 h /m	水平距离 /m	测点高程 /m	备注
			中丝 v	下丝		竖盘读数		竖直角					
	°	′		上丝		°	′	°	′				
1	44	34	1.42	1.520	0.220	88	06	+1	54	+0.73	22.0	47.27	
				1.300									
2	56	43	2.00	2.871	1.743	92	32	−2	32	−8.28	174.0	38.26	
				1.128									
3	175	11	1.42	2.000	1.105	72	19	+17	41	+33.57	105.3	80.11	
				0.895									

（2）定向：后视另一控制点 B，置水平度盘读数为 0° 00′00″。

（3）立尺：立尺员依次将标尺立在地物和地貌特征点上。立标尺前，立尺员应弄清实测范围和实地情况，选定立尺点，并与观测员、绘图员共同商定跑尺路线。

（4）观测：转动照准部，瞄准点 1 的标尺，读取视距间隔 l，中丝读数，竖盘读数 L 及水平角。

（5）记录：将测得的上、中、下三丝读数，竖盘读数，水平角依次填入手簿，见表 6-6。对于有特殊作用的碎部点，如房角、山头、鞍部等，应在备注中加以说明。

（6）计算：先由竖盘读数 L 计算竖直角，用计算器按视距测量方法计算出碎部点的水平距离和高程。

水平距离计算公式

$$D = kl\cos^2\alpha \tag{6-3}$$

高程计算公式

$$H_{点} = H_{站} + \frac{1}{2}Kl\sin2\alpha + i - v \tag{6-4}$$

（7）展绘碎部点：用细针将量角器的圆心插在图纸上测站点 a 处。转动量角器，将量角器上等于 β 角值（碎部点 1）的刻划线对准起始方向线 ab，此时量角器的零方向便是碎部点 1 的方向，然后用测图比例尺按测得的水平距离在该方向上定出点 1 的位置，并在点的右侧注明其高程。同法，测出其余各碎部点的平面位置与高程，绘于图上，并随测随绘等高线和地物。

为了检查测图质量，仪器搬到下一测站时，应先观测前站所测的某些明显碎部点，以检查由两个测站测得该点平面位置和高程是否相符。如相差较大，则应查明原因，纠正错误，再继续测绘。

若测区面积较大，可分成若干图幅，分别测绘，最后拼接成全区地形图。为了相邻图幅的拼接，每幅图应测出图廓外 2~3 cm。

2. 碎部点测绘过程中应注意的事项

（1）碎部点的选择

碎部点应选在地物、地貌的特征点上。地物特征点主要是地物轮廓线的转折点，如房角点、道路边线转折点以及河岸线的转折点等。地物测绘的质量和速度在很大程度上取决于立尺员能否正确合理地选择地物特征点。主要特征点应独立测定,一些次要的特征点可以用量距、交会、推平行线等几何作图方法绘出。一般规定,凡主要建筑物轮廓线的凹、凸长度在图上大于0.4 mm时,都要表示出来。对于地貌来说,地貌特征点就是地面坡度及方向变化点。地貌碎部点应选在最能反映地貌特征的山顶、鞍部、山脊线、山谷线、山坡、山脚等坡度变化及方向变化处。根据这些特征点的高程勾绘等高线,如图 6-13 所示。

图 6-13   碎步点的选择

（2）注意事项

1）为方便绘图员工作,观测员在观测时,应先读取水平角,再读取水准尺的三丝读数和竖盘读数;在读取竖盘读数时,要注意检查竖盘指标水准管气泡是否居中或带有竖盘自动安平装置的开关是否打开;读数时,水平角估读至 5′,竖盘读数估读至 1′即可;每观测 20~30 个碎部点后,应重新瞄准起始方向,检查其变化情况。经纬仪测绘法起始方向水平度盘读数偏差不得超过 3′。

2）立尺人员在跑点前,应先与观测员和绘图员商定跑尺路线。立尺时,应将标尺竖直,随时观察立尺点周围情况,弄清碎部点之间的关系,地形复杂时还需绘出草图,以协助绘图人员做好绘图工作。

3）绘图人员要注意图面正确整洁、注记清晰,并做到随测点、随展绘、随检查。

3. 地形图的绘制

（1）地物的绘制

在外业工作中,当碎部点展绘在图上之后,就可对照实地随时描绘地物和等高线。如果测区较大,由多幅图拼接而成,还应及时对各图幅衔接处进行拼接检查,最后再进行图的清绘与整饰。

地物要按地形图、图式规定的符号表示。房屋轮廓需用直线连接起来,而道路、河流的弯曲部分则是逐点连成光滑的曲线。对于不能按比例描绘的地物,用相应的非比例符号表示。

（2）等高线勾绘

当图纸上测得一定数量的地形点后,即可勾绘等高线。先用铅笔轻轻地将有关地貌特征点连起勾出地性线,如图 6-14 中的虚线;然后在两相邻点之间,按其高程内插等高线。由于测量时沿地性线在坡度变化和方向变化处立尺测得的碎部点,因此图上相邻点之间的地面坡度可视为均匀的,在内插时可按平距与高差成正比的关系处理。如图 6-15 中 A、B 两点的高程分别为 21.2 m 及 27.6 m,两点间距离由图上量得为 48 mm,高差为 6.4 m。当等高距 h 为 1 m 时,就有 22 m、23 m、24 m、25 m、26 m、27 m 六条等高线通过。内插时先算出一个等高距在图上的平距,然后计算其余等高线通过的位置。

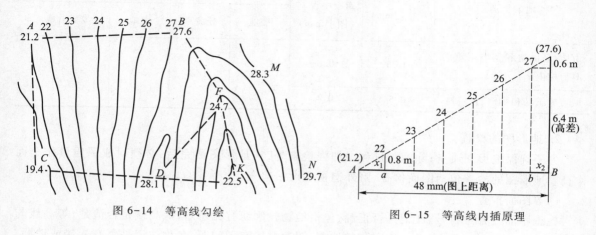

图 6-14 等高线勾绘   图 6-15 等高线内插原理

首先计算等高距为 1 m 的平距 $d=\dfrac{48 \text{ mm}}{6.4}=7.5 \text{ mm}$

而后计算 22 m 及 27 m 两根等高线至 A 及 B 点的平距 x_1 及 x_2,定出 a 及 b 两点

$$x_1=0.8\times7.5 \text{ mm}=6.0 \text{ mm}, x_2=0.6\times7.5 \text{ mm}=4.5 \text{ mm}$$

再将 ab 分成五等分,等分点即为 23 m、24 m、25 m、26 m 等高线通过的位置。同法可定出其他各相邻碎部点间等高线的位置。将高程相同的点连成平滑曲线,即为等高线。

在实际工作中,根据内插原理一般采用目估法勾绘。先按比例关系估计 A 点附近 22 m 及 B 点附近 27 m 等高线的位置,然后五等分求得 23 m、24 m、25 m、26 m 等高线的位置,如发现比例关系不协调时,可进行适当的调整。

6.2.4 地形图的拼接、整饰、检查与验收

1. 地形图的拼接

由于分幅测量和绘图误差的存在,在相邻图幅的连接处,地物轮廓线和等高线都不会完全吻合,如图 6-16 所示。为了整个测区地形图的统一,必须对相邻的地形图进行拼接。规范规定每幅图的图边测出图廓以外相邻图幅有一条重叠带(一般 2~3 cm),以便于拼接检查。对于聚酯薄膜图纸,由于是半透明的,纸的坐标格网对齐,就可以检查接边处的地物和等高线的偏差情况。如果测图用的是白画纸测图,则须用透明纸条将其中一幅图的凸进地物、等高线等描下来,然后与另一幅图进行拼接检查。

图的接边误差不应大于规定的碎部点平面、高程中误差的 $2\sqrt{2}$ 倍。在大比例尺测图中,关于碎部点的平面位置和按等高线插求高程的中误差见表 6-8 中规定。图的拼接误差小于限差时可以平均配赋

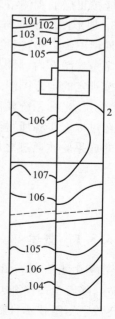

图 6-16 地形图的拼接

（即在两幅图上各改正一半），改正时应保持地物、地貌相互位置和走向的正确性。拼接误差超限时，应到实地检查后再改正。

表 6-8　图的接边误差限差

地区类别	点位中误差（图上 mm）	相邻第五点间距中误差（图上 mm）	等高线高程中误差（等高距）			
			平地	丘陵地	山地	高山地
山地、高山地和实测困难的旧街坊内部	0.75	0.6	1/3	1/2	2/3	1
城市建筑区和平地、丘陵地	0.5	0.4				

2. 地形图的检查

为了确保地形图质量，除施测过程中加强检查外，在地形图测完后，必须对成图质量作全面检查。地形图的检查包括图面检查、野外巡视和设站检查。

（1）图面检查

检查图面上各种符号、注记是否正确，包括地物轮廓线有无矛盾，等高线是否清楚，等高线与地形点的高程是否相符，有无矛盾可疑的地方，图边拼接有无问题，名称注记是否有弄错或遗漏。如发现错误或疑点，应到野外进行实地检查修改。

（2）外业检查

野外巡视检查：根据室内图面检查的情况，有计划地确定巡视路线，进行实地对照查看。野外巡视中发现的问题，应当场在图上进行修正或补充。

设站检查：根据室内检查和巡视检查发现的问题，到野外设站检查，除对发现问题进行修正和补测外，还要对本测站所测地形进行检查，看所测地形图是否符合要求，如果发现点位的误差超限应按正确的观测结果修正。

3. 地形图的整饰与验收

地形图经过拼接、检查和修正后，还应进行清绘和整饰，使图面更为清晰、美观。地形图整饰的次序是先图框内、后图框外，先注记后符号，先地物后地貌。图上的注记、地物符号以及高程等均应按规定的地形图图式进行描绘和书写。最后，在图框外应按图式要求写出图名、图号、接图表、比例尺、坐标系统及高程系统、施测单位、测绘者及测绘日期等。

经过以上步骤所得到的地形图，要上报当地测绘成果主管部门。在当地测绘成果主管部门组织的成果验收通过之后，对图纸进行备案，该地形图方可在工程中使用。

6.3　全站仪数字测图方法

6.3.1　概述

数字化测图（digital surveying mapping，简称 DSM）是近 20 年发展起来的一种全新的机助测图技术，随着全站仪和 GPS 等现代测量仪器的广泛应用，以及计算机硬件和软件技术的迅猛发展，使数字测图技术日新月异，极大地促进了测绘行业的自动化和现代化进程。

传统的地形图是将测得的观测数据（角度、距离、高差），用模拟的方法——图形表示。数字测图就是将图形模拟量（地面模型）转换为数字量，由计算机对其进行处理，得到内容丰富的电子地图，需要时由计算机输出设备恢复地形图或各种专题图。与传统的测图方法相比数字测图具有以下几方面优点。

（1）点位精度高。传统的测图方法点位误差的来源有：图根点的展绘误差和测定误差、测定地物点的视距误差、方向误差、刺点误差等。数字测图的精度主要取决于对地形点的野外数据采集的精度，其他因素的影响很小。

（2）便于成果更新。数字测图的成果是以点定位信息（三维坐标 x、y、H）和绘图信息存入计算机，当实地有变化时，只需输入变化信息，经过编辑处理，即可得到更新的图，从而可以确保地面形态的可靠性和现势性。

（3）避免图纸伸缩影响。图纸上的地理信息随着时间的推移因图纸产生变形而产生误差。数字测图的成果以数字信息保存，可以直接在计算机上进行量测、绘图等作业，无须依赖图纸。

（4）成果输出多样化。计算机与显示器、打印机、绘图仪联机，可以显示或输出各种需要的资料信息及不同比例尺的地形图、专题图，以满足不同的需要。

6.3.2　数据采集的作业模式

数字化测图的野外数据采集作业模式主要有草图法测图模式和电子平板测图模式。如图 6-17 所示为电子平板测图模式流程；图 6-18 所示为草图法测图模式流程。

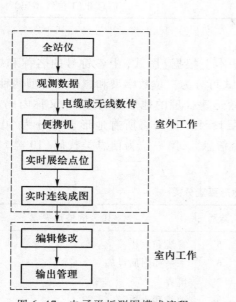

图 6-17　电子平板测图模式流程

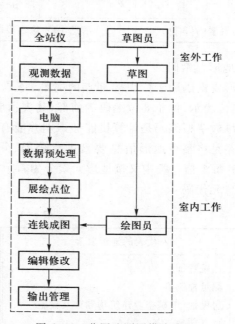

图 6-18　草图法测图模式流程

数字化测图软件则是基于不同的数字测绘模式设计的。不同的数字化测图软件所使用的绘图平台也不尽相同。以国内为例，较流行的数字测图软件广州南方 CASS 测图软件和北京威远 WelTop 测图软件均是基于 AutoCAD 绘图平台开发的软件，它们均支持上述两种最常见的数字测图作业模式（即草图法成图和电子平板成图）；而清华山维的 EPSW 则是自主开发的绘图平台。

6.3.3　数据编码

传统的野外测图工作是用仪器测得碎部点的三维坐标,并展绘在图纸上,然后由绘图员对照实地描绘成图。在描绘图形的过程中,绘图员实际上知道了碎部点的位置,是什么地物或地貌点,与哪些碎部点相连接等信息。数字测图是由计算机软件根据采集的碎部点的信息自动处理绘出地形图,因此,所采集的碎部点信息必须包括三类信息:位置、属性信息、连线信息。碎部点的位置用 (x,y,z) 三维坐标表示,并标明点号,属性信息用地形编码表示,连线信息用连接点点号和连接线型表示。

绘图软件在绘制地形图时,会根据碎部点的属性来判断碎部点是哪一类特征点,采用地形图图式中的什么符号来表示。因此,必须根据地形图图式设计一套完整的地物编码体系,并要求编码和图式符号一一对应。地形编码设计的原则是符合国标图式分类,符合地形图绘图规则;简练,便于记忆,比较符合测量的习惯;便于计算机的处理。

目前国内开发的数字测图软件已经很多,一般都是根据各自的需要、作业习惯、仪器设备及数据处理方法等设计自己的数据编码,工作中可查阅其测图软件说明书。在此介绍一种国内应用比较广泛的编码,该方案总的编码形成由三部分组成,码长为 8 位,见表 6-9。

表 6-9　8 位数据编码形式

1	2	3	4	5	6	7	8
地形要素码(3 位)			信息Ⅰ(4 位连接码)				信息Ⅱ(1 位线型码)

1. 地形要素码

地形要素码用于标识碎部点的属性,该码基本上根据《图式》中各符号的名称和顺序来设计,用三位表示,位于 8 位编码的前部,其表示形式可分为三位数字型和三位字符型两种。

三位数字型编码是计算机能够识别并能有效迅速处理的地形编码形式,又称内码。其基本编码思路是将整个地形信息要素进行分类、分层设计。首先将所有地形要素分为 10 大类,见表 6-10,每个信息类中又按地形元素分为若干个信息元,第一位为信息类代码(10 类),第二、三位为信息元代码。

表 6-10　地形要素分类

类别	代表的地形要素	类别	代表的地形要素
0	地貌特征点	5	管线和垣栏
1	测量控制点	6	水系和附属设施
2	居民地、工矿企业建筑物和公共设施	7	境界
3	独立地物	8	地貌和土质
4	道路及附属设施	9	植被

每一类中的信息元编码基本上取图式符号中的顺序号码。如第 1 类测量控制点,包括三角点(101)、小三角点(102)、导线点(105)、水准点(108)等;第 3 类独立地物,包括纪念碑(301)、塑像(303)、水塔(321)、路灯(327)等。

三位字符型是根据图式中各种符号名称的汉字拼音进行编码。如:山脊点(SJD)、导线点(DXD)、水准点(SZD)、埋石图根点(MTG)、一般房屋(YBF)等。这种编码形式比较直观、易记忆、便于野外操作,又称外码。

2. 信息 I 编码

由 4 位数字组成信息 I 编码,其功能是控制地形要素的绘图动作,描述某测点与另一测点间的相对关系,又称连接码。编码的具体设计有两种方式:一是设计成注记连接点号或断点号,以提供某两点之间连接或断开信息。这种方式可以简化实地绘制草图的工作;二是在该信息码中注记分区号以及相应的测点号。分区号和测点号各占两位,共计 4 位。采用该编码方式要求实地详细绘制测图,各分区和测点编号应与信息 I 编码中相应的编码完全一致,不能遗漏,以保证在现场绘制的草图真正成为计算机处理、屏幕编辑的重要依据。

3. 信息 II 编码

信息 II 编码仅用 1 位数字表示,它是对绘图指令的进一步描述,通常用不同的数字区分连线形式,例如:0 表示非连线,1 表示直线连线,2 表示曲线连线,3 表示圆弧等,又称为线型码。

在实际工作时,可以输入点号及连接码、线型码等,若使用便携机可用屏幕光标指示被连的点及线型菜单。连接信息码和线型码可由软件自动搜索生成,无须人工输入。

[例 6-1]

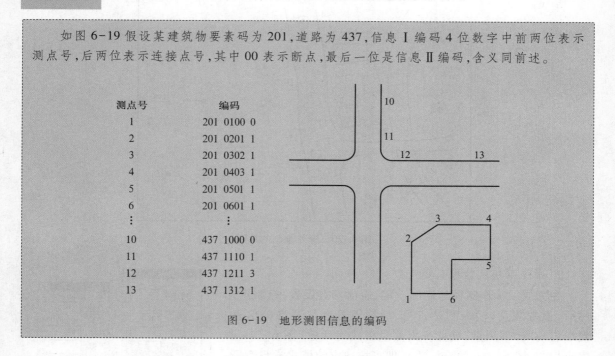

如图 6-19 假设某建筑物要素码为 201,道路为 437,信息 I 编码 4 位数字中前两位表示测点号,后两位表示连接点号,其中 00 表示断点,最后一位是信息 II 编码,含义同前述。

测点号	编码
1	201 0100 0
2	201 0201 1
3	201 0302 1
4	201 0403 1
5	201 0501 1
6	201 0601 1
⋮	⋮
10	437 1000 0
11	437 1110 1
12	437 1211 3
13	437 1312 1

图 6-19 地形测图信息的编码

6.3.4 野外数据采集方法

野外数据采集包括控制测量数据采集和碎部点数据采集两个阶段。控制测量主要采用导线测量方法,观测结果(点号、方向值、竖直角、距离、仪器高、目标高等)自动或手工记入电子手簿,可由电子手簿计算出控制点坐标和高程。若使用具有存储记忆功能的全站仪,可将全站仪存储器中数据传输给计算机并通过计算软件计算出控制点坐标和高程;碎部点数据采集根据使用的仪器设备不同,既可以直接采集碎部点的三维坐标或观测值(方向值、竖直角、距离、目标高等),也可以自动或手工记入电子手簿或自动存储在全站仪中,然后传输给计算机。

1. 草图法数据采集

数据采集之前一般先将作业区已知控制点的坐标和高程输入全站仪（或电子手簿）。草图绘制者通过对测站周围的地物、地貌大概浏览一遍，及时按一定比例绘制一份含有主要地物、地貌的草图，以便观测时在草图上标明观测碎部点的点号。观测者在测站点上安置全站仪，量取仪器高。选择一已知点进行定向，然后准确照准另一已知点上竖立的棱镜，输入点号和棱镜高，按相应观测按键及观测其坐标和高程，与相应已知数据进行比较检查，满足精度要求后进行碎部点观测。观测地物、地貌特征点时准确照准点上竖立的棱镜，输入点号、棱镜高和地物代码，按相应观测记录键，将观测数据记录在全站仪内或电子手簿中。观测时观测者与绘制草图者及立镜者实时联系，以便及时对照记录的点号与草图上标注的点号，两个点号必须一致，有问题时要及时更正。观测一定数量的碎部点后应进行定向检查，以保证观测成果的精度。

绘制的草图必须把所有观测地形点的属性和各种勘测数据在图上表示出来，以供内业处理、图形编辑时用。草图的绘制要遵循清晰、易读、相对位置准确、比例一致的原则。草图示例如图6-20所示。在野外测量时，能观测到的碎部点要尽量观测，确实不能观测到的碎部点可以利用皮尺或钢尺量距，将距离标注在草图上或利用电子手簿的量算功能生成其坐标。

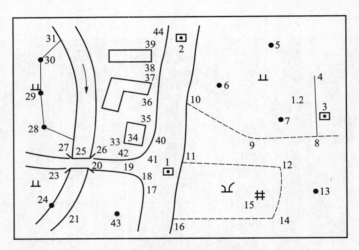

图6-20   野外绘制的草图

2. 电子平板法数据采集

在完成了工作路径与比例设定、通信参数设置、控制点入库后，设置测站，输入测站点号、后视点号和仪器高等信息。然后启动"碎部测量"功能弹出测量模式对话框（图6-21a的极坐标法、图6-21b的坐标法），即可按选定的模式施测测量。

（1）点号：测量碎部点的点号。第一个点号输入后，其后的点号不必再人工输入，每测完一个点，点号自动累加1。

（2）连接：指与当前点相连接的点的点号。其必须是已测碎部点的点号或其他已知点。与上一点连接时自动默认，与其他点连接时输入该点的点号。

（3）编码：地物类别的代码。测量时同类编码只输一次，其后的编码程序自动默认，碎部点编码变换时输入新的编码。

图6-21   数据采集对话框

（4）直线：确定连接线型。单击该按钮，依次可选择所需线型。

（5）方向：用来确定地物的方向。

（6）水平角、竖直角、斜距：由全站仪观测并自动记录输入。

（7）杆高：观测点棱镜高度。输入一次后，其他观测点的棱镜高由程序自动默认。观测点棱镜高度改变时，重新输入。

6.3.5 数字测图的内业处理

数字测图的内业处理要借助数字测图软件来完成。目前国内市场上比较有影响的数字测图软件主要有武汉瑞得公司的 RDMS、南方测绘仪器公司的 CASS、清华山维公司的 EPSW 电子平板等。它们各有其特点，都能测绘地形图、地籍图，并有多种数据采集接口，成果都能输出地理信息系统（GIS）所接受的格式，都具有丰富的图形编辑功能和一定的图形管理能力。

外业数据采集的方法不同，数字测图的内业过程也存在一定的差异。对于电子平板数字测图系统，由于数据采集与绘图同步进行，因此，其内业只进行一些图形编辑、整饰工作。对于草图法，数据采集完成后，应进行内业处理。内业处理主要包括数据传输、数据处理、图形处理和图形输出。其作业流程用框图表示，如图 6-22 所示。

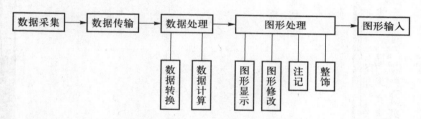

图 6-22　数字成图内业工作流程

1. 数据传输

将存储在全站仪（或电子手簿）中外业采集的观测数据按一定的格式传输到内业处理的计算机中，生成数字测图软件要求的数据文件，供内业处理使用。

2. 数据处理

传输到计算机中的观测数据需进行适当的数据处理，从而形成适合图形生成的绘图数据文件。数据处理主要包括数据转换和数据计算两个方面的内容。数据转换是将野外采集到的带简码的数据文件或无码数据文件转换为带绘图编码的数据文件，供计算机识别、绘图使用。对简码数据文件的转换，软件可自动实现；对于无码数据文件，则需要通过草图上地物关系编制引导文件来实现转换。数据计算是指为建立数字地面模型绘制等高线而进行插值模型建立、插值计算、等高线光滑的工作。在计算过程中，需要给计算机输入必要的数据，如插值等高距、光滑的拟合步距等，其他工作全部由计算机完成。

经过计算机处理后，未经整饰的地形图即可显示在计算机屏幕上，同时计算机将自动生成各种绘图数据文件并保存在存储设备中。

3. 图形处理

图形处理是对经数据处理后所生成的图形数据文件进行编辑、整理。经过对图形的修改、整理、添加汉字注记、高程注记、填充各种面状地物符号后，即可生成规范的地形图。对生成的地形图要进行图幅整饰和图廓整饰，图幅整饰主要利用编辑功能菜单项对地形图进行删除、断开、修剪、移动、复制、修改等操作,最后编辑好的图形即为所需地形图,并对其按图形文件保存。

4. 图形输出

通过对数字地图的图层控制,可以编制和输出各种专题地图以满足不同用户的需要。利用绘图仪可以按层来控制线划的粗细或颜色,绘制美观、实用的图形。

图 6-23 所示为 CASS 9.0 的主界面,主要功能区有:

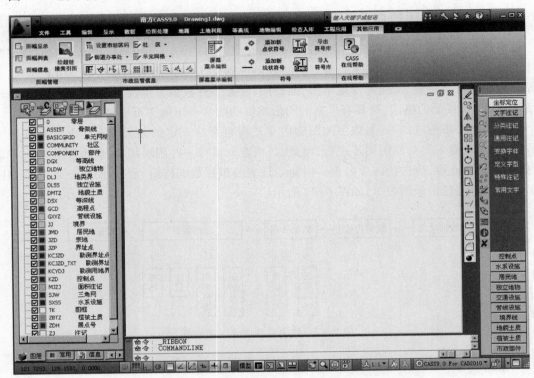

图 6-23　CASS 9.0 的主界面

(1) 顶部下拉菜单区:包括了 CASS 9.0 和 AutoCAD 的所有图形编辑命令。

(2) 右侧屏幕菜单:是一个测绘专用交互测图菜单,在使用该菜单的交互编辑功能绘制地形图时,必须先确定定点方式。

(3) 工具栏:主要包括各种 AutoCAD 命令和 CASS 9.0 中的常用功能。

(4) 图形区:是主要工作区,显示图形及其操作。

(5) 命令提示区:命令记录区,提示用户操作。

要完成图形的绘制与编辑工作,主要与相关的菜单、对话框及文件打交道,不同的测图软件其内业处理、操作方法有一定的差异。要熟练掌握一套测图系统,必须对照操作说明反复练习。

6.4　大比例尺地形图的应用

大比例尺地形图是建筑工程规划设计和施工中的重要地形资料。特别是在规划设计阶段,不仅要以地形图为底图进行总平面的布设,而且还要根据需要,在地形图上进行一定的量算工作,以便因地制宜地进行合理的规划和设计。

6.4.1 地形图应用的基本内容

1. 求图上某点的坐标和高程

（1）确定点的坐标

如图 6-24 所示，欲求 A 点的平面直角坐标，可以通过 A 点分别做平行于直角坐标格网的直线 ef 和 gh，则 A 点的平面直角坐标为

$$\left.\begin{array}{c} x_A = x_a + \dfrac{ag}{ab} \times l \\[2mm] y_A = y_a + \dfrac{ae}{ad} \times l \end{array}\right\} \qquad (6-5)$$

式中：l——平面直角坐标格网边的理论长度。

（2）确定点的高程

确定地形图上任一点的高程，可以根据等高线及高程标记进行。如图 6-25 所示，P 点正好在等高线上，则其高程与所在的等高线高程相同，从图上看为 27 m。如所求点不在等高线上，如图中的 k 点，则通过 k 点作一条大致垂直于相邻等高线的线段 mn，分别量取 mk、mn 的距离。则

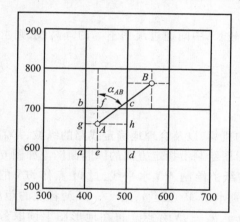

图 6-24　在地形图上确定一点坐标

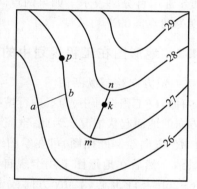

图 6-25　在地形图上确定点的高程

$$H_k = H_m + \frac{mk}{mn} \times h \qquad (6-6)$$

式中：H_m——m 点的高程；

h——等高距。

在实际工作中，也可以根据点在相邻两条等高线之间的位置用目估的方法确定，所得到的点的高程精度低于等高线本身的精度。

2. 确定图上直线的长度、坐标方位角和坡度

（1）确定图上直线的长度

① 直接量测。用卡规在图上直接卡出线段的长度，再与图示比例尺比量，即可得到其水平距离。也可以用比例尺直接从图上量取，这时所量的距离要考虑图纸伸缩变形的影响。

② 根据两点的坐标计算水平距离。为了消除图纸变形对图上量距的影响，提高在图纸上获得距离的精度，可用两点坐标计算水平距离。公式如下：

$$D_{ab} = \sqrt{(x_b - x_a)^2 + (y_b - y_a)^2} \qquad (6-7)$$

（2）求直线 AB 的坐标方位角

① 图解法。首先过 A、B 两点精确地作两条平行于坐标网格的直线,然后用量角器量测 AB 的坐标方位角 α_{AB} 和 BA 的坐标方位角 α_{BA}。

同一条直线的正、反坐标方位角相差 $180°$。但是在量测时存在误差,按下式可以减少量测结果的误差。设量测结果为 α'_{AB} 和 α'_{BA} 则

$$\alpha_{AB} = \frac{1}{2}(\alpha'_{AB} + \alpha'_{BA} \pm 180°)$$　　　　　（6-8）

② 解析法。在求出 A、B 两点坐标后,可根据下式计算出 AB 的坐标方位角。

$$\alpha_{AB} = \arctan \frac{y_B - y_A}{x_B - x_A}$$　　　　　（6-9）

3. 确定直线的坡度

D 为地面两点间的水平距离,h 为高差,则坡度 i 由下式计算。

$$i = \frac{h}{D} = \frac{h}{d \cdot M}$$　　　　　（6-10）

式中:d——两点在图上的长度,m;

　　M——地形图比例尺分母。

坡度 i 常用百分率表示。如果两点间的距离较长,中间通过疏密不等的等高线,则上式所求地面坡度为两点间的平均坡度。

6.4.2　地形图在工程规划中的应用

1. 按一定方向绘制纵断面图

在各种线路工程设计中,为了进行填挖方量的概算,以及合理地确定线路的纵坡,都需要了解沿线路方向的地面起伏情况。为此,常需利用地形图绘制沿指定方向的纵断面图。如图 6-26a 所示,欲沿 MN 方向绘制断面图,可在绘图纸或方格纸上绘制 MN 水平线,过 M 点作 MN 的垂线作为高程轴线。然后在地形图上用卡规自 M 点分别卡出 M 点至 a、b、c、$\cdots$、i、N 各点的距离,并分别在图 6-26b 上自 M 点沿 MN 方向截出相应的 a、b、$\cdots$、N 等点。再在地形图上读取各点的高程,按高程轴线向上画出相应的垂线。最后,用光滑的曲线将各高程线顶点连接起来,即得 MN 方向的断面图,如图 7-26b 所示。

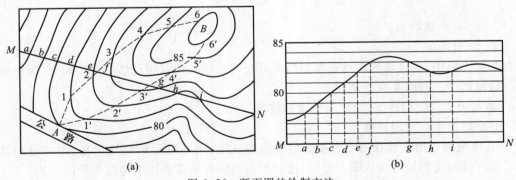

图 6-26　断面图的绘制方法

2. 在地形图上按限制的坡度选定最短线路

在道路、管线、渠道等工程设计时,都要求线路在不超过某一限制坡度的条件下,选择一条最

短路线或等坡度线。

如图 6-26a 所示,设从公路上的 A 点到高地 B 点要选择一条公路线,要求其坡度不大于 5%（限制坡度）。设计用的地形图比例尺为 1∶2 000,等高距为 1 m。为了满足限制坡度的要求,根据式(6-10)计算出该路线经过相邻等高线之间的最小水平距离 d。

$$d = \frac{h}{i \cdot M} = \frac{1 \text{ m}}{0.05 \times 2\,000} = 0.01 \text{ m} \tag{6-11}$$

于是,以 A 点为圆心,以 d 为半径画弧交 81 m 等高线于点 1,再以点 1 为圆心,以 d 为半径画弧,交 82 m 等高级于点 2,依此类推,直到 B 点附近为止。然后连接 A、1、2、…、B,便在图上得到符合限制坡度的路线。这只是 A 到 B 的路线之一,为了便于选线比较,还需另选一条路线,如 A、$1'$、$2'$、…、B。同时考虑其他因素,如少占农田,建筑费用最少,避开不利地质条件的线路等,综合比较确定最佳线路方案。

在用这种方法作图时,如遇等高线之间的平距大于 0.01 m 时,规定的长度画弧将不会与下一等高线相交。这说明实际地面坡度,小于限定的坡度。在这种情况下,按最短的距离画出。

3. 在地形图上确定汇水面积

为了防洪、发电、灌溉、筑路、架桥等目的,需要在河道上适当的位置修筑建、构筑物。在坝的上游形成水库,以便蓄水;或设计的桥涵需满足过水的要求。坝（建）址上游分水线所围起的面积,称为汇水面积。汇集的雨水,都流入坝址所在的河道或水库中,图 6-27 中虚线所包围的部分就是汇水面积。

汇水面积是由分水线围绕而成的,因此,正确地勾绘分水线是非常重要的。勾绘分水线的要点是:

（1）分水线应通过山脊、山顶和鞍部等部位的最高点,在地形图上应先找出这些特征的地貌,然后进行勾绘。

（2）分水线与等高线正交。

（3）边界线由坝（建筑物）的一端开始,最后又回到坝的另一端,形成闭合的环线。

闭合环线所围的面积,就是流经坝址断面的汇水面积。量测该面积的大小,再结合当地的气象水文资料,便可进一步确定该处的水量,从而为水库和桥梁或涵洞的孔径设计提供依据。

4. 库容计算

在进行水库设计时,如果坝的溢洪道高程已定,就可以确定水库的淹没面积,图 6-27 的阴影部分,淹没面积以下的蓄水量（体积）即为水库库容。

计算库容一般用等高线。先计算图 6-27 中的阴影部分各等高线所围成的面积,然后计算各相邻等高线之间的体积,其总和即为库容。设 S_1 为淹没高程最高线所围成的面积,S_2、S_3、…、S_n、S_{n+1} 为淹没线以下各等高线所围的面积,其中 S_{n+1} 为最低一根等高线所围成的面积,h 为等高距,设第一条等高线（淹没线）与第二条等高线间的高差为 h',第 $n+1$ 条等高线（最低一条等高线）与库底最低点间的高差为 h'',则各层体积为:

$$V_1 = \frac{1}{2}(S_1 + S_2)h'$$

$$V_2 = \frac{1}{2}(S_2 + S_3)h$$

$$\cdots\cdots$$

$$V_n = \frac{1}{2}(S_n + S_{n+1})h$$

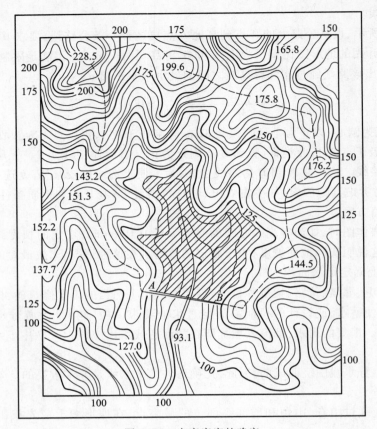

图 6-27 水库库容的确定

$$V'_n = \frac{1}{3} \times S_{n+1} \times h'' (库底体积)$$

因此,水库的库容为:

$$V = V_1 + V_2 + \cdots + V_n + V'_n = \frac{1}{2}(S_1 + S_2)h' + (\frac{S_2}{2} + S_3 + \cdots + S_n + \frac{S_{n+1}}{2})h + \frac{1}{3}S_{n+1}h'' \tag{6-12}$$

5. 在地形图上确定土坝坡脚线

土坝坡脚线是指土坡坡面与地面的交线。如图 6-28 所示,设坝顶高程为 73 m,坝顶宽度为 4 m,迎水面坡度及背水面坡度分别为 1:3 及 1:2。先将坝轴线画在地形图上,再按坝顶宽度画出现顶位置。然后根据坝顶高程、迎水面及背水面坡度,作出与地形图上等高距相同的坝面等高线,这些坝面等高线和相同高程的地面等高线的交点,就是坝坡面和地面交线上的点,将这些交点用曲线连接起来,就是土坝的坡脚线。

6.4.3 图形面积量算方法

在规划设计中,常需要在地形图上量算一定

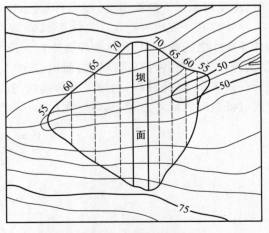

图 6-28 土坝坡脚线的确定

轮廓范围内的面积。下面介绍几种常用的方法。

1. 透明方格纸法

如图 6-29 所示，用透明方格网纸（方格边长为 1mm、2mm、5mm 或 10mm）覆盖在图形上，先数出图形内完整的方格数，然后将不完整的方格用目估折合成整方格数，两者相加乘以每格所代表的面积值，即为所量图形的面积。计算公式为

$$S = n \cdot A \tag{6-13}$$

式中：S——所量图形的面积；

$\quad n$——方格总数；

$\quad A$——1 个方格代表的实地面积。

2. 平行线法

如图 6-30 所示，将绘有等距平行线的透明纸覆盖在图形上，使两条平行线与图形边缘相切，则相邻两平行线间截割的图形面积可近似视为梯形。梯形的高为平行线间距 d，图内平行虚线是梯形的中线。量出各中线的长度，就可以按下式求出图上面积

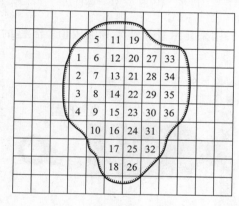

图 6-29 透明方格纸法

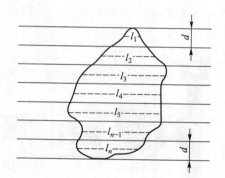

图 6-30 平行线法

$$S = l_1 \times d + l_2 \times d + \cdots + l_n \times d = d \times \sum l \tag{6-14}$$

将图上面积化为实地面积时，如果是地形图，应乘上比例尺分母的平方；如果是纵横比例尺不同的断面图，则应乘上纵横两个比例尺分母之积。

3. 解析法

如果图形为任意多边形，且各顶点的坐标已在图上标出或已在实地测定，可利用各点坐标以解析法计算面积。

如图 6-31 所示，为一任意四边形 1234，各顶点坐标为 (x_1,y_1)、(x_2,y_2)、(x_3,y_3)、(x_4,y_4)。可以看出，1 234 面积 S 等于 $ab41$ 面积 S_1 加 $bd34$ 面积 S_2 再减去 $ac21$ 面积 S_3 和 $cd32$ 面积 S_4，即

$$S = S_1 + S_2 - S_3 - S_4$$

$$= \frac{1}{2} \left[(x_1+x_4)(y_4-y_1) + (x_3+x_4)(y_3-y_4) - (x_1+x_2)(y_2-y_1) - (x_2+x_3)(y_3-y_2) \right] \text{整理得}$$

$$S = \frac{1}{2} \left[x_1(y_4-y_2) + x_2(y_1-y_3) + x_3(y_2-y_4) + x_4(y_3-y_1) \right]$$

若图形有 n 个顶点，其公式的一般形式为

$$S = \frac{1}{2} \sum_{i=1}^{n} x_i(y_{i+1} - y_{i-1}) \tag{6-15}$$

或者

$$S = \frac{1}{2}\sum_{i=1}^{n} y_i(x_{i-1} - x_{i+1}) \qquad (6-16)$$

注意,当 $i=1$ 时 $i-1=n$;当 $i=n$ 时, $i+1=1$。

　　4. 求积仪法

　　求积仪是一种专门供图上量算面积的仪器。其优点是操作简便、速度快、适用于任意曲线图形的面积量算。求积仪分机械求积仪和数字求积仪。现以日本生产的 KP-90N 型(图 6-32)为例,介绍数字求积仪的使用。

　　(1) KP-90N 型数字求积仪的构造

　　KP-90N 数字求积仪,由三大部分组成:动极和动极轴、微型计算机、跟踪臂和跟踪放大镜。仪器面板上(图 6-33)设有 22 个键和一个显示窗,其中显示窗上部为状态显示区,用来显示电池状态、存储器状态、

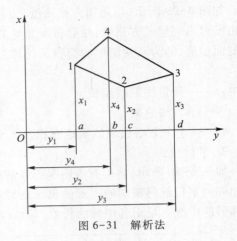

图 6-31　解析法

比例尺大小、暂停状态及面积单位;下部为数据显示区,用来显示量算结果和输入值。各键的功能和操作见表 6-11。

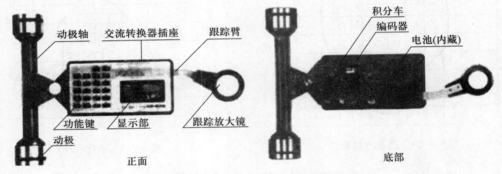

图 6-32　数字求积仪结构图

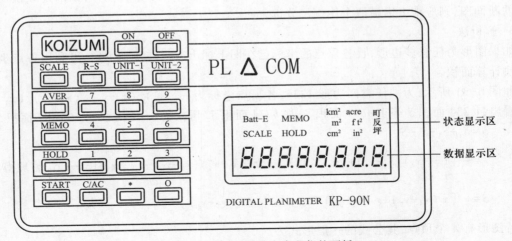

图 6-33　KP-90N 数字求积仪的面板

表 6-11　数字求积仪操作键及其功能

ON	电源键	打开电源
OFF	电源键	关闭电源
SCALE	比例尺键	用来设置图形的纵、横比例尺
R-S	比例尺确认键	配合 SCALE 键使用
UNIT-1	单位键 1	每按一次都在国际单位制、英制、日制三者间转换
UNIT-2	单位键 2	如在国际单位制状态下，按该单位键可以在 km^2、m^2、cm^2 脉冲计数（P/C）四个单位间顺序转换
0~9	数字键	用来输入数字
	小数点键	用来输入小数点
START	启动键	在测量开始及在测量中再启动时使用
HOLD	固定键	测量中按该键则当前的面积量算值被固定，此时移动跟踪放大镜，显示的面积值不变；当要继续量算时，再按该键，面积量算再次开始，该键主要用于累加测量
AVER	平均值键	按该键，可以对存储器中的面积量算值取平均
MEMO	存储键	按该键，则将显示窗中显示的面积存储在存储器中，最多可以存储 10 个值
C/CA	清除键	清除存储器中记忆的全部面积量算值

（2）KP-90N 型数字求积仪的使用

1）准备。将图纸水平地固定在图板上，把跟踪放大镜放大在图形中央，并使动极轴与跟踪臂成 90°，然后用跟踪放大镜沿图形边界线运行 2~3 周，检查是否能平滑移动，否则，调整动极轴位置。

2）开机。按 ON 键，显示"0"。

3）单位设置。用 UNIT-1 键设定单位制；用 UNIT-2 键设定同一单位制的单位。

4）比例尺设置与确定。① 比例尺 $1:M$ 的设定：用数字键输入 M，按 SCALE 键，再按 R-S 键，显示 M^2，即设定好；② 横向 $1:X$、纵向 $1:Y$ 的设定：输入 X 值，按 SCALE 键；再输入 Y 值，按 SCALE 键，然后按 R-S 键，显示"$X \cdot Y$"值，即设定好；③ 比例尺 $X:1$ 设定：输入 $\frac{1}{X}$，按 SCALE 键，再按 R-S 键，显示"$(\frac{1}{X})^2$"，即设定好。

5）面积测量。将跟踪放大镜的中心照准图形边界线上某点，作为开始起点，然后按 START 键，蜂鸣器发出音响，显示"0"，用跟踪放大镜中心准确地沿着图形的边界线顺时针移动，回到起点后，若进行累加测量时，按下 HOLD 键；若进行平均值测量时，按下 MEMO 键；测量结束时，按 AVER 键，则显示所定单位和比例尺的图形面积。

6）累加测量。在进行两个以上图形的累加测量时，先测量第 1 个图形，按 HOLD 键，将测定的面积值固定并存储；将仪器移到第 2 个图形，按 HOLD 键，解除固定状态并进行测量。同样可测第 3 个……直到测完。最后按 AVER 或 MEMO 键，显示出累加面积值。

7）平均值测量。为了提高精度,可以对同一图形进行多次测量(最多 10 次),然后取平均值。具体做法是每次测量结束后,按下 MEMO 键,最后按 AVER 键,则显示 n 次测量的平均值。注意每次测量前均应按 START 键。

6.4.4　地形图在平整场地中的应用

在各种工程建设中,除对建筑物要作合理的平面布置外,往往还要对原地貌作必要的改造,以便布置各类建筑物,排除地面水以及满足交通运输和敷设地下管线等。这种地貌改造称之为平整土地。

在平整土地工作中,常需预算土、石方的工程量,即利用地形图进行填挖土(石)方量的概算。其方法有多种,其中方格法(或设计等高线法)是应用最广泛的一种。如图 6-34 所示,假设要求将原地貌按挖填土方量平衡的原则改造成平面,其步骤如下。

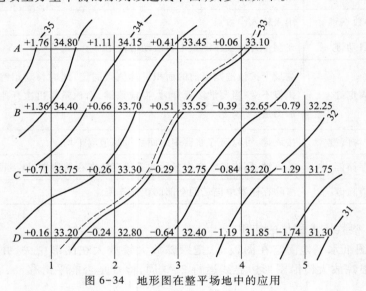

图 6-34　地形图在整平场地中的应用

1. 在地形图上绘方格网

在地形图上拟建场地内绘制方格网。方格网的大小取决于地形复杂程度、地形图比例大小以及土方概算的精度要求,例如在设计阶段采用 1∶500 的地形图时,根据地形复杂情况,一般方格网的边长为 10 m 或 20 m,方格网绘制完后,根据地形图上的等高线,用内插法求每方格顶点的地面高程,并注记在相应方格顶点的右上方,如图 6-34 所示。

2. 计算设计高程

先将每一方格顶点的高程加起来除以 4,得到各方格的平均高程,再把每个方格网的平均高程相加除以方格总数,就得到设计高程 H_0。

$$H_0 = \frac{H_1 + H_2 + \cdots + H_n}{n} \qquad (6-17)$$

式中:H_i——每一方格的平均高程,$i = 1, 2, \cdots, n$;

n——方格总数。

从设计高程 H_0 的计算方法和图 6-34 可以看出:方格网的角点 $A1$、$A4$、$B5$、$D1$、$D5$ 的高程只用了一次,边点 $A2$、$A3$、$B1$、$C1$、$D2$、$D3$、$\cdots$ 的高程用了两次,拐点 $B4$ 的高程用了三次,而中间点 $B2$、$B3$、$C2$、$C3$、$C4$ 的高程用了四次。因此,设计高程的通用计算公式可以写成:

$$H_0 = (\sum H_{角} + 2\sum H_{边} + 3\sum H_{拐} + 4\sum H_{中}) / 4n \qquad (6-18)$$

将方格顶点的高程(图 6-34)代入式(6-18),即可计算出设计高程。在图上内插出 H_0 等高线(图中一般用虚线表示),称此线为填挖边界线。

3. 计算挖、填高度

根据设计高程和方格顶点的高程,可以计算出每一方格顶点的挖、填高度,即

$$挖、填高度 = 地面高程 - 设计高程 \qquad (6-19)$$

将图中各方格顶点的挖、填高度写于相应方格顶点的左上方,正号为挖深,负号为填高。

4. 计算挖、填土方量

挖、填土方量可按角点、边点、拐点和中点分别按下式列表计算。

$$\left.\begin{array}{lll} 角点: & 挖(填)高 \times \dfrac{1}{4}方格面积 \\[2mm] 边点: & 挖(填)高 \times \dfrac{2}{4}方格面积 \\[2mm] 拐点: & 挖(填)高 \times \dfrac{3}{4}方格面积 \\[2mm] 中点: & 挖(填)高 \times 方格面积 \end{array}\right\} \qquad (6-20)$$

[例 6-2]

　　如图 6-35 所示,设每一方格面积为 400 m²,计算的设计高程是 25.2 m,每方格的挖深或填高数据已分别按式(6-19)计算出,并已标记在相应方格顶点的左上方。于是,可按式(6-20),列表(表 6-12)分别计算出挖方量和填方量。从计算结果可以看出,挖方量和填方量是相等的,满足"挖平衡"的要求。

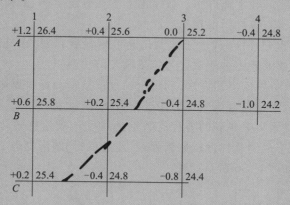

图 6-35　方格网法示例

表 6-12　方格网法平整场地计算表

点号	挖深/m	填高/m	所占面积/m²	挖方量/m³	填方量 m³
A1	1.2		100	120	
A2	0.4		200	80	

续表

点号	挖深/m	填高/m	所占面积/m²	挖方量/m³	填方量 m³
$A3$	0.0		200	0	
$A4$		−0.4	100		40
$B1$	0.6		200	120	
$B2$	0.2		400	80	
$B3$		−0.4	300		120
$B4$		−0.1	100		100
$C1$	0.2		100	20	
$C2$		−0.4	200		80
$C3$		−0.8	100		80
				Σ：420	Σ：420

6.5　数字地形图的应用

6.5.1　数字地形图概述

随着计算机技术的发展,数字地形图越来越广泛地运用于国民经济建设中的各个领域。促进了地形测量向自动化和数字化方向发展,使测量的成果不仅有绘在纸上的地形图,还有方便传输、处理、共享的基础信息,即数字地形图。数字地形图在测绘生产、水利水电工程、土地管理、城市规划、环境保护和军事工程等部门得到了广泛的应用。

地面数字测图是 20 世纪 70 年代电子速测仪问世后发展起来的。目前,数字测图技术在国内已趋成熟,它已作为主要的成图方法取代了传统的图解法测图。

数字测图是一种全解析机助测图方法,利用全站仪或其他测量仪器进行野外数字化测图;利用手扶数字化仪或扫描数字化仪对纸质地形图进行数字化;以及利用航摄、遥感相片进行数字化测图等技术。利用上述技术将采集到的各种有关的地物和地貌信息转化为数字形式,通过数据接口传输给计算机,由数字成图软件进行数据处理,经过编辑、图形处理,生成内容丰富的数字地形图。数字化作业流程如图 6-36 所示。

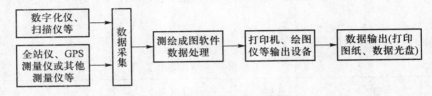

图 6-36　数字化作业流程

目前,在我国获得数字地图的主要方法除本章 6.3 节介绍的方法外,还有地图数字化成图、航测数字测图。

1. 地图数字化成图

以旧的地形图为底图,进行数字化。数字化的方法有两种。

（1）跟踪数字化

跟踪数字化是用数字化仪对原图的地形特征点逐点进行跟踪采集,将数据自动传输到计算机,处理成数字地形图的过程。它的精度比较低,现在几乎不再使用。

（2）扫描数字化

扫描数字化是用扫描仪扫描原图,将数据输入计算机,存储、处理并可再回放成图。扫描数字化仪有平台式和滚动式两种。它比使用手扶数字化仪数字化的精度要高,故在地形图数字化生产中经常用到。

地图数字化成图能够充分地利用现有的地形图,投入软硬件资源较少,仅需配备计算机、数字化仪、绘图仪,再配以一种数字化软件就可以开展工作,并且可以在很短的时间内获得数字的成果。它的工作方法主要有手扶跟踪数字化及扫描矢量化后数字化,利用该方法所获得的数字地图因受原图精度的影响,加上数字化过程中所产生的各种误差,精度比原图的精度差。它仅能作为一种应急措施而非常用方法。当然通过修测、补测等方法进行一些弥补,可在一定的程度上提高原有图的精度。

2. 航测数字成图

以航空相片作数据源,再用解析测图仪或立体量测仪采集地形特征点。当一个地区（或测区）很大时,又急需使用地形图,就可以利用航空摄影测量,通过外业对影像判读,再经过航测内业进行立体测图,直接获得数字地形图。若地形比较复杂,利用原图数字化的原图年代已久,又难以对它实地进行数字化测量时,也可以利用航空摄影测量方法成图。

随着测绘技术的发展,数字影像的直接获取在我国的某些地区取得了试验性的成功。该技术是在空中利用数字摄影机所获得的数字影像,内业通过专门的航测软件对数字影像进行像对匹配,建立地面的数字模型来获得数字地图。这也是今后数字测图的一个重要发展方向。该方法可大大地减少外业劳动强度,将大量的外业测量工作移到室内完成,而且有成图速度快、精度高而均匀,成本低,不受气候及季节的限制等优点。

6.5.2 数字地形图的应用

（1）数字地形模型（digital terrain model,简称DTM）是测绘工作中,用数字表达地面起伏形态的一种方式。它是地形表面形态属性的数字表达,是带有空间位置特征和地形属性特征的数字描述,数字地形模型中地形属性为高程时称为数字高程模型（digital elevation model,简称DEM）。DEM和DTM可以用于提取各种地形参数,如坡度、坡向、粗糙度等,并进行通视分析、流域结构生成等应用分析。利用该模型,可以绘制各种比例尺的等高线地形图、三维立体图（图6-37）、地形断面图、地层图、坡度图等;确定汇水面积、场地平整的填挖边界和计算土方量;在各种线路设计中,进行自动选线设计、优选较佳的设计方案等。

（2）矿山工程中,遥感影像与数字高程模型复合可提供综合、全面、实时、动态的矿山地面变化信息,可用于矿山测绘、地表沉陷监测、矿区土地复垦与生态重建、露天矿边坡监测、矿山三维仿真等方面。同时,在数字图像处理技术、地理信息系统技术等的支持下可用于矿山勘探。

（3）军事方面,数字高程模型在作战指挥、战场规模、定位、导航、目标采集、瞄准、搜寻、救援等方面发挥了重要作用。具体地说,利用数字高程模型可虚拟战场环境,辅助战术决策;进行飞行计划模拟演习;进行导弹飞行模拟、陆基雷达选址等。

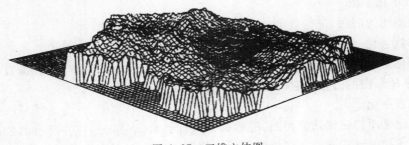

图 6-37   三维立体图

（4）在科学研究中,数字高程模型的主要作用是为各种地学模型提供地形参数并辅助地学模型建立。具体用于地质、水文模型的建立;区域、全球气候变化研究;水资源、野生动植物分布研究;地理信息系统建立;地形地貌分析;土地分类、土地利用、土地覆盖变化检测等。

（5）可作为地理信息系统的重要信息源。地理信息系统具有方便的信息查询功能、空间分析功能以及辅助决策功能,在国民经济、办公自动化及人们日常生活中都有广泛的应用。数字化测图作为地理信息系统的信息源,能及时地提供各类基础数据,更新地理信息系统的数据库,用于数字矿山建设、土地利用现状分析、土地规划管理和灾情分析等。

思考题与习题

1. 什么是比例尺精度? 它在测绘工作中有何作用?
2. 地物符号有几种? 各有何特点?
3. 何谓等高距? 在同一幅图上等高距、等高线平距与地面坡度三者之间有何关系?
4. 何谓等高线? 等高线有哪些基本特性?
5. 测图前有哪些准备工作? 控制点展绘后,怎样检查其正确性?
6. 地形图的比例尺按其大小,可分为哪几种? 其中大比例尺主要包括哪几个?
7. 简述经纬仪测绘法测图的步骤。
8. 为什么要进行地形图的清绘和整饰?
9. 如下图,根据地貌特征点,按等高距为 5 m,内插并勾绘等高线。

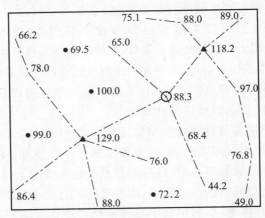

9 题图

10. 用全站仪测一块地形图,在计算机上用数字化成图软件把全站仪的数据传入,再利用该成图软件画出地形图,最后再导入地理信息系统中。

11. 地形图应用的基本内容有哪些?

12. 地形图在工程规划中的应用有哪些?

13. 如图所示为 1∶2 000 比例尺地形图,请在图上完成如下量算工作:

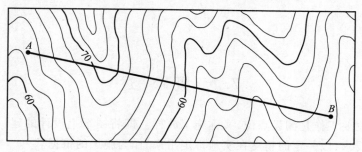

13 题图

(1)求 A、B 两点坐标。

(2)求 A、B 两点距离及其方位角。

(3)求 A、B 两点的高程及地面坡度。

(4)绘制 A、B 方向线的纵断面图。

14. 面积量算有哪些方法?各有什么优缺点?

15. 简述地形图在平整场地中的应用。

16. 简述数字地形图都在哪些方面有应用。

第七章　工程测设的基本方法

7.1　概　　述

施工测量的主要工作是测设点位,又称施工放样。即将图纸上设计的建(构)筑物的平面位置和高程按设计要求,以一定的精度在实地标定出来,作为施工的依据。

7.1.1　工程测设的任务

工程测设贯穿于整个工程的施工过程。主要任务如下:

(1) 施工前建立与工程相适应的施工控制网。

(2) 建(构)筑物的测设及构件与设备的安装测量工作。

(3) 检查和验收工作。每道工序完成后,都要通过测量检查工程各部位的实际位置和高程是否符合要求,根据实测验收的记录,编绘竣工图和资料,作为验收时鉴定工程质量和工程交付后管理、维修、扩建和改建的依据。

(4) 变形观测工作。随着施工的进展,测定建(构)筑物的位移和沉降,作为鉴定工程质量和验证工程设计、施工是否合理的依据。

7.1.2　工程测设的原则

在整个工程施工过程中,测设的结果一旦以标桩形式在实地上标定出来,施工人员就要在标桩的指导下进行施工。测量人员必须具有高度的责任心,在任何情况下,都要保证施工的正常进行。否则,稍有差错,就会造成重大的损失。

为了避免因建筑物众多而引起测设工作的紊乱,并且能严格地保持所测设建筑物各部分之间的几何关系,测设工作所遵循的原则是在布局上"由整体到局部",在精度上由"高级到低级",在程序上"先控制后碎部"。此外,还要加强外业和内业的检核工作。

7.1.3　工程测设的精度要求

工程测设是根据建(构)筑物的设计尺寸,找出建(构)筑物各部分特征点(如轴线的交点)与控制点之间位置的几何关系,算得距离、角度、高程等放样数据,然后利用控制点,在实地上定出建筑物的特征点。在施工测量工作中,工程测设的精度通常决定于下列因素:

(1) 设计中确定建筑物位置的方法;

(2) 建造建筑物所用的材料;

(3) 建筑物与建筑物之间有无连接设备;

(4) 建筑物的用途;

（5）施工的程序和方法。

设计中确定建筑物位置的方法通常分为解析法和图解法,前者的精度高于后者;在一般情况下,金属或木质的建筑物的放样,其精度比土质的建筑物为高;砖石和混凝土建筑物的放样精度介于这两者之间;各建筑物之间有无连接设备对放样工作的精度有很大的影响,具有连接设备的建筑物对放样的精度要求比没有连接设备的建筑物高很多;永久性的建筑物比临时性建筑物的放样精度高;装配式施工比现场浇灌式施工精度要求高;可见,工程测设的精度要求具有相对性、不均匀性和方向性等特点。

在施工测量中,主轴线的测设精度称为第一种测设精度,或称绝对精度;辅助轴线和细部的测设精度称为第二种测设精度,或称相对精度。有些建筑物的相对精度高于绝对精度。因此,为了满足某些细部测设精度的需要,可建立局部独立坐标系统的控制网点。

7.1.4　工程测设的准备工作

为了保证施工测量工作顺利进行,测设前要作好如下准备工作。

（1）收集有关资料,包括工程总平面图、施工组织设计、基础平面图、建筑物施工图、设备安装图和测量成果等。

（2）根据放样精度要求和施工现场条件,选择放样方法,准备测量仪器、工具。

（3）熟悉并校核设计图纸,计算放样数据,编制放样图表。

此外,在施工测量中,为了便于施工和放样,经常需要建立施工坐标系,这样也就需要建立施工坐标系与测量坐标系之间的相互转换关系。如图7-1所示,设测量坐标系为 XOY,施工坐标系为 $xO'y$,其坐标原点 O' 在测量坐标系中的坐标为 (a,b),x 轴与 X 轴的夹角为 α（旋转角）,则任意一点 P 在两个坐标系中的坐标互算公式为

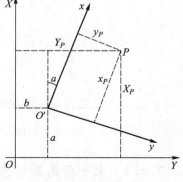

$$\left.\begin{array}{l}X_P = a + x_P\cos\alpha - y_P\sin\alpha \\ Y_P = b + x_P\sin\alpha + y_P\cos\alpha\end{array}\right\} \quad (7-1)$$

$$\left.\begin{array}{l}x_P = (X_P - a)\cos\alpha + (Y_P - b)\sin\alpha \\ y_P = -(X_P - a)\sin\alpha + (Y_P - b)\cos\alpha\end{array}\right\} \quad (7-2)$$

式中:X_P、Y_P——P 点在测量坐标系中的坐标;

x_P、y_P——P 点在施工坐标系中的坐标;

α——x 轴与 X 轴的夹角,以 X 为准,顺时针为正,逆时针为负;或为 x 在 OXY 坐标系中的方位角。

图7-1　坐标系的换算

7.2　水平距离、水平角和高程的测设

水平距离、水平角和高程测设是工程测设的基本工作。

7.2.1　水平距离的测设方法

已知水平距离的测设,是由地面已知点沿指定方向测设另一点,使两点间的水平距离等于已知长度。

1. 直接法

如图7-2所示,A 为实地上的已知点,AM 为定线方向,欲放样的水平距离为 D。利用钢尺,

由 A 点出发,沿 AM 方向量出长度 D 两次,取其中点 B,则 B 即为所放样的点。

2. 归化法

当放样的长度超过一个尺段或精度要求较高时,可采用归化放样法。这时,将上述放样的 B 点作为过渡点,以 B' 表示之。用钢尺按一定的测回数,精确测量 AB 的长度,同时施测各尺段间的高差,并记录观测时的温度,计算出尺长、温度和倾斜改正,得出精测长度 S',计算过渡点 B' 的改正数 ΔD:

$$\Delta D = D - D' \tag{7-3}$$

由过渡点 B' 沿定线方向,向前(当 $\Delta D > 0$ 时)或向后(当 $\Delta D < 0$ 时)量取 ΔD 值,标定出所求的 B 点。

3. 测距仪(全站仪)法

如图 7-3 所示,设从 A 点沿已放样的方向测设距离 D。其测设方法为:在 A 点安置测距仪(全站仪),在给定方向上的适当处(如:C' 点)安置反光镜,用测距仪(全站仪)实测 AC' 两点间的水平距离,并以 D' 表示,然后计算实测水平距离与设计距离之差:

$$\Delta D = D - D' \tag{7-4}$$

如测距仪有自动跟踪装置,可根据 ΔD 值向前($\Delta D > 0$)或向后($\Delta D < 0$)移动反光镜,使显示的距离等于已知距离 D,则在该点用木桩标定 C 点。为了检核可进行复测。

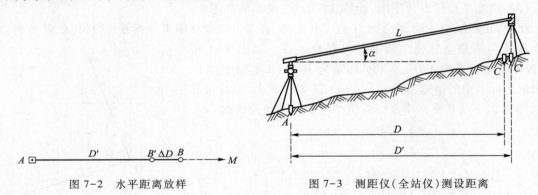

图 7-2　水平距离放样　　　　　图 7-3　测距仪(全站仪)测设距离

7.2.2　水平角的测设方法

1. 直接法

如图 7-4 所示,O 和 A 为实地上的两个已知点,现要放样水平角 β,(β 为设计角)。具体操作步骤如下:

(1) 经纬仪安置在 O 点,盘左位置照准 A 点,使水平度盘读数为 $0°00'00''$。

(2) 顺时针旋转望远镜,当水平度盘读数为 β 时,在视线方向上标定 P' 点。

(3) 在盘右位置按同样的方法标定 P'' 点。

(4) 取 $P'P''$ 两点连线的中点 P 标定于实地。

则 $\angle AOP$ 即为放样的 β 角。

2. 归化法

当要求放样角度的精度较高时,可将直接放样法标定的 P 点作为过渡点(图 7-5),以 P' 表示之。然后用测回法观测 $\angle AOP'$ 若干测回(测回数根据精度要求而定)。求出 $\angle AOP'$ 的平均值 β',算出 $\Delta\beta = (\beta' - \beta)$,并量出 OP' 的长度,则以 P' 为垂足的方向改正数 $P'P$ 可按下式计算

$$P'P = OP' \times \tan\Delta\beta \approx \frac{\Delta\beta}{\rho} \times OP' \qquad (7-5)$$

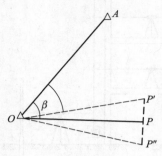

图 7-4　直接法测设水平角

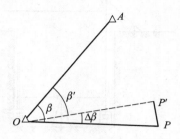

图 7-5　归化法测设水平角

式中：$\rho = 206\ 265''$，$\Delta\beta$ 以秒为单位。

实地改正时，由 P' 起在 OP' 的垂线方向上向内（$\Delta\beta>0$）或向外（$\Delta\beta<0$）量取 $P'P$ 即可标出 P 点，则 $\angle AOP$ 便是所要测设的角值为 β 的水平角。改正完毕，应进行检查测量，以防有误。

7.2.3　高程的测设方法

1. 测设一点的设计高程

将点的设计高程测设到实地上，是根据附近的水准点，用水准测量的方法，按两点间已知的高差来进行的。

如图 7-6 所示，已知水准点 A 的高程 H_A，欲在 B 点的木桩上测设出设计高程为 H_B 的位置。测设时将水准仪安置在 A、B 之间，在 A 点上立水准尺，后视 A 尺并读取读数 a，计算前视 B 尺应有的读数 b：

$$b = H_A + a - H_B \qquad (7-6)$$

将水准尺沿木桩侧面上下移动，至尺上读数等于 b 时，在尺底画一横线，此线位置就是设计高程的位置。

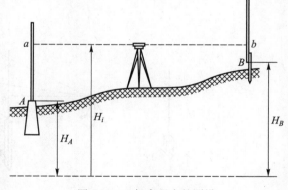

图 7-6　已知高程点的测设

2. 高程传递测设

当所测设点的高程与已知点的高程相差较大时，用一般的水准测量方法比较困难，此时，可用悬挂钢尺来代替水准尺引测高差，将高程传到低处或高处。

如图 7-7a 所示，将地面 A 点的高程传递到深坑（基础壕沟）内 B 点，在坑边设置木杆，杆端悬挂经过检定的钢尺，零点在下端并挂 10 kg 重锤，将钢尺拉直放入油桶内减少摆动，在地面和坑内分别安置水准仪，瞄准水准尺和钢尺，其读数如图，则：

$$H_B = H_A + a - (b - c) - d \qquad (7-7)$$

如图 7-7b 所示将地面点高程传递到高层建筑物上的方法与上述方法基本相同，在木杆上悬挂钢尺加重锤，分别安置水准仪读数后，任一层上的 B 点高程为：

$$H_B = H_A + a + (c_i - b) - d_i \qquad (7-8)$$

上式中，求 H_{B1}，则用 c_1、d_1 代入，求 H_{B2} 时，则用 c_2、d_2 代入。

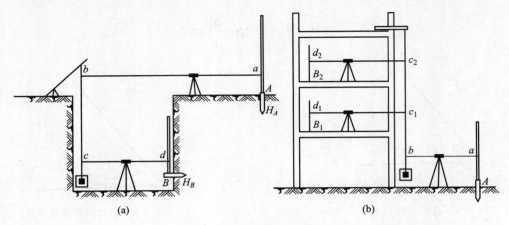

图 7-7 高程传递测设

为了进行校核,改变钢尺悬挂位置,两次之差应在规定范围内。

3. 水平面测设

在平整场地、基础施工和结构安装等施工中,往往需要测设若干个高程相等的点的高程,俗称抄平测量。如图 7-8 所示,在地面按一定的长度打方格网,方格网点用木桩标定。安置水准仪后视水准点 A,其尺上读数为 a,则仪器视线高程 $H_{视} = H_A + a$,依次在各木桩侧面立尺并上下移动,使各木桩顶的尺上读数都为 $b = H_{视} - H_0$,H_0 为水平面的设计高程。此时各桩处尺底部的高程均为 H_0,用红线标定出来,即为要测设的水平面。

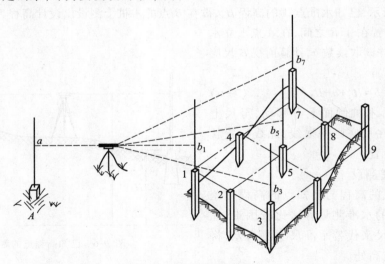

图 7-8 场地抄平测设

7.3 点的平面位置测设

在施工现场,工程建筑物的形状和大小要通过其特征点在实地表示出来,这就需要进行点位的测设。测设点的平面位置的方法主要有极坐标法、直角坐标法、角度交会法、距离交会法等。测设点的平面位置的仪器有经纬仪、全站仪和 GPS。测设方法应根据施工控制网点的分布、设计图纸的要求、现场情况、精度要求及仪器设备等情况进行选择。

7.3.1 极坐标法

如建筑场地控制网为导线,由导线点至测设点的距离较近,易于丈量,则采用极坐标法比较适宜。如图 7-9 所示,A、B 为控制点,P 点为欲测设的点,其坐标均为已知(P 的设计坐标一般在设计图纸上由设计人员给出)。用极坐标法放样的步骤如下:

（1）计算放样数据 β 和 D:

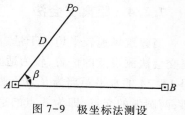

图 7-9　极坐标法测设

$$\left.\begin{aligned} \alpha_{AP} &= \arctan \frac{y_P - y_A}{x_P - x_A} \\ \alpha_{AB} &= \arctan \frac{y_B - y_A}{x_B - x_A} \\ \beta &= \alpha_{AB} - \alpha_{AP} \\ D &= \frac{y_P - y_A}{\sin \alpha_{AP}} = \frac{x_P - x_A}{\cos \alpha_{AP}} \end{aligned}\right\} \tag{7-9}$$

（2）将经纬仪安置在 A 点,以 B 点定向,拨 β 角得 AP 方向。

（3）沿 AP 方向放样长度 D,在地面标出设计点 P。

为了避免出现差错,无论是放样数据的计算还是在实地上放样的点位,都必须具有可靠的检核。例如,在计算放样数据时采用两人分别独立计算,或用不同公式计算;用重复放样、加测某个元素或由不同控制点为放样依据等方法来检核放样的点位。如需用极坐标法精确放样 P 点,则可用归化法放样角度 β 和长度 D。

7.3.2 直角坐标法

若施工平面控制网为互相垂直的主轴线或建筑方格网,则宜选用直角坐标法测设点位。

如图 7-10 所示,OA,OB 为相互垂直的两条轴线,建筑物特征点 P 的坐标在设计图纸上可以确定,若将 P 点测设到实地上,首先要求出 P 点与 O 点的坐标增量,即

$$PM = \Delta x = x_P - x_O$$

$$PN = \Delta y = y_P - y_O$$

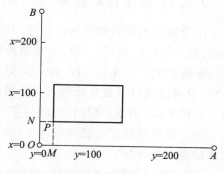

图 7-10　直角坐标法测设

测设时,将经纬仪安置于 O 点,瞄准 A 点,在此方向上用钢尺量 Δy 得 M 点;再将仪器置于 M 点,瞄准 A 点,向左测设 90°,沿此方向用钢尺量 Δx,即得 P 点。

7.3.3 角度交会法

当测设点与控制点之间不能或者难以量距时,常采用角度交会法。如图 7-11 所示,1、2、3 为三个控制点,A 点为欲测设的点,首先根据 A 点的设计坐标和三个控制点的坐标,计算测设数据 α_1、β_1 及 α_2、β_2。然后分别于 1、2、3 三个点上安置经纬仪,以 α_1、β_1 及 β_2 交会出 A 点的位置,并在 A 点附近沿 $1A$、$2A$、$3A$ 方向各打两个小木桩,桩顶钉一小钉,拉一细线,以示 $1A$、$2A$、$3A$ 方向线,见图 7-11。由于放样有误差,三条方向线不相交于一点,形成一个三角形,称为示误三角形,

如果示误三角形内切圆半径不大于 1 cm,最大边长不大于 4 cm 时,可取内切圆的圆心作为 A 点的正确位置。

测设时,交会角 γ 的大小一般应为 60°～120°。

7.3.4　距离交会法

当建筑场地较平坦易于量边,而且测设点距离控制点不超过一钢尺长,由两段已知距离按距离交会法测设点的位置,较为适宜。如图 7-12 所示,1、2 为控制点,A 为欲测设的点,根据坐标算得 1A、2A 的水平距离为 d_1、d_2,测设时,以控制点 1、2 为圆心,分别以 d_1、d_2 为半径在地面上作圆弧,两圆弧的交点,即为 A 点的平面位置。

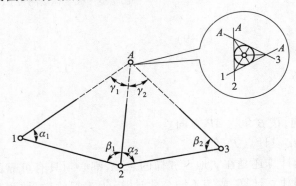

图 7-11　角度交会法

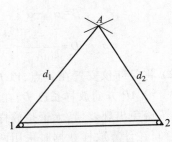

图 7-12　距离交会法

7.3.5　全站仪测设法

用全站仪测设点的平面位置时,只要提供坐标即可进行放样,其操作简便,不需要计算设计数据,现已被广泛应用。点位坐标值可以通过 AutoCAD 中的 .dwg 格式的平面设计图,在图中采集需要测设的点位坐标,并生成一定格式的坐标数据文件,将坐标数据文件上传到全站仪内存文件中;也可以通过键盘直接键入坐标数据,应用全站仪的坐标放样功能测设坐标数据文件中的点位。如图 7-13 所示,其操作过程如下:

(1) 全站仪架设在已知点 A 上(对中、整平),输入测站点 A 的坐标。

(2) 输入后视点 B 的坐标,进行后视定向,在定向确认前应仔细检查是否精确对中。

(3) 输入放样点 P 的坐标,仪器将显示瞄准放样点应转动的水平角和水平距离。

(4) 放样:首先切换至角度状态,旋转照准部显示水平角差值 ΔHR($\Delta HR = \beta_测 - \beta_算$),$\Delta HR = 0°00'00''$ 时,表示该方向即为放样点的方向。然后观测员指挥持镜人将棱镜安置在视准轴方向上。照准棱镜后切换至距离状态开始测量,显示测量距离与放样距离之差 ΔHD($\Delta HD = D_测 - D_算$)。当 $\Delta HR = 0$ 并且 $\Delta HD = 0$ 时,棱镜中心即为所放样的点位。

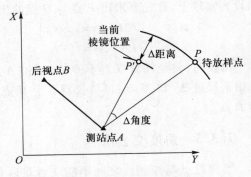

图 7-13　全站仪点位放样原理

(5) 投点:当 $\Delta HR = 0$ 并且 $\Delta HD = 0$ 时,就可以利用光学对中器向地面投点。

（6）检核：重新检查仪器的对中、整平和定向,然后测定放样点的坐标,并将测定值与设计值进行比较,确保较差满足精度要求。

若需要放样下一个点位,只要重新输入或调用待放样点的坐标即可,按下放样键后,仪器会自动提示旋转的角度和移动的距离。用全站仪放样点位,可事先输入气象元素,即现场的温度和气压,仪器会自动进行气象改正。

7.3.6　GPS-RTK 测设法

利用 GPS-RTK 进行点放样详见第五章 5.5（三）。施测步骤如下:

1. 收集测区的控制点资料

首先要收集测区的控制点坐标资料,包括控制点的坐标、等级、中央子午线、坐标系等。

2. 求定测区转换参数

GPS-RTK 测量是在 WGS-84 坐标系中进行的,而各种工程测量和定位是在当地坐标系或我国的 1954 年北京坐标系或 1980 年西安坐标系上进行的,这之间存在坐标转换的问题。GPS 静态测量中,坐标转换是在事后处理的,而 GPS-RTK 是用于实时测量的,要求立即给出当地的坐标,因此,坐标转换工作更显重要。

3. 工程项目参数设置

根据 GPS 实时动态差分软件的要求,应输入的参数有当地坐标系的椭球参数、中央子午线、测区西南角和东北角的大致经纬度、测区坐标系间的转换参数、放样点的设计坐标。

4. 野外作业

将基准站 GPS 接收机安置在参考点上,打开接收机,除了将设置的参数读入 GPS 接收机外,还要输入参考点的当地施工坐标和天线高,基准站 GPS 接收机通过转换参数将参考点的当地施工坐标转化为 WGS-84 坐标,同时连续接收所有可视 GPS 卫星信号,并通过数据发射电台将其测站坐标、观测值、卫星跟踪状态及接收机工作状态发送出去。流动站接收机在跟踪 GPS 卫星信号的同时,接收来自基准站的数据,进行处理后获得流动站的三维 WGS-84 坐标,再通过与基准站相同的坐标转换参数将 WGS-84 转换为当地施工坐标,并在流动站的手控器上实时显示。接收机可将实时位置与设计值相比较,根据较差值来改变移动站位置,以达到准确放样的目的。

7.4　已知坡度线的测设

在修筑渠道、公路,敷设给水、排水管道等工程中,经常要在地面上测设给定的坡度线。如图 7-14 所示,A、B 为设计坡度线的两端点,若已知 A 点设计高程 H_A,设计坡度为 i_{AB},则可求出 B 点的设计高程 $H_B = H_A - i_{AB} \cdot D_{AB}$（坡度上升时取"+"号）,设附近有一水准点 M,其高程为 H_0。为了施测方便,每隔一定距离（一般取 $d = 10$ m）打一木桩,这些坡度线上细部点的测设,可根据坡度大小和场地条件不同,选用水平视线法和倾斜视线法。

7.4.1　水平视线法

（1）首先利用 7.2.3 所述高程的测设方法,根据附近水准点 M 高程,将设计坡度线两端点的设计高程 H_A、H_B 测设于地面上,并在地面上打入木桩。

（2）计算坡度线上各细部点的高程。

第 1 点：$H_1 = H_A - i_{AB} \cdot d$

第 2 点：$H_2 = H_A - i_{AB} \cdot 2d$

……

第 i 点：$H_i = H_A - i_{AB} \cdot id$

同法可以校核 B 点的设计高程，即

$$H_B = H_A - i_{AB} \cdot D_{AB} = H_A - i_{AB} \cdot (n+1)d \qquad (7\text{-}10)$$

式中：$D_{AB} = (n+1)d$。

（3）在与各点通视、距离相近的位置安置水准仪，后视水准点上的水准尺，读取读数（设为 a），计算仪器视线高程为 $H_视 = H_0 + a$。再根据坡度线上各细部点的设计高程，依次计算测设各细部点时的应读数，$b_{i应} = H_视 - H_i$。

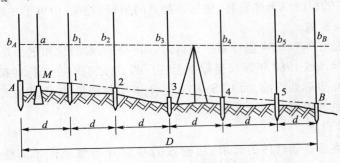

图 7-14   水平视线法

（4）水准尺依次贴靠在各木桩的侧面，上下移动尺子，直至水准尺读数为相应的读数 $b_{i应}$ 时，沿尺底在木桩上画一横线，该线即在 AB 坡度线上。也可以将水准尺立于桩顶上，读取前视读数 b_i'，再根据应读数和实际读数的差 $z = b_{i应} - b_i'$，用小钢尺自桩顶往下量取高度 z 划线即可（$b_{i应} - b_i' > 0$ 时，向下量取；$b_{i应} - b_i' < 0$ 时，说明桩顶低于坡度线，应重新设桩，使桩顶高于坡度线）。

7.4.2   倾斜视线法

设在地面上 A 点的设计高程为 H_A，现要求从 A 点沿 AB 方向测设出一条坡度 i_{AB} 为的直线，A、B 两点间的水平距离 D_{AB} 已知，则 B 点的设计高程应为 $H_B = H_A - i_{AB} \cdot D_{AB}$，然后按前述测设已知高程的方法把 A、B 点的设计高程测设在地面上，至此，AB 即为符合设计要求的坡度线。在细部测设时，需要在 AB 间测设同坡度线的中间点 1、2、3、…，如图 7-15 所示。具体做法如下：

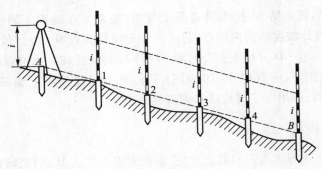

图 7-15   倾斜视线法

（1）同 7.4.1（1）。

（2）将水准仪安置在 A 点，并使其基座上的一只脚螺旋放在 AB 方向线上，另两只脚螺旋的连

线与 AB 方向垂直,量出仪器高 i,用望远镜瞄准立在 B 点的水准尺,并转动在 AB 方向上的脚螺旋,使十字丝的横丝对准水准尺上的读数为仪器高 i,这时仪器的视线即平行于所测设的坡度线。

（3）在 AB 中间各点 1、2、3、…的木桩上立尺,逐渐将木桩打入地下,直到水准尺上读数皆等于仪器高 i 为止。这样各桩桩顶的连线就是在地面上标定的设计坡度线。

如果测设坡度较大,超出水准仪脚螺旋所能调节的范围时,则可改用经纬仪进行测设。

思考题与习题

1. 放样方法与测图方法有何异同?
2. 放样过程中应遵循什么原则? 试举例说明。
3. 施工放样的任务是什么?
4. 工程施工放样工作对工程的施工质量和进度有何影响? 测量工作者怎样才能保证施工的正常进行?
5. 放样的元素有哪些? 如何进行放样?
6. 建筑物平面位置的放样方法有哪几种? 试问各种放样方法适用于何种情况?
7. 放样方法可分为哪几类? 其中哪一类放样方法的放样精度最高?
8. 绘图并说明极坐标法、直角坐标法和前交放样法的放样数据。写出其计算公式及放样步骤。
9. 绘图叙述放样高点或低点高程时的放样方法(已知高程点在附近地面上)。
10. 用极坐标法与直角坐标法放样有哪些异同点?
11. 如图所示,AD 的设计坡度 $i = -8‰$,已知地面点 A 的高程 $H_A = 120.00$ m,试绘图叙述放出坡度上的 B、C、D 三点的放样步骤。
12. 用光电测距仪在 B 点欲测设 $BP = 103.400$ m,在该直线上的一点 P' 安置反光镜,此时,光电测距仪显示 BP' 距离读数为 103.554 m,倾斜角为 $-3°28'36''$,计算得气象改正数为 8 mm,问 P' 点在该直线上向 B 点移动还是背向 B 点移动? 移动量为多少才能得到 P 点?
13. 槽底设计高程为 84.000 m,欲测设高出槽底设计高度 50 cm 高的水平桩。水准点 B 的高程为 $H_B = 88.415$ m,水准仪安置在如图所示的两个测站上,在水准点立尺读数,悬吊钢尺读数均注于图上,求水平桩上的应读前视读数为多少? 叙述放样方法。

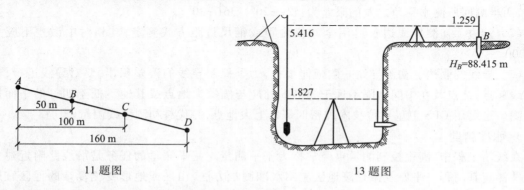

11 题图　　　　　　　　　　13 题图

14. 绘图叙述,利用全站仪测设点的平面位置的方法。
15. 简述利用 GPS-RTK 法测设点的平面位置的方法。

第八章 线路工程测量

线路工程测量是为铁路、公路、渠道、输电线路、管线及架空索道等线形工程所进行的测量工作。各种线形工程的勘测设计工作有许多共同之处,在众多的线形工程中,道路测量比较具有代表性,因此,本章以铁路、公路测量为重点,讲述线路测量的中线测量、纵横断面测量、公路施工测量、桥梁施工测量、管道施工测量和隧道施工测量等。

8.1 线路中线测量

一条线路的形成通常是经过线路调研(初步方案)、线路初测、初步设计、线路定测、施工设计、线路施工及验收等这些阶段过程最终建成的。本节介绍线路初测和线路定测的主要内容。

8.1.1 线路初测

线路初测阶段测量的主要工作是选线插旗、导线测量、水准测量和带状地形图测绘。

1. 选线插旗

选线插旗是由线路、地质、水文等方面的专业人员组成大旗组担任这项工作。其任务主要是根据初步方案研究阶段所选出的方案和标有线路位置的中、小比例尺地形图,在现场结合实情选定线路,并用大旗标明线路的走向和概略位置。

2. 导线测量

初测导线是测绘线路带状地形图和线路定测的基础。导线测量的主要工作有:

(1)测角。导线水平角观测均观测右角,采用测回法观测一测回。两半测回间应变动度盘位置,两半测回所测水平角之差的限差为:J2(±20″)、J6(±30″)。

(2)量边。初测导线边长可用全站仪测距或钢尺量距方式测定,其相对中误差不应大于1/2 000。

(3)导线的联测。初测导线一般延伸很长,为了控制导线的误差积累,要对导线进行检核。在导线起点、终点及在中间每隔不远于 30 km 处应与国家大地点或其他不低于四等的平面控制点联测。也可用 GPS 卫星定位技术加密四等以上大地点,并代替初测导线测量。

3. 水准测量

在线路工程中,高程控制测量也经常称为基平测量。基平测量的任务是沿线路附近建立水准点并测定其高程。平原及微丘陵地区应用水准测量方法,山区或地形变化复杂的地区宜用电磁波测距三角高程测量的方法进行高差测量。

水准点一般每隔 2 km 设置一个,遇有 300 m 以上的大桥、隧道、大型车站和重点工程地段应加设水准点。水准点应设在距线路 100 m 范围内坚固的建筑物或岩石上,并以红漆标绘清楚。

水准路线应附合在国家等级水准点上,线路较长时应不超过 30 km 与国家水准点联测一次,水准线路高程闭合差不许超过 $\pm30\sqrt{L}$ mm(L 为附合水准路线长度,单位为 km)。

4. 带状地形图测绘

由于铁路属于线状地物,因此,所测地形图应为带状,测图带的宽度与测图比例尺、地形的复杂程度有关。其测绘方法与普通地形图测绘相似。

8.1.2 线路定测

定测阶段测量的主要工作是定线测量、中线测量、纵断面测量和横断面测量。

1. 定线测量

经过初步设计,将图纸上设计的线路位置测设于实地(或实地直接选定)的测量工作,称为定线测量。常用的测设方法有支距穿线法、拨角放线法、全站仪极坐标法和 GPS−RTK 定位法等。

(1) 支距穿线法

1) 准备放样数据。在带状地形图上,根据初测导线与图纸上线路中心线的关系,选择定测中线点,其点位要选在地势较高的地方以便互相通视,每条直线上至少要选择三点,以便检核。如图 8-1 所示,$C_{11}\sim C_{16}$ 为初测导线点;$JD_1\sim JD_3$ 为设计线路中心线的交点。由导线点作垂直于导线边的垂线与线路中心线相交,得定测中线点 ZD_9、ZD_{10}、$\cdots$、ZD_{14},然后量取初测导线点与定测中线点间的垂线长(即支距),如 $d_{10}\sim d_{14}$,再根据比例尺将图上量取的支距换算成实地距离。

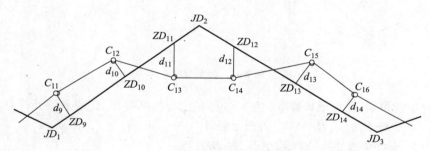

图 8-1 支距法

2) 放样。在现场找到相应的各导线点,根据导线边定向,并测设直角,沿此方向测设支距即可放样出线路的各中线点 ZD_9'、ZD_{10}'、$\cdots$、ZD_{14}'等。

3) 穿线。由于测量有误差,使所放样的位于同一条设计直线上的各点一般不共线,应将它们调整到一条直线上,这项工作叫穿线。如图 8-2 所示,将经纬仪安置在点 ZD_{10}',照准点 ZD_9',倒转望远镜,若视线通过点 ZD_{11}',则这三点共线。否则,依据点 ZD_{11}' 偏离视线的方向及距离,等量调整这三点,并将仪器安置在调整后的点 ZD_{10},按照上述方法检查点 ZD_9、ZD_{10}、ZD_{11} 是否共线,若不共线继续调整,直至符合要求为止。

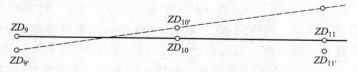

图 8-2 穿线

4）求交点。如图8-3所示,用经纬仪延长直线段 $ZD_{10} \sim ZD_{11}$,在交点前后各钉设骑马桩 a、b,同理定出 c、d 桩。则 ab 连线与 cd 连线交点即为所求线路的交点 JD_2,并在交点处钉木桩,桩顶与地面基本齐平。为寻找方便,要求在交点旁边转折方向的外侧约 30 cm 处钉标志桩,在标志桩上写明点号和里程。

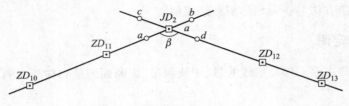

图 8-3　求交点

（2）拨角放线法

采用此法放样时,首先在线路平面设计图上,图解求出各交点坐标,然后利用坐标反算求出相邻两交点间的距离 L 和两相交直线的交角 β。如图8-4所示,$\beta_0 \sim \beta_4$、$L_0 \sim L_3$ 为所求出的放样数据,在初测导线点 C_{11} 置站,以 C_{12} 定向,用极坐标法放样交点 JD_1;在点 JD_1 置站,以 C_{11} 定向,用极坐标法放样交点 JD_2;如此,依次放样后续的各交点。

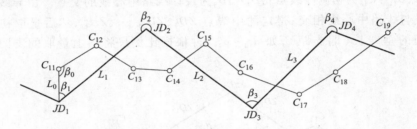

图 8-4　拨角放线

为了减少误差积累,在连续放样 5~10 km 以后,应与初测导线点(或航测外控点、GPS 点)联测进行检核。如图8-5所示,$JD_3 \sim JD_5$ 为图上设计的交点,JD_3'、JD_4' 为拨角放线法放样的交点,将 JD_4' 联测到初测导线点 C_{18} 上。检查:实测的水平角 β 和通过设计坐标计算的 β 之差不要超过 $\pm 25'' \sqrt{n}$(n 为本条联测导线的边数),实测 JD_4' 至点 C_{18} 的距离与其设计长度之差的相对误差不要超过 1/3 000。若超限不符合要求,则应查找原因纠正放线点位;若不超限,则可不调整已放样的点位,依据实际测定的交点 JD_4' 的坐标和后续点的坐标,继续依次放样后续点。

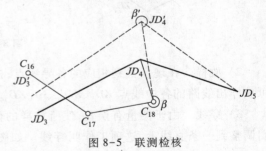

图 8-5　联测检核

（3）全站仪极坐标法和 GPS-RTK 法

全站仪极坐标法放样参见第七章。用 GPS-RTK 放样交点时,先将基准站架设在位置较好的已知点上,启机并输入基准站点的信息(如点名、坐标等),查看基准站是否正常工作;然后启机流动站,调用点位放样功能并输入拟放样交点的点名、坐标等,依据显示提示,行进、移动、测定,并且要注意接收 GPS 卫星、基准站的信号以及精度因子等。测设出交点位置,再实际测定所测设的位置,并予保存。

2. 中线测量

中线测量是沿选定的中线测量转角,测设中桩,定出线路中线(或实地选定线路中线)平面位置的测量工作。

1)测定交角计算转向角。交点放样后,即可测定两直线的交角。测角所用的仪器、施测方法和限差要求同初测导线的测角要求。测定交角之后,即可计算转向角 α,其计算公式如下:

$$左转向角\ \alpha_{左} = \beta_{右} - 180°(\beta_{右} > 180。)$$
$$右转向角\ \alpha_{右} = 180° - \beta_{右}(\beta_{右} < 180。)$$

2)中桩测量。中桩测量就是沿着线路中线方向按照规定的距离及结合实地的情况测设里程桩,里程桩分为整桩和加桩。里程是规定距离整数倍的里程桩,称为整桩;非整数倍的,称为加桩。桩号用里程表示,并且在千米和百米之间用加号连接,如某桩点里程为5 143.27m,则其桩号为 K5+143.27。直线地段的中桩测量也称量距打桩,其方法比较简单,此处不再详述;曲线地段的中桩测量,经常称为曲线测设。曲线测设涉及的内容较多,将在 8.2 节中给以详述。

8.2 曲 线 测 设

道路是由直线和曲线组成的。为确保车辆的运行安全,当线路由一个方向转为另一个方向时需加设曲线。道路曲线分为平面曲线和立面曲线。在铁路及公路中常用的平面曲线有圆曲线、缓和曲线、回头曲线、复曲线、反向曲线等,如图 8-6 所示。另外,因受地形起伏影啊,当相邻两路段坡度值的代数差超过一定值时,在变坡点处要用曲线连接,这种曲线称为竖曲线。

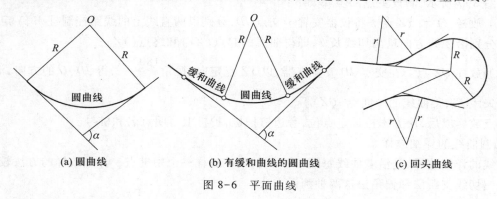

(a) 圆曲线   (b) 有缓和曲线的圆曲线   (c) 回头曲线

图 8-6 平面曲线

8.2.1 圆曲线测设

如图 8-7 所示,在测设圆曲线时,常规方法是先测设圆曲线的起点(ZY)、曲中点(QZ)及终点(YZ)这三个主点;再以主点为依据,详细地测设整条曲线。

1. 圆曲线元素计算

圆曲线元素有 2 个主元素和 4 个计算元素。圆曲线的主元素包括圆曲线半径 R 和线路转向角 β;计算元素有切线长 T、曲线长 L、外矢距 E_0 及切曲差 q,它们都可用 R、β 给以表达,具体为

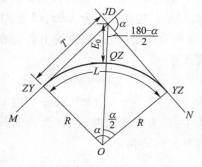

图 8-7 圆曲线

$$
\left.
\begin{aligned}
T &= R\tan\frac{\alpha}{2} \\
L &= R\alpha\,\frac{\pi}{180°} \\
E_0 &= R\left(\sec\frac{\alpha}{2}-1\right) \\
q &= 2T-L
\end{aligned}
\right\}
\tag{8-1}
$$

[例 8-1]

已知：$\alpha = 12°10'$，$R = 700$ m，求圆曲线各元素。

解：$T = 700\ \text{m}\cdot\tan\dfrac{12°10'}{2} = 74.60\ \text{m}$

$L = \dfrac{\pi}{180°}\times 700\ \text{m}\times 12°10' = 148.64\ \text{m}$

$E_0 = 700\ \text{m}\times\left(\sec\dfrac{12°10'}{2}-1\right) = 3.96\ \text{m}$

$q = 2\times 74.6\ \text{m}-148.64\ \text{m} = 0.56\ \text{m}$

2. 圆曲线主点放样

如图 8-7 所示，测设主点的步骤如下：

（1）放样 ZY 和 YZ 点。将仪器安置于交点 JD，分别以两直线上的线路控制桩 M、N 定向，自交点起分别沿视线方向量出切线长 T，即得曲线的起点（ZY）和终点（YZ）；

（2）放样 QZ 点。在交点 JD 安置仪器，以 YZ 点定向，拨角 $\dfrac{180°-\alpha}{2}$，得 JD-O 的方向，沿此方向量外矢距 E_0，得曲线的中间点（QZ）。

主点放样以后，用方木桩标定点位，旁边钉护桩，护桩上写明点名和桩号。

3. 圆曲线的详细放样

曲线的详细放样，是沿着曲线每隔 10 m 或 20 m 放样一个中桩点。详细放样的方法较多，下面仅介绍切线支距法和偏角法这两种测设方法。

（1）切线支距法

如图 8-8 所示，建立以圆曲线起点 ZY（或终点 YZ）点为坐标原点，切线方向为 X 轴，以过 ZY（或 YZ）点的半径方向为 Y 轴的直角坐标系，圆曲线上各点在坐标系中的坐标可按下式计算：

$$
\left.
\begin{aligned}
X_i &= R\sin\varphi_i \\
Y_i &= R-R\cos\varphi_i = R(1-\cos\varphi_i)
\end{aligned}
\right\}
\tag{8-2}
$$

式中：R 为圆曲线半径；φ_i 为圆曲线起点至第 i 点的曲线长所对的圆心角。

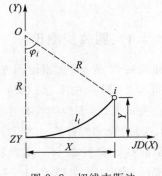

图 8-8　切线支距法

[例 8-2]

已知 $\alpha = 12°10'$，$R = 700$ m，交点 JD 的里程为 K6+253.46。若自 ZY 点起每 10 m 放样一点，求放样各细部点的坐标。

计算见表 8-1。

表 8-1 切线支距法测设圆曲线各点坐标计算表

点名	曲线长	里程	坐标值		备注
			X	Y	
ZY	0	DK6+178.86	0	0.00	
1	10	DK6+188.86	10	0.07	
2	20	DK6+198.86	20	0.29	
3	30	DK6+208.86	29.99	0.64	$\alpha = 12°10'$
4	40	DK6+218.86	39.98	1.14	$R = 700$ m
5	50	DK6+228.86	49.96	1.79	$T = 74.60$ m
6	60	DK6+238.86	59.93	2.57	$L = 148.64$ m
7	70	DK6+248.86	69.88	3.50	$E_0 = 3.96$ m
QZ	74.32	DK6+253.18	74.18	3.94	$q = 0.56$ m

切线支距法放样步骤如下：

1）在 ZY 点安置经纬仪，以切线方向定向，沿此视线方向量 x_i，定各垂足点。

2）在各垂足处测设直角，沿垂线方向量出相应的 y_i 值，即得曲线上各点。

3）在 YZ 点安置仪器，以同样方法放样另一半曲线。

由于直角坐标法不能自行检核，因此，要实量曲线上相邻点间的距离进行检核。

（2）偏角法

圆曲线弦线与切线的弦切角称为偏角 δ。如图 8-9 所示，弦切角等于对应圆心角的一半。因此，偏角可按下式计算，即

$$\delta_i = \frac{i\varphi}{2} = \frac{ia}{2R} \cdot \frac{180°}{\pi} \qquad (8-3)$$

式中：a——圆曲线上各点间的弧长，通常点与点间弧长相等且为定值；

φ——弧长 a 所对应的圆心角。

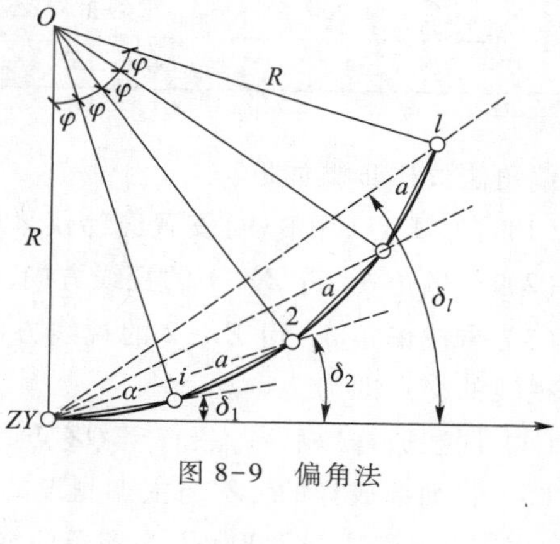

弦长 c_i 可按下式计算，即

图 8-9 偏角法

$$c_i = 2R \cdot \sin\frac{i\varphi}{2} \qquad (8-4)$$

曲线上各点的偏角之间有下列关系:

$$
\left.
\begin{aligned}
\delta_1 &= \frac{\varphi}{2} = \frac{a}{2R} \cdot \frac{180°}{\pi} \\
\delta_2 &= \frac{2\varphi}{2} = 2\delta_1 \\
&\cdots\cdots \\
\delta_i &= \frac{i\varphi}{2} = i\delta_1
\end{aligned}
\right\}
\tag{8-5}
$$

[例 8-3]

已知 $\alpha = 12°10'$,$R = 700$ m,交点 JD 里程为 DK6+253.46,若每 10 m 放样一点,试求放样各曲线点所需的偏角值。

计算见表 8-2。

表 8-2   偏角法测设圆曲线各点偏角计算表

点名	曲线长	里程	偏角		备注
			正拨	反拨	
			° ′ ″	° ′ ″	
ZY	0	DK6+178.86	0 00 00	360 00 00	
1	10	DK6+188.86	0 24 33	359 35 27	
2	20	DK6+198.86	0 49 07	359 10 53	
3	30	DK6+208.86	1 13 40	358 46 20	$\alpha = 12°10'$
4	40	DK6+218.86	1 38 13	358 21 47	$R = 700$ m
5	50	DK6+228.86	2 02 46	357 57 14	$T = 74.60$ m
6	60	DK6+238.86	2 27 20	357 32 40	$L = 148.64$ m
7	70	DK6+248.86	2 51 53	357 08 07	$E_0 = 3.96$ m
QZ	74.32	DK6+253.18	3 02 29	356 57 31	$q = 0.56$ m

偏角法放样步骤如下:

(1)在 ZY 点(图 8-9)安置经纬仪,以切线方向定向,水平度盘读数对零。

(2)拨偏角 δ_1,得 ZY-1 的视线方向,沿视线方向自 ZY 点量取 a 得曲线的第一点。

(3)再拨偏角 δ_2,得 ZY-2 的视线方向,从第一点起量 a 并使其末端落在视线上,则 a 的末端与视线的交点即为 2 点。

(4)同法放样以后各点,直至 QZ 点,并设细部放样曲中点为 QZ'。

(5)若细部放样的 QZ' 与主点测设的 QZ 点不一致,设其间距为 f。当 f 在切线方向的分量(纵向误差)不超过 $L/2\,000$(L 为整条曲线长),在半径方向的分量(横向误差)不超过 0.1 m 时,各点测设合格,但需要调整改正。调整的方向均是平行于 QZ' 向着 QZ 点的方向,改正的距离与点所在位置处曲线长度成正比例分配。

(6)同理同法放样另一半曲线。

8.2.2 有缓和曲线的曲线放样

1. 缓和曲线

缓和曲线是在直线与圆曲线、圆曲线与圆曲线之间设置曲率半径连续渐变的曲线。

（1）缓和曲线的半径。缓和曲线上任意一点的曲率半径 R' 与该点至曲线起点的长度 l 成反比，即

$$R' = \frac{c}{l} \tag{8-6}$$

式中：c——缓和曲线的半径变更率，是一个比例常数。

当 l 为整条缓和曲线长 l_0、连接的圆曲线半径为 R 时，则

$$c = Rl_0 \tag{8-7}$$

（2）缓和曲线上各点的坐标计算。计算公式为

$$\left.\begin{array}{l} x = l - \dfrac{l^5}{40c^2} + \cdots = l - \dfrac{l^5}{40R^2 l_0^2} + \cdots \\[2mm] y = \dfrac{l^3}{6c} + \cdots = \dfrac{l^3}{6Rl_0} + \cdots \end{array}\right\} \tag{8-8}$$

2. 有缓和曲线的曲线测设

（1）有缓和曲线的曲线元素及其计算

如图 8-10 所示，有缓和曲线的曲线元素有：切线长 T、曲线长 L、外矢距 E_0、切曲差 q。其计算公式为

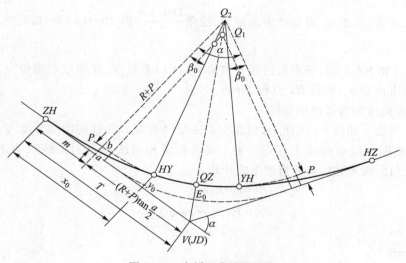

图 8-10 有缓和曲线的曲线

$$\left.\begin{array}{l} T = m + (R+P)\tan\dfrac{\alpha}{2} \\[2mm] L = 2l_0 + (\alpha - 2\beta_0)\dfrac{\pi}{180°}R = l_0 + \alpha\dfrac{\pi R}{180°} \\[2mm] E_0 = (R+P)\sec\dfrac{\alpha}{2} - R \\[2mm] q = 2T - L \end{array}\right\} \tag{8-9}$$

式中：α——线路转向角；

$\quad\quad R$——圆曲线半径；

$\quad\quad l_0$——缓和曲线长；

$\quad\quad m$——切垂距；

$\quad\quad P$——内移距；

$\quad\quad \beta_0$——缓和曲线的转向角。

m、P 和 β_0 称为缓和曲线的常数，可按下式计算：

$$\left.\begin{array}{l} m = \dfrac{l_0}{2} - \dfrac{l_0^3}{240R^2} + \cdots \\[3mm] P = \dfrac{l_0^2}{24R} - \dfrac{l_0^4}{2\,688R^3} + \cdots \\[3mm] \beta_0 = \dfrac{l_0}{2R} \end{array}\right\} \tag{8-10}$$

（2）曲线主点放样

如图 8-10 所示，有缓和曲线的曲线主点有：直线与缓和曲线的连接点，称直缓（ZH）点；缓和曲线与圆曲线的连接点，称缓圆（HY）点；圆曲线与缓和曲线的连接点，称圆缓（YH）点；缓和曲线与直线的连接点，称缓直（HZ）点；曲线的中点，称曲中（QZ）点。

曲线放样时应首先放样其主点。主点的放样步骤如下：

1）在 JD 点安置仪器，分别以两切线方向定向，沿视线方向各量切线长 T，标定 ZH 点、HZ 点；

2）经纬仪在 JD 点不动，以切线方向定向，拨角 $\dfrac{180° - \alpha}{2}$，得 JD-O 的方向，沿此方向量外矢距 E_0，定 QZ 点；

3）由 ZH 点和 HZ 点起，分别沿切线方向量 x_0，定出垂足点，在垂足点测设直角得切线的垂线方向，沿垂线方向量 y_0，即得 HY 点和 YH 点。

（3）有缓和曲线的曲线详细放样

1）切线支距法。如图 8-11 所示，切线支距法放样有缓和曲线的曲线步骤与切线支距放样圆曲线的步骤相同。缓和曲线上任意一点（该点至缓和曲线起点的曲线长为 l）的坐标值按式（8-8）计算；圆曲线部分的坐标值按下式计算：

$$\left.\begin{array}{l} x = m + R\sin\varphi_i \\[2mm] y = P + R(1 - \cos\varphi_i) \end{array}\right\} \tag{8-11}$$

式中：$\varphi_i = \beta_0 + \dfrac{180°}{\pi R}(l_i - l_0)$。

2）偏角法。采用偏角法详细测设有缓和曲线的曲线，通常是由 ZH（或 HZ）点起放样缓和曲线部分；再由 HY（或 YH）点起放样圆曲线部分。曲线上各点的偏角值的计算可分为缓和曲线部分的偏角值和圆曲线部分的偏角值。

缓和曲线部分的偏角值计算：如图 8-12 所示，缓和曲线上任意一点 i 的偏角 $\delta_i = \tan\delta_i = \dfrac{y_i}{x_i}$。因为 δ_i 很少，将式（8-8）中 x、y 只取第一项，则

$$\delta_i = \dfrac{l_i^2}{6Rl_0} \tag{8-12}$$

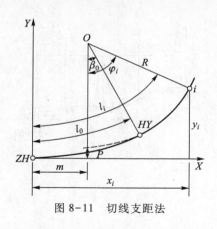

图 8-11　切线支距法

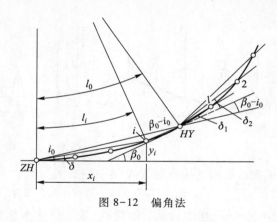

图 8-12　偏角法

圆曲线部分的偏角值计算：圆曲线部分的放样是在 HY（或 YH）点安置经纬仪，以该点的切线方向定向，所拨圆曲线上各点的偏角值按式（8-3）计算。

偏角法测设有缓和曲线的曲线原理，与偏角法测设单圆曲线的原理一致，此处不再赘述。

8.3　线路纵横断面测量

8.3.1　线路纵断面测量

纵断面测量是测量线路中线方向的平面配置和地面上各点的起伏形态的工作。在绘制纵断面图之前必须进行线路的纵断面测量，即中线水准测量，包括基平测量和中平测量。其水准测量作业方法及精度要求与初测阶段相同。

1. 水准测量

（1）基平测量。基平测量应尽量采用初测水准点的高程资料。对于被破坏或将受施工影响的点位，以及距离定线路较远的点位应重新埋设。对于水准点密度不能满足工程要求的地段要增设新的水准点，组成新的水准线路进行水准测量。定测时如果采用初测时布设的水准点，要对初测水准点逐一检测，若水准点间高程闭合差不超过 $\pm 30\sqrt{L}$ mm（L 为相邻水准点间线路长，km），则仍采用初测成果；若超过要求，则应重新往返观测，并对水准路线进行平差计算，推算各点高程。

（2）中平测量。中平测量是沿着线路中心线的方向，测定线路中桩点（整桩和主要的加桩，如控制桩、地形加桩等）的地面高程，以便绘制线路的纵断面图。

中线水准测量应附合在水准点上，并作往返观测或两组一次往测，其闭合差不应大于 $\pm 50\sqrt{L}$ mm（L 为水准路线长，km）。同一桩两次测量不符值不应大于 10 cm，满足要求后，取第一组测量结果。

中平测量常用工程水准测量方法，即在水准点与转点、转点与转点间用水准测量方法测定高差，而在一个测站内则用中视法（也称视线高法）测定中间点（中视点）的地面高程。如图 8-13 所示，由 $BM_1\rightarrow K1+100\rightarrow C_1\rightarrow C_2\rightarrow C_3$ 按水准测量法测定高差，在各点处水准尺的读数应读到 mm 位；在第 2 站内，在中桩点 K1+145.00、K1+200.00 这些中视点的地面上竖立水准尺，读取中视读数到 cm 位，再由视线高程（后视点高程与后视读数之和）减去中视读数，即得相应中视点的高程。第 3 站的 K1+272.00、K1+300.00，第 4 站的 K1+400.00、K1+500.00 都是用这种中视法测定相应点高程的。中平测量记录、计算的格式见表 8-3。

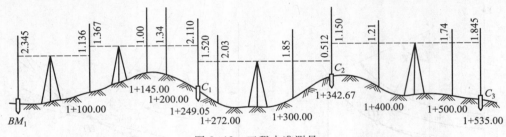

图 8-13　工程水准测量

任意一站的视线高程按式(8-13)计算,即

$$H_{视} = H_{后} + a \tag{8-13}$$

式中:$H_{后}$——后视点调整后的高程(表 8-3 中未调整);

　　　a——后视读数。

表 8-3　工程水准测量记录计算表

桩号	里程	读数			视线高	计算高	调整高程
		后视	中视	前视			
BM_1		2.345			82.345		80.000
	K1+100	1.367		1.136	82.576	81.209	
	K1+145.00		1.00			81.576	
	K1+200.00		1.34			81.232	
C_1	K1+249.05	1.520		2.110	81.986	80.466	
	K1+272.00		2.03			79.956	
	K1+300.00		1.85			80.136	
C_2	K1+342.67	1.150		0.512	82.624	81.474	
	K1+400.00		1.21			81.414	
	K1+500.00		1.74			80.884	
C_3	K1+535.05			1.845		80 779	

各站内中视点的高程按式(8-14)计算,即

$$H = H_{视} - b \tag{8-14}$$

式中:H——计算点高程;

　　　b——计算点标尺读数。

[例 8-4]

　　如图 8-13 中的第 2 站,K1+100.00 标桩与 C_1 点之间的仪器视线高程为:

$$H_{视} = H_{后} + a = 81.209 \text{ mm} + 1.367 \text{ mm} = 82.576 \text{ mm}$$

中视点 CK1+145.00 标桩的高程为

$$H = H_{视} - b = 82.576 \text{ mm} - 1.00 \text{ mm} = 81.576 \text{ mm}$$

若是附合水准线路,在计算高程前应首先计算闭合差。当闭合差满足要求后,则按普通水准测量平差法求算各转点高程,然后根据各转点高程,推求视线高,从而计算出各中视点的高程,中

视点的高程取至厘米。表 8-3 为节录的中平测量的一部分,未计算调整后的高程。

2. 线路纵断面图的绘制

纵断面图是表示线路中线方向的平面配置和地面起伏的剖面图。图 8-14 所示为线路纵断面图,图面分上下两部分,下部为里程标桩、地面标高、线路平面、设计坡度、路肩设计标高;上部为线路纵断面情况,其中包括线路地面纵断面、设计纵断面、桥涵位置和站场分布等。此图横向(即水平方向)表示点沿着线路中心线方向至起点的长度,纵向(即竖直方向)表示点的高程。为了明显地表示地面的起伏,方便纵断面设计,水平方向的比例尺通常取 1 : 1 000 ～ 1 : 5 000,高程方向的比例尺通常取 1 : 100 ～ 1 : 500,即地面起伏被夸大 5 倍或 10 倍。

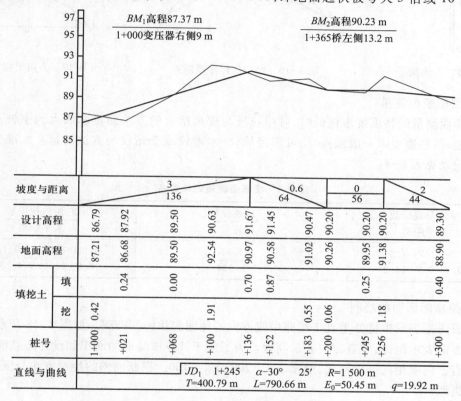

坡度与距离	$\frac{3}{136}$				$\frac{0.6}{64}$		$\frac{0}{56}$		$\frac{2}{44}$	
设计高程	86.79	87.92	89.50	90.63	91.67	91.45	90.47	90.20	90.20	90.20	89.30
地面高程	87.21	86.68	89.50	92.54	90.97	90.58	91.02	90.26	89.95	91.38	88.90
填挖土　填		0.24	0.00		0.70	0.87			0.25		0.40
填挖土　挖	0.42			1.91			0.55	0.06		1.18	
桩号	1+000	+021	+068	+100	+136	+152	+183	+200	+245	+256	+300
直线与曲线	JD_1　1+245　α-30°　25′　R=1 500 m　T=400.79 m　L=790.66 m　E_0=50.45 m　q=19.92 m										

图 8-14 纵断面图

8.3.2 线路横断面测量

横断面测量是测量中桩处(含附近处)垂直于线路中线方向上地物、地貌形态的测量工作。横断面测量的密度和宽度应根据工程设计的需要而定。一般在曲线控制点、千米标、百米标和线路纵向、横向地形明显变化处均应测绘横断面图。在横断面附近处有重要的地物、地形变化时,需要投影到横断面上一并测量。

1. 线路横断面方向的确定

直线地段中桩点的横断面方向与线路中线的方向垂直,曲线地段中桩点的横断面方向与该点处切线的方向垂直。标定横断面的方向可用经纬仪和方向架(图 8-15)标定。

当用经纬仪标定曲线段某点处的横断面时,可用偏角法标定。如图 8-16 所示,在 B 点安置经纬仪,以选取的 A(或 C)点为后视,再根据 AB(或 BC)弧长计算出偏角 δ_2(或 δ_1)。然后顺拨

$90°+\delta_2$(或 $90°-\delta_1$),即可得 B 点处的横断面方向。

当采用方向架标定圆曲线上某点 B 处的横断面方向时,如图 8-17 所示,首先在圆曲线上选定 A、C 两点,必须使 $AB=BC$,在 B 点设置方向架,分别以 A 点和 C 点定向,放出 a 点和 b 点,此时要求 $aB=bB$,然后标定出 ab 连线的中点 m,则 Bm 方向即为 B 点的横断面方向。

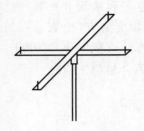

图 8-15 方向架

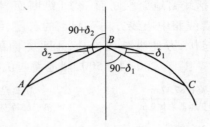

图 8-16 经纬仪标定横断面

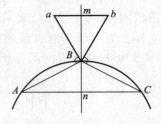

图 8-17 方向架标定横断面

2. 线路横断面测量

当横断面测量的精度要求偏低时,可用花杆与皮尺结合的方法测量断面点到中桩点的水平距离和高差;当精度要求一般或高时,可用经纬仪、水准仪或全站仪的方法测量。水准仪法测量横断面的记录见表 8-4。

表 8-4 横断面测量记录表格

左侧前视读数 水平距离			后视读数 桩号	右侧前视读数 水平距离			
1.56	1.79	1.35	1.87	0.94	1.69	1.49	1.80
9.3	7.7	11.2	1+134	8.0	12.1	9.4	3.4

3. 线路横断面图的绘制

横断面图是表示中桩处垂直于线路中线方向的地面起伏的剖面图。如图 8-18 所示,横断面图的水平方向表示距离,竖直方向表示高程。为了便于计算横断面的面积和设计路基断面,水平方向和竖直方向采用同一比例尺,通常取 1∶200 或 1∶100。横断面图的绘制方法与纵断面图的绘制方法类似。

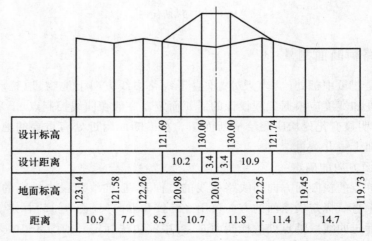

设计标高		121.69	130.00	130.00	121.74		
设计距离		10.2	3.4	3.4	10.9		
地面标高	123.14	121.58	122.26	120.98	120.01	122.25	119.45	119.73
距离	10.9	7.6	8.5	10.7	11.8	11.4	14.7	

图 8-18 横断面图

8.4　全站仪在道路测设中的应用

在道路测量中应用全站仪测设、测定各类点位（如线路交点、中桩），都很直观、简捷、方便，本节简要地介绍全站仪在道路测量中的应用。

1. 全站仪定线测量

对于图解设计和解析设计的线路中心线的测设，都可利用全站仪进行定线测量。

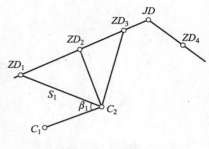

图 8-19　定线测量

（1）全站仪测设图解设计的线路中心线。如图 8-19 所示，其作业方法如下：

1）在初测地形图上，选择线路中心线上的转点，根据初测导线点与转点的关系，例如：C_2 点与 ZD_1 点，在图上图解求出极距 S_1 和极角 β_1。

2）在 C_2 点安置全站仪，选择极坐标放样程序，然后，输入极距 S_1 和极角 β_1，通过测设，放样差值会连续显示，则可根据差值移动棱镜位置，直至差值为零，此时，棱镜位置即为 ZD_1 点，同法放样 ZD_2、ZD_3 等各点。

（2）全站仪测设解析设计的线路中心线。如图 8-19 所示，其作业方法如下：

1）利用解析法求出各转点或交点的坐标。

2）在 C_2 点安置全站仪，输入测站点、定向点和转点（转点可根据放样顺序依次输入）的坐标，选择相应的放样程序（详见仪器说明书，如极坐标法放样、正交法放样和坐标差法放样），即可根据连续显示的差值移动棱镜进行放样。

2. 全站仪中线测量

在中线测量工作中，可以用全站仪测定线路的转角（或称转向角），利用其测距功能简捷地测设线路的中桩（控制桩、百米桩、加桩），利用其放样功能测设线路的曲线部分。

全站仪极坐标法放样圆曲线：如图 8-20 所示，首先计算出 i 点的极距 d_i 和极角 β_i，其计算公式见式（8-15）；然后用极坐标法测设出圆曲线上的第 i 点，其他点的放样方法与 i 点相同。极距 d_i 和极角 β_i 的计算公式为

$$\left. \begin{aligned} h_i &= R\sin\varphi_i \\ b_i &= R(1-\cos\varphi_i) \\ \tan\beta_i &= \frac{h_i}{b_i+E_0} = \frac{\sin\varphi_i}{\left(\dfrac{E_0}{R}+1\right)-\cos\varphi_i} \\ d_i &= \frac{h_i}{\sin\beta_i} = R\cdot\frac{\sin\varphi_i}{\sin\beta_i} \end{aligned} \right\} \tag{8-15}$$

全站仪坐标法放样圆曲线：如图 8-21 所示，先计算求出曲线上任意一点 i 的坐标，即

$$\left. \begin{aligned} X_i &= R\sin\varphi_i \\ Y_i &= R-R\cos\varphi_i = R(1-\cos\varphi_i) \end{aligned} \right\} \tag{8-16}$$

然后将全站仪安置在 ZY 点，以 JD 为后视点，再放样各点。例如，放样 1 点的方法为：

输入 ZY、JD 和 1 点的坐标，瞄准后视点定向，按反算方位角键，再按放样键。此时，仪器自动

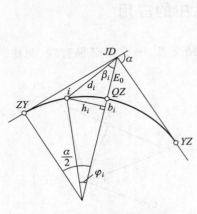

图 8-20　全站仪放样曲线

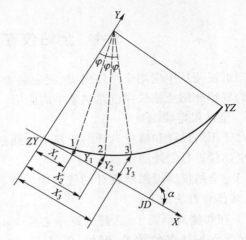

图 8-21　坐标法放样圆曲线

在屏幕上用左右箭头提示,将仪器往左或右旋转,这样就可使仪器到达设计的方向线上。接着通过测距,自动提示棱镜向前、向后移动,直到放样出设计的距离,从而完成 1 点的放样。同法放样曲线上的其他各点。

3. 全站仪纵、横断面测量

纵断面测量的主要内容是测定中桩距离和各中桩的地面高程。在中线测量时,利用全站仪的放样功能测设线路的中桩;待完成点位放样后,再用测定功能,实测中桩点的地面高程。这样,既检查了测设点位的正确性,也同时完成了纵断面测量工作。

横断面测量的主要内容是测量中桩处垂直于线路中线方向的各地面点间距及其地面高程。如图 8-22 所示,K_1、K_2 点为线路上的中桩点,1、2、3、4 为拟测定的横断面点。在 K_1 点处安置全站仪,选择对边测量程序,依次分别照准 1、2、3、4 点处的目标,全站仪即可实时计算出 1-2、2-3、3-4 两点之间的斜距、水平距离、高差及方位角等,从而可求出 1、2、3、4 点的高程。根据各点间距及地面高程,即可绘制横断面图。

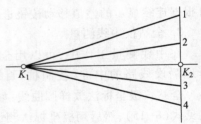

图 8-22　全站仪横断面测量

8.5　公路施工测量

公路施工测量的主要工作有线路复测、中桩测设、路基边坡桩测设、纵断面测设、横断面测设等工作,而有关中桩测设和纵断面、横断面坡度测设的内容在本章前面已有介绍,故本节不再赘述相关内容。

8.5.1　线路复测

在线路定测时,已在地面上标定了线路中线点即中桩的平面位置和高程,由它们作为施工依据的桩点。但由于施工与定测间相隔时间较长,桩点可能已丢失、损坏或移位,在施工之前必须进行线路中心线的恢复工作和对定测资料进行可靠性、完整性等检查,这项工作称为线路复测。线路复测工作的内容和方法与定测时基本相同。

线路复测的主要工作有转向角、直线转点、曲线控制桩测量,以及线路水准测量等。其目的是恢复定测桩点和检查定测质量,并非重新测设,所以应尽量按定测桩点进行。若桩点有丢失和损坏情况,则应补设;若复测和定测成果的误差在允许范围之内,则以定测成果为准;若超出允许范围,应查找原因,确定证明定测资料有误或桩点位移时,向监理单位书面报告并形成批准文件,方可采用复测资料。

8.5.2　路基边坡桩测设

1. 平坦地面边坡桩测设

（1）路堤边坡桩测设

如图 8-23 所示,测设数据 L 的计算公式为

$$L = \frac{b}{2} + a = \frac{b}{2} + mh \tag{8-17}$$

由中心标桩 E 点起,沿横断面方向量取水平距离 L 值,即可放出边坡桩 A 和 B 点。

（2）路堑边坡桩测设

如图 8-24 所示,测设数据 L 的计算公式如下:

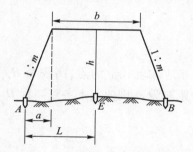

图 8-23　路堤式边坡桩测设

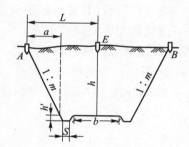

图 8-24　路堑式边坡桩测设

$$L = \frac{b}{2} + s + mh + 2mh' \tag{8-18}$$

其测设方法与路堤的测设方法相同。

2. 倾斜地面边坡桩测设

如图 8-25 所示,用边坡放样器测设边坡桩。放样步骤如下:

（1）在横断面图上量取 L,然后在实地沿横断面方向定出临时点 B_1,使 $L_1 < L$,并测量 L_1。

（2）实测 B_1 点与 E' 点之间的高差,计算其高差 h_1,然后计算出边坡放样器的仪器高 i,即

$$i = \frac{L' - L}{m} \tag{8-19}$$

式中: $L' = b/2 + mh_1$

（3）在 B_1 点安置边坡放样器,使仪器高度为 i,然后按要求的坡度安置竖盘,此时边坡放样器边缘的方向线与地面线的交点就是所求的边坡脚点 B 点。

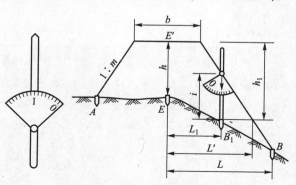

图 8-25　边坡放样器法测设边坡桩

不平坦地区路堑边坡桩的测设也可用上述方法进行。

8.5.3 竖曲线测设

1. 竖曲线相关要素计算

（1）竖曲线元素及其计算

如图 8-26 所示，竖曲线元素有切线长 T、曲线长 C、外矢距 E。计算公式为

$$T = R \cdot \tan \frac{\alpha}{2} = R\tan\left(\frac{\alpha_1}{2} + \frac{\alpha_2}{2}\right) \qquad (8\text{-}20)$$

因为 α 很小，所以有

$$\left. \begin{aligned} T &= \frac{1}{2}R(\tan\alpha_1 + \tan\alpha_2) = \frac{1}{2} \cdot R \cdot \Delta i \\ C &= 2T \\ E &= \frac{T^2}{2R} \end{aligned} \right\} \qquad (8\text{-}21)$$

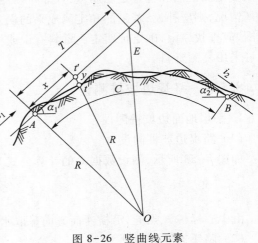

图 8-26　竖曲线元素

式中：Δi——坡度代数差（计算后取绝对值）；

R——圆曲线型竖曲线的半径。

（2）竖曲线上各点高程计算

如图 8-26 所示，t 为竖曲线上的点，高程为 H_t，t' 为相应坡度线上的点，高程为 $H_{t'}$。因为 α 小，可认为 y 是 t、t' 两点间的高差。设 t 点至曲线起点的距离为 x，则曲线上各点高程 H_t 为

$$H_t = H_{t'} \pm y \qquad (8\text{-}22)$$

$$y = \frac{x^2}{2R} \qquad (8\text{-}23)$$

坡度线上 t' 点的高程可由变坡点的高程 H_0、设计坡度 i 推算求出，即

$$H_{t'} = H_0 + (T - x) \cdot i \qquad (8\text{-}24)$$

将式（8-24）和（8-23）代入式（8-22）中，得

$$H_t = H_0 \pm (T - x) \cdot i \pm \frac{x^2}{2R} \qquad (8\text{-}25)$$

式中：当竖曲线为凸型曲线时，取负号；凹型时，取正号。

[例 8-5]

已知Ⅱ级铁路线路上，沿线路方向上两坡段的坡度分别为，$i_1 = -2‰$，$i_2 = 3‰$。曲线半径为 10 000 m，变坡点的里程为 DK171+560.00，变坡点的高程为 121.380 m，要求每隔 5 m 设置一竖曲线点，试编表计算圆曲线型竖曲线上各点之高程。

解：$\Delta i = i_1 - i_2 = -2‰ - 3‰ = -5‰$

$$T = \frac{1}{2}R\Delta i = \frac{1}{2} \times 10\ 000\ \text{m} \times \frac{5}{1\ 000} = 25\ \text{m}$$

$$C = 2T = 2 \times 25\ \text{m} = 50\ \text{m}$$

$$y = \frac{x^2}{2R} = \frac{x^2}{20\ 000\ m}$$

竖曲线上各点高程的计算详见表 8-5。

表 8-5 竖曲线上各点高程计算表

点名	桩号	x	y	坡度线高程	竖曲线高程
终点	DK171+585.00	0	0	121.455	121.455
	DK171+580.00	5	0.001	121.440	121.441
	DK171+575.00	10	0.005	121.425	121.430
	DK171+570.00	15	0.011	121.410	121.421
	DK171+565.00	20	0.020	121.395	121.415
变坡点	DK171+560.00	25	0.031	121.380	121.411
	DK171+555.00	20	0.020	121.390	121.410
	DK171+550.00	15	0.011	121.400	121.411
	DK171+545.00	10	0.005	121.410	121.415
	DK171+540.00	5	0.001	121.420	121.421
起点	DK171+535.00	0	0	121.430	121.430

2. 竖曲线的测设

（1）根据线路上的里程桩和竖曲线的起终点里程,计算邻近中桩与起点、中桩与终点的距离,再根据相应中桩和距离放样竖曲线的起点、终点。

（2）由起点(终点)开始,沿着中线方向量取拟放样点的水平距离即 x 值,钉桩标志竖曲线点的平面位置。

（3）用水准仪实测所放各曲线点的地面高程。

（4）计算各曲线点处的填挖高度。填挖高度 = 竖曲线设计高程 - 实测地面高程,若计算结果为正时,需要填高;为负时,需要挖深。将填、挖高度分别标记在标志桩上,供施工使用。

8.6 桥梁施工测量

桥梁施工测量的工作可概括为:桥梁控制测量,桥台、桥墩中心的定位,台、墩细部放样以及梁部放样等。

8.6.1 桥梁施工控制网

1. 桥梁施工平面控制网

桥梁施工平面控制网主要作用是确保桥轴线长度和墩、台定位的精度,对于大桥、特大桥必须布设专用的施工平面控制网。桥梁施工平面控制网经常布设成 GPS 网、三角网、边角网及精密导线网等形式,并且为了便于施工及放样,桥梁施工平面控制网也经常采用独立的坐标系统。通常把桥轴线方向作为一个坐标轴的方向,坐标原点选在测区外的西南角合适位置,以使整个测区的坐标均为正值。

2. 桥梁高程控制网

桥梁高程控制网一方面为大桥的施工建设提供统一的高程基准和参考框架,另一方面也为高程施工测设和监测桥梁墩台垂直变形提供基础及工作方便。建立高程控制网的常用方法是水准测量、三角高程测量方法。

8.6.2　桥台、桥墩中心的定位

桥台、桥墩中心的定位是在桥梁施工之前,依据桥梁设计图纸及其要求将桥台、桥墩的平面位置在实地放样出来,作为桥台、桥墩基础的施工依据。桥台、桥墩中心的定位按照桥梁大小及河流情况,可采用直接量距法、角度交会法、极坐标法及全站仪极坐标法等测设。

1. 直接量距法

直接量距法是根据两岸桥轴线(桥轴线是根据线路中心线放样的)控制桩的桩号和已知的桥台、桥墩的中心桩号,计算出各台、墩之间的距离;再以两岸桥轴线控制桩为放样的依据点,直接量出所计算出的相应台、墩之间的距离,即可标定出桥墩、桥台的中心位置。

2. 角度交会法

当定位桥台、桥墩中心不便于测距或量距时,便可用角度交会法进行定位。如图 8-27 所示,其操作方法详见第九章。在采用角度交会放样时应注意,定位点的精度与交会角 γ 有关:当 γ=90°时,定位点精度最高;当 γ≠90°时,γ>90° 且 α=β 时交会精度最高。因此,在选择基线和布设控制网时应考虑 γ 角的大小,若出现 γ 角小于 90°时,则需加测交会用的控制点(如 C_1、D_1 点)。在桥墩施工中,角度交会需要经常进行,为了准确、迅速地进行交会,可在点位放样后,将通过该点的交会方向线延长到对岸并设立标志,如图 8-28 所示,C'、C_1'、D'、D_1' 均为交会方向线延长到对岸设立标志的点。

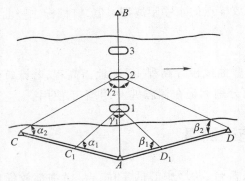

图 8-27　角度交会法

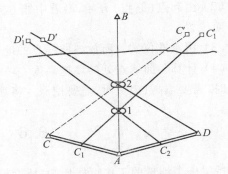

图 8-28　设置交会方向延长线

交会定点时,一般使用 J2 级经纬仪分别设站 A、C、D 点测设水平角进行交会,如图 8-29 所示,由于存在测量误差,致使三方向交会形成了一个示误三角形,如该三角形在桥轴线方向的距离不大于 2.0 cm,最大边长不超过 3.0 cm 时,即可取 2′在桥轴线上的垂足 2 作为桥墩中心的位置。

3. 极坐标法

如图 8-30 所示,以桥墩 1 放样为例,在控制点 C_1 安置仪器,以 A 点定向,测设 α_1 角和 s_1 边,可确定桥墩中心 1 的位置。同法放样其他桥墩。当各桥墩位置确定后,可测量两墩间中心距离并与设计值比较进行检核。

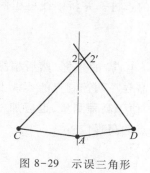

图 8-29　示误三角形

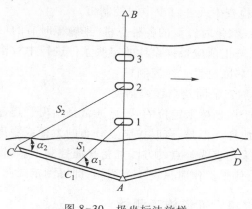

图 8-30　极坐标法放样

8.6.3　桥台、桥墩细部放样

桥台、桥墩细部放样就是要放样出基础平面位置及坑槽开挖边线,以便于施工。对于明挖基础平面位置及坑槽开挖边线放样方法是:根据已放样出的桥梁轴线和台墩轴线及台墩基础尺寸确定开挖边界线。在开挖边界外筑围堰,在围堰上测设桥梁轴线桩和台墩轴线桩或钉立龙门板,标定轴线后,检查在开挖边界四角处测设开挖边界桩。当基坑挖好后,检查确定桥梁轴线桩和墩台轴线桩准确无误后,用两条线绳连接桥梁轴线桩和台墩轴线桩或立龙门板上的小钉,交会出墩台平面中心位置,用垂球将墩台平面中心位置及两条轴线投影到基坑底,做好标记,再定出基础底部四角点,即可立模浇筑混凝土。

8.6.4　梁部放样

桥台、桥墩施工结束后即可进行桥梁架设。梁部结构比较复杂,要求对台墩的方向、距离及高程用较高的精度测定,作为架梁的依据。测量时,可采用准直法观测桥梁中线方向,全站仪观测桥墩中心点间的距离,精密水准测量观测台墩顶面高程,通过这些观测手段来保证测量的精度。

8.7　管道施工测量

管道工程是现代工业建设和城市建设的重要组成部分。管道的种类很多,按其用途可分为上水、下水、暖气、煤气、油类等管道。除小范围的局部地面管道外,更多的是地下管道和架空管道。管道的输送手段一种是靠压力(或动力)作用进行输送即压力管道,如上水管道等;另一种是靠坡度(形成自流)来输送即自流管道,如下水、雨水管道等。

8.7.1　管道施工前的准备工作

1. 收集了解有关管道的设计资料和测量资料

收集的设计资料包括:管道设计图,管道施工方法和精度要求,工程进度,管道起点、终点、转点(主点)及各井位坐标、间距和标高等。测量资料包括:施工现场的平面及高程控制分布情况,控制点成果等。同时应对各种资料进行审核,并拟定测量方案。

2. 检查中线并钉设中线控制桩

中线测量时钉设的各种点桩,到施工时有的可能已被破坏或丢失,为了保证中线位置的准确可靠,在开工前应根据设计的定线条件进行中线检查,补齐被破坏的点桩。并将中线桩引测到施工范围以外,钉设中线控制桩。

3. 加密平面及高程控制点

对于用坐标来定位的管道,通常是给出管道起点、终点及转点(主点)的坐标,然后根据控制点进行放样。但是,有时控制点分布的太稀或距离太远不便使用,需要在两控制点的连线上或延长线上采用直线补点的方法加密平面控制点。另外,为了在施工中便于高程测量,也应加密高程控制点,使得工作时只设一个测站,即可测定或测设出管道上任一点的高程位置。

8.7.2　管道施工测量

1. 槽口放线

在管道破土开槽前,应根据槽口宽度在地面上定出槽边线的位置,作为开槽的依据。槽口宽度取决于管道的埋设深度、管径大小及土质情况。如图 8-31 所示,当管道的横向地面比较平坦时,半槽口宽度为:

$$\frac{B}{2} = \frac{b}{2} + h \cdot m \tag{8-26}$$

式中:B——槽口宽度;

　　　h——管道埋设深度,也是管槽挖深;

　　　b——管径,即槽底宽度;

　　　m——槽壁坡度系数(放坡系数)。

测设时,依据管道中心桩分别向左、右量出计算的距离 $B/2$,并适当向外扩充(方便施工),钉设木桩。

2. 埋设坡度板

坡度板的作用类似于龙门板,是控制管道中线、高程及附属构筑物的基本标志,也是开挖管槽和埋设管道的放样依据。如图 8-32 所示,坡度板一般是跨槽埋设,若管道埋设不深,可在刚开槽时埋设;若管道需埋至 3.5 m 以下,可挖至 2 m 时埋设。坡度板一般每隔 10~15 m 埋设一块,并与地面平齐,如遇检查井或三通等处应加设坡度板。坡度板埋设好以后,根据中线控制桩,用经纬仪将管道中线投到坡度板上,并测出各坡度板的板顶高程。将板顶中线投至槽底,即可控制管道安装。根据板顶高程与设计高程之差,即可知道下返深度。

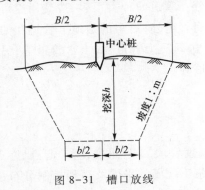

图 8-31　槽口放线

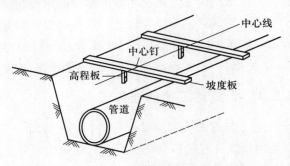

图 8-32　坡度板放样

3. 放样坡度钉

由于地面起伏，由各坡度板板顶向下开挖的下返深度一般不同，坡度板间隔较长，故只根据坡度板上的下返数去指导施工不方便。因此，在施工中常用测设坡度钉的方法来解决这些问题。

如图 8-33 所示，在坡度板中心点一侧，竖向钉一块木板（高程板），在高程板的侧面钉一铁钉（坡度钉），使坡度钉距槽底的设计高程为某一常数，称为下返数。这样坡度钉的连线即为一条平行于管底设计坡度的直线，依据此线可控制管道安装的高程和坡度。放样坡度钉的方法很多，一般采用测设高程的方法放样，其放样步骤如下：

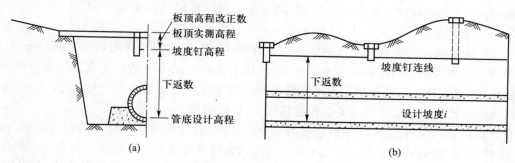

图 8-33　放样坡度钉

（1）根据管底设计高程和下返数求出各坡度钉的高程，即

$$坡度钉高程 = 管底设计高程 + 下返数$$

（2）由坡度钉高程与相应坡度板板顶的实测高程得到板顶高程的改正数（坡度钉距坡度板板顶的距离），即

$$板顶高程改正数 = 坡度钉高程 - 板顶高程$$

（3）根据板顶高程改正数，由坡度板板顶测设出坡度钉。板顶高程改正数为正时，表示自板顶向上量取改正数，钉设坡度钉；为负时，则向下量取，钉设坡度钉。

8.7.3　架空管道施工

架空管道是将管道安装在混凝土支架、钢结构支架、靠墙支架或屋架等构筑物上，其施工的内容主要包括支架基础施工、支架安装及管道安装等。施工测量的主要工作是基础施工测量、支架及管道安装测量等，测定与测设的方法在本章及第九章中均有述及，此处不再赘述。

8.8　隧道施工测量

隧道有公路隧道、铁路隧道、城市地下铁道隧道、联系地下工程的隧道、地下给排水隧道等。隧道可从两端由平峒、斜井对向开挖，到达指定地点贯通；也可由竖井向地下开挖，到达指定深度，再开挖隧道。在隧道施工中，通常采用两个或多个相向或同向的掘进工作面分段掘进隧洞，使其按设计要求在预定地点接通，称为隧洞贯通。

8.8.1　地面控制测量

在隧道施工测量之前，应在隧道施工区域进行地面控制测量（平面、高程）工作。其主要目的是为隧道施工提供符合设计要求的控制基准和控制框架，为洞口进行定位和地上地下的联系测量等提供基础点位及工作方便。地面平面控制测量经常采用 GPS 网、三角网、导线网等形式。

8.8.2 联系测量

将地面的平面坐标、高程系统通过竖井、斜井、平硐等传递到地下的测量工作,称为地上与地下联系测量,简称联系测量。联系测量的主要任务就是以地面控制点为依据,确定井下导线起算点的坐标、起算边的坐标方位角及井下高程起始点的高程。前两项任务称为平面联系测量,又称定向;后一项任务称为高程联系测量,又称导入标高。通过竖井的联系测量常称为竖井联系测量,其定向的方法有一井定向、两井定向及陀螺经纬仪定向等。

1. 一井定向

一井定向是通过一个竖井进行的定向。如图 8-34 所示,在一个井筒内投放两根吊垂线(投点),地面可根据控制点确定两根吊垂线的坐标(地上连接),地下可通过井下连接点对两根吊垂线进行连测(地下连接),从而确定井下导线起算点的坐标和起算边的方位角,使井上、井下具有统一的坐标系统。一井定向的主要工作包括投点、连接测量及计算等。

在将地面、地下测量的几何图形连接为一个整体时,经常采用联系三角形的方式进行连接,如图 8-34 所示,地面 △ABC 与地下 △A'B'C' 通过两根钢丝连接为一个整体。在图 8-34 中,D、C 点分别为地面上的近井点和连接点,C'、D' 点为地下导线起始点。进行联系测量时,在 C、C' 安置经纬仪,地上观测水平角 φ、ψ、γ 和边长 a、b、c,地下观测水平角 φ'、ψ'、γ' 和边长 a'、b'、c';检查地上、地下观测数据及图形内在的约束性,利用正弦定理求出 α 和 β'。然后,即可按支导线方式推算出 C'、D' 点的坐标。

2. 导入标高

如图 8-35 所示,点 A 是地上井口附近的已知水准点,若 A 点离井口较远,则应在井口附近建立临时水准点;B、C 点是井下预先埋设的水准点。导入标高时,先在井架上向井下悬挂钢尺,并呈自由状态。然后在井上、井下合适位置处架设水准仪,A、B 点竖立水准尺,井上、井下同时观测,设读取水准尺读数为 a 和 b、钢尺读数为 m 和 n,并测定井上、井下的温度。再计算井下 B 点的高程,即

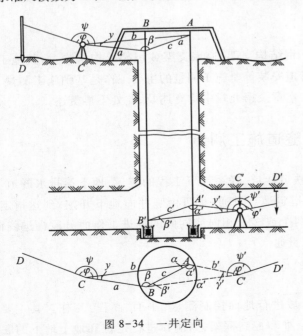

图 8-34 一井定向

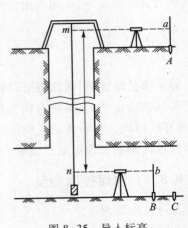

图 8-35 导入标高

$$H_B = (H_A + a) - (l + \sum \Delta l) - b \qquad (8-27)$$

式中：$l = m - n$；$\sum \Delta l$ 为钢尺改正数的总和（尺长、温度、拉力及钢尺自重改正等）。

8.8.3 地下控制测量

为了指导隧洞按设计要求掘进，及时检查隧洞施工质量，以及提供地上、地下的对照关系等工作，需要在隧洞内布设控制点并进行控制测量工作。

1. 地下导线测量

地下空间随着隧洞的掘进而形成，并且是呈带状的，因此，地下平面控制测量只能布设成导线的形式。洞内导线的起始点通常设在洞口处，起始点的坐标和起始边的坐标方位角由联系测量确定。洞内导线随着隧洞的不断掘进而不断向前布设，开始时只能布设精度较低的施工导线，采用重复观测的方法进行检核；当掘进到一定距离后，再布设精度较高的基本控制导线，基本导线用以检查掘进方向，保证隧洞的正确贯通。

2. 地下水准测量

隧洞内水准测量从洞口水准点开始，随着隧道的向前掘进而不断布设新的水准点。一般是先布设低精度的临时水准点，其后再布设高精度的永久水准点，导线点可兼作水准点。在隧洞贯通前，洞内水准路线为支线，需进行往返观测。

当点在顶板上时，需要倒立水准尺，如图 8-36 所示。此时高差仍按 $h_{AB} = a - b$ 的形式计算，但倒立尺的读数要以负值计。对于三角高程测量若点在顶板上，量取的仪器高 i 或目标高 v 是由控制点向下量取的，其值也以负值计，计算公式仍是 $h_{AB} = S \times \tan\alpha + i - v$。

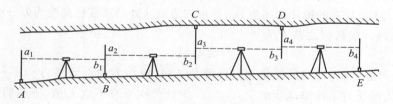

图 8-36　地下水准测量

8.8.4 隧道施工测量

隧道掘进时，其掘进方向和坡度必须符合设计要求。因此，在隧道掘进过程中，测量人员一定要准确及时地给出隧道中心线的方向和隧道的坡度，即给出中线和腰线。此外，还要测量隧道断面的尺寸，定期统计工程的进度，计算掘进工程量，以及检查施工计划的完成情况等。

1. 直线隧道的中线标定

首先检查设计图纸，然后计算标定中线的数据，最后在现场标定并检查。

如图 8-37 所示，隧道中心线 AB 的设计方位角为 α_{AB}，点 A 的设计坐标为 x_A、y_A，点 M、N 为导线点。在测设之前应首先检查导线点是否移动，在确认无误的情况下，再置站点 N，以点 M 定向，用极坐标法测设出点 A；然后，迁站到点 A，以点 N 定向，拨给向角 β_A 给出隧道中线的方向 AB。相应的放样数据为：

$$\left. \begin{array}{l} \beta_N = \alpha_{NA} - \alpha_{NM} \\ L_{NA} = \sqrt{\Delta x_{NA}^2 + \Delta y_{NA}^2} \\ \beta_A = \alpha_{AB} - \alpha_{AN} \end{array} \right\} \qquad (8-28)$$

在给出直线 AB 方向的隧道顶板上定出两个临时标志点 1、2,然后在 A、1、2 三点上悬挂垂球线,用瞄视或拉线的方法将中线延长至工作面,并做出标记,以指示隧洞的水平开挖方向,如图 8-38 所示。

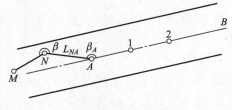

图 8-37   中线标定

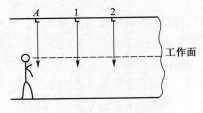

图 8-38   瞄视中线

利用一组中线点只能指示隧洞开挖 30 m 左右,当隧洞继续向前掘进时,应继续跟进布设导线点,这时可将一组中线点中的一个点作为导线点,以免重复做点。

2. 隧洞腰线的标定

为了指示隧洞在竖直面内按设计坡度掘进及指导断面施工等工作,经常在隧洞的边帮上距隧洞底板 1 m 处,设置与设计底板平行的坡度线,这种坡度线被称为腰线。设置腰线点以组为单位,每组 3 个点,点间距为 2~5 m,组间距为 20~30 m。设置腰线点的方法有经纬仪法和水准仪法等。

(1)经纬仪标定腰线

当经纬仪架设在中线点时,可同时测设出中线和腰线。如图 8-39 所示,在中线点 A 安置经纬仪,量取仪器高 i,A 点底板的设计标高为 H_A,即可知道点 A 处的腰线标高应为 H_A+1 m,而 A 点的仪器高程为 H_A+i,两者的高程之差 K 为

$$K=i-1 \tag{8-29}$$

由图 8-39 可见,当望远镜的倾角为设计倾角 δ 时,视线方向与腰线方向平行且二者间隔为 K,故将垂球尖从视线与吊挂垂球线的交点 1′、2′、3′ 处分别垂直下放 K 值,下放后的 1′、2′、3′ 点的连线即为腰线,此法简单、方便,但在隧道中因施工关系很难长期保存,一般都是将腰线点标记在隧道的边帮上。此时,可采用经纬仪伪倾角法或水准仪法测设腰线。

(2)用水准仪标定腰线点

当隧洞坡度较小时,经常用水准仪标定腰线点。如图 8-40 所示,A 点为已知水准点,对应该点处底板的设计高程为 H_A,隧洞的设计坡度为 i;点 1、2、3 为拟标定的一组腰线点,点 1 距点 A 的水平距离为 l_1,腰线点间距为 l_0。放样步骤如下:

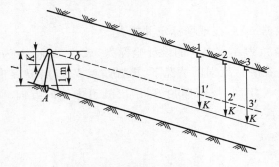

图 8-39   经纬仪标定腰线

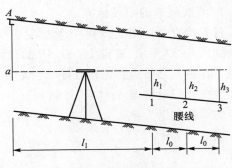

图 8-40   水准仪标定要线

1）从点 A 开始沿着隧洞边帮量出水平距离 l_1，确定边帮处腰线点 1 的平面位置，并做好标记；再向前量距 l_0、$2l_0$，确定并标记腰线点 2、3 的平面位置。

2）在合适位置处架设水准仪，并读取竖立于点 A 水准尺的读数 a（尺倒立时，a 为负值）。

3）计算测设各腰线点的放样数据 $b_j(j=1、2、3)$，即

$$\left. \begin{aligned} H_j &= (H_A+1)+i\times L_j \\ L_j &= l_1+(j-1)\times l_0 \\ b_j &= a-h_{Aj} = a-(1+i\times L_j) \end{aligned} \right\} \tag{8-30}$$

式中：L_j——腰线点 j 沿着边帮或腰线方向至点 A 的水平距离；

H_j——点 j 的设计高程，因为放样数据 b_j 中没有 H_j，所以就放样而言可不用计算 H_j。

特别强调的是，当计算的 b_j 为正值时，表明视线高于拟放样点 j；当 b_j 为负值时，表明视线低于拟放样点 j。

4）在拟放样腰线点 j 边帮上标记的平面位置处，正立（$b_j>0$）或倒立（$b_j<0$）水准尺或手钢尺，并上、下串动，当视线读数恰为 b_j 值时，在尺的零端标记点位 j。

5）用拉线的方法或测定放样点间高差的方法等，检查所测设的腰线点是否在一条直线上。若不共线，分析原因改正相关点位，直至符合要求为止。并用绘红油漆的方法标示腰线。

3. 隧道掘进时的检查验收

为了保证随道按要求掘进，还需要对隧道掘进的方向、坡度、断面尺寸进行检查、验收测量。同时对掘进的进度进行测定，以便进行工程量的统计。如图 8-41 所示，掘进的工程量为进度乘以隧道平均的断面面积。

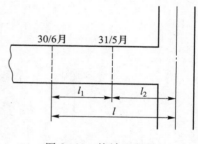

图 8-41　统计工程量

思考题与习题

1. 已知线路的转向角 $\alpha=34°08'30''$，圆曲线的半径 $R=900\text{ m}$，计算该圆曲线的曲线元素，并推算各点的里程（JD K12+450.00）。若采用切线支距法和偏角法放样该圆曲线，试编制曲线上各点的坐标表和偏角表（每 10 m 放一点），以 1:1 000 的比例尺，按上述表格的数据，将曲线上各点在图纸上展绘出来，连成曲线（提示：先放样主点，然后放样细部点，以主点 QZ 检查）。

2. 已知线路的转向角 $\alpha=72°25'00''$，圆曲线的半径 $R=200\text{ m}$，缓和曲线长 $L_0=60\text{ m}$，计算该曲线的曲线元素，并推算各点的里程（JD K11+240.00）。编制切线支距法、偏角法放样该曲线的坐标表和偏角表（每 10 m 放样一点）；以 1:1 000 的比例尺在图纸上放样该曲线。

3. 在 I 级铁路某处纵断面为凸形，一方为 5‰ 的上坡，一方为 3‰ 的下坡，其变坡点里程为 K12+340.00，高程为 100.00 m，圆曲线半径 $R=10\ 000\text{ m}$，采用圆曲线型竖曲线，求竖曲线上各点的标高。

4. 设隧道洞口底板的设计标高 $H_B=87.82\text{ m}$，隧道底板的设计坡度 $i=+5‰$，要求每隔 5 m 在侧墙上标定一个腰线点。试计算测设数据并简述测设方法。

5. 线路初测阶段的任务是什么？有哪些测量工作？试述其测量方法与步骤。

6. 定线测量的任务是什么？其测量的方法有几种？

7. 缓和曲线的变化规律是什么？

8. 线路水准测量中的基平测量和中平测量的任务是什么？ 与其相应的测量方法、精度要求各是怎样的？

9. 叙述纵、横断面测量的方法与步骤。

10. 用计算公式分别表示平坦地区路堤和不平坦地区路堤的路线中心桩距左、右两坡脚的距离。

11. 何谓竖曲线，为何要测设竖曲线，它与平面圆曲线在测设方法上有何不同？

12. 在水上进行桥墩定位，用什么方法比较好？ 如何提高角度交会确定桥墩位置的精度和速度？

13. 管道测量有哪些内容？

14. 简述一井定向的主要工作。

15. 隧道施工测量有哪些主要工作？

16. 简述标定隧道中线、腰线的方法。

第九章　建筑工程施工测量

9.1　概　　述

　　建筑工程一般可分为民用建筑工程和工业建筑工程两大类。如居民住宅、办公楼、医院、学校、仓库、影剧院等为民用建筑工程;工业建筑工程包括各种厂房及工业设施。前者多为基础、墙壁、楼板及门窗等结构;后者多为基础、柱子、梁及门窗等结构。虽然施工方法各有特点,但从施工测量工作来看,有许多相似之处,如平整场地、定位轴线、放样基础轴线或柱列轴线、轴线及高程的传递等测量工作是基本相同的。建筑工程施工测量的精度要求,应根据工程性质和设计要求而定。

　　建筑施工测量是各种建筑工程在施工阶段所进行的测量工作。它一般包括:建立施工控制网;将图纸上设计的建筑物、构筑物按其设计的要求标定在实地上,用以指导施工,也称定线放样;工程竣工测量,即工程竣工后测绘新建场地的竣工平面图;对各种建筑物和构筑物施工期间产生的变形进行监测等。

9.2　建筑施工控制测量

　　在勘测设计阶段布设的控制网主要是为测图服务的,其控制点的点位是根据地形条件来确定的,未考虑建筑物的总体布置,因而在点位的分布与密度方面都不能满足施工放样的要求。从测量精度上来说,测图控制网的精度是按测图比例尺的大小确定的,而施工控制网的精度则要根据工程建设的性质来决定,一般来说它要高于测图控制网的精度。另外在平整场地时有许多勘测网点的点位被破坏。因此,需要建立施工控制网。

9.2.1　施工控制网的特点及形式

1. 施工控制网的特点

　　建筑场地的施工控制网与一般的测图控制网相比,具有精度要求高、控制点密度大、控制范围小、使用次数多、受外界影响大以及多采用独立坐标系等特点,这就要求在布设施工控制网时要充分考虑这些因素。施工控制网的精度主要由工程建筑物的建筑限差决定,建筑限差是工程验收的质量标准。

　　由于建筑场地上建筑物密集,放样工作量很大,这就要求施工控制网点具有足够的密度。考虑到建筑物施工的各个阶段都需要测量定位,使用控制点的次数增多,这就要求控制点埋设稳固、使用方便,且便于长期保存。现代工程建筑物特别是大型工程建筑物,多采用立体交叉施工,建筑现场材料的堆放与搬运以及施工机械频繁活动等,造成控制点间通视困难。因此,应当把建筑场地上施工控制网的设计作为工程施工设计的一部分,根据施工的方法、要求及施工现场的具体情况,在施工总平面图上合理地选择点位,并兼顾工程完工后的保存和使用。

2. 施工控制网的布设形式

根据现场地形条件及建筑物的分布情况等,施工控制网可以布设为 GPS 网、三角网、导线网、混合网、方格网等形式。如果建筑场地地形起伏较大,并且建筑物排列不规则时,宜采用 GPS 网、三角网形式;如果建筑场地地势平坦,并且建筑物分布规则,则可布设为矩形控制网,即建筑方格网。对于改建扩建的场地,则可扩展原有控制网,或布设为导线网等。有关三角网、导线网建立的理论和方法在控制测量章节中已有介绍,此处不再赘述。本节将着重讨论建立建筑方格网的方法。

9.2.2　方格网的建立

在建筑场地平坦,建筑物布置规整的情况下,宜采用建筑方格网。方格网是在施工坐标系中建立的,并且经常采用独立施工坐标系统。

由于建筑物的总图设计是根据生产工艺流程要求和建筑场地的地形情况设计的,主要建筑物的轴线往往不能与勘测期间测量坐标系的坐标轴平行或垂直,精度也经常满足不了要求。因此,为了便于工程施工、工程放样及质量检查等,需要建立独立的施工坐标系统。在建立独立坐标系统时,应注意:独立坐标系的坐标轴与主要建筑物的轴线方向应一致;坐标原点宜设置在场地的西南角,以保证区域内的各点坐标为正值为好。如图 9-1 所示,$X'O'Y'$ 即为施工坐标系,XOY 为勘测坐标系,两种坐标系之间的转换关系详见第七章 7.1 节中的式(7-1)和式(7-2)。

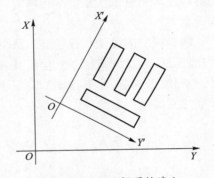

图 9-1　施工坐标系的建立

1. 方格网设计

方格网的几何图形一般为矩形或正方形,即相邻边的交角均为 90°,且对边相等;方格网边与建筑坐标系的坐标轴平行或垂直。而新建厂区所布置建筑物的轴线也大都与建筑坐标轴平行或垂直,这样用这种建筑方格网在工程测设中会有较大的优越性,可以沿着方格网边的方向测设距离或用支距法放样等。

当厂区面积大于 1 km² 时,可分两级布网。首级网可以采用"口"字形、"十"字形、"田"字形或者并连的"田"字形等,二级方格网可分区加密。图 9-2a、b、c 分别为"口"字形、"十"字形、"田"字形首级网及其分区加密的二级网。当厂区面积不超过 1 km² 时,可只布设二级方格网。

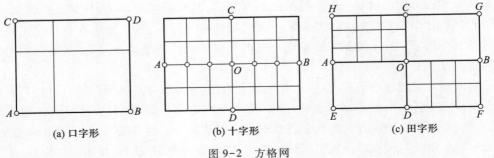

(a) 口字形　　　　　　(b) 十字形　　　　　　(c) 田字形

图 9-2　方格网

2. 方格网主轴线的放样

根据勘测阶段的控制点,首先测设方格网的主轴线,然后测设次要轴线。标志并确定主轴线位置或格网位置的重要点,称为主轴点。

（1）主轴点测设

测设之前,先对主轴点（包括横向、纵向主轴点）的设计数据及有关勘测控制网的计算资料进行核对、检查,确保原始数据正确、可靠。然后将主轴点的施工坐标换算为勘测坐标。再根据主轴点的施工坐标和勘测控制网点测设主轴点。

测设的具体方法根据已知点分布、现场情况、仪器设备条件、精度要求等因素决定。当现场通视条件较好时,一般采用极坐标法或前方交会法等直接测设主轴点;当现场通视条件较差及控制点的分布较少时,需要采用间接的方法测设。

初步放样的主轴点均需用木桩临时标定。为了提高主轴点放样的精度,应将初步放样的主轴点与周围的勘测控制点构成典型图形以一定的精度进行测量,经平差计算求出其实际坐标值,并与设计坐标进行比较,然后用归化法（参见后文方格网归化改正）将初步放样的点位改正至设计位置。

（2）横向主轴线的检测与校正

由于放样主轴点存在测量误差,致使标定于地面应共直线的主轴点通常不在一条直线上,需要检查它们是否达到共直线的要求,如果不满足要求,则应调整它们满足要求。

检测方法:如图 9-3 所示,在主轴点 O 安置经纬仪,以测角中误差 $\pm 2.5''$ 的精度测定水平角 β,即 $\angle AOB$。若 β 角与 $180°$ 之差大于 $\pm 2.5''$,则须调整主轴点使它们在一条直线上。

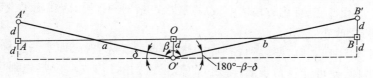

图 9-3 横向主轴线校正

调整方法:通常认为测设三个主轴点 A、O、B 的精度一致,它们三点偏离理论直线的距离相等,其值都为 d。d 值可根据观测的水平角 β,相邻主轴点之间的距离 a 和 b 来计算,即

$$d = \frac{ab}{a+b}\left(90° - \frac{\beta}{2}\right)'' \frac{1}{\rho''} \tag{9-1}$$

依据观测的水平角 β 与 $180°$ 的关系,确定点 A'、O'、B' 改正的方向,并沿此方向移动计算的 d 值,得到改正后的三点 A、O、B。由于在调整时,改正的方向经常是现场目估确定的,因此,点位调整一般可能不止一次,需要几次才能达到要求。所以,还需在调整后的点位 O 安置仪器,检查是否满足要求,若未满足,则按前述方法继续改正,直至满足要求为止。

（3）纵向主轴线的检测与校正

纵向主轴线的校正是在已调整好的横向主轴轴线的基础上进行的。如图 9-4 所示,纵向轴线上的三点 C、O、D 应在一条直线上,并与主横轴线 AOB 垂直。

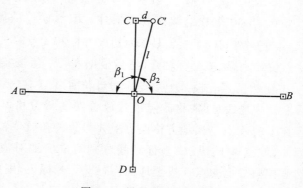

图 9-4 纵向主轴线的校正

为了保证纵、横轴线相互垂直,需要在 O 点设置经纬仪,测定纵轴线端点 C' 与 OA、OB 两直线的夹角 β_1、β_2,其精度要求与观测主横轴 β 角的要求相同。若 β_1 和 β_2 不相等,则应计算点 C' 对设计纵向轴线 OC 的横向偏移距离 d 值,即

$$d = l\frac{\beta_1 - \beta_2}{2\rho} \tag{9-2}$$

式中:l——纵轴线端点至两轴线交点 O 的距离。

根据计算 d 值,对 C' 点进行改正。当 $d>0$ 时,应将点 C' 向左改正;当 $d<0$ 时,将点 C' 向右改正。同法对放样点 D,检查、改正。待各点位改正之后,仍需检测,直至纵横轴线的夹角满足 $90°\pm 2.5''$ 的要求为止。

(4)方格网其他网点的放样

主轴线放样以后,即可进行其他方格网点放样。方格网点的坐标是预先根据施工总平面图设计的,具有其设计坐标,其位置不得任意变动。方格网点在布设时,应根据其设计坐标进行初步放样,使其尽量逼近设计点位。

方格网点的初步放样,应以调整好的主轴线为依据测设。初步放样的方法通常有:方向线量距法,方向线交会法,角度交会法等。

3. 方格网的测量与平差计算

主轴线以及方格网点放样后,便可以主轴线上的点作为固定点,将方格网点敷设为导线结点网,对其进行测角、量距,平差计算,以求得方格网点的实际坐标,把它们与设计坐标比较,即可知道点位是否满足要求。

对方格网进行归化改正,标出方格网的最后点位(方格网的计算,应在施工坐标系内进行)。

4. 方格网的归化改正

方格网经过平差计算之后,便得到各个初步放样点的实际坐标,即实测坐标。依据实测坐标与对应点的设计坐标,便可计算初步放样点位的修正值,并将初放点位归化到设计位置上,这项工作称为方格网点的归化和改正。实测坐标与设计坐标值之差为

$$\left.\begin{array}{l} \delta_{x_A} = x'_A - x_A \\ \delta_{y_A} = y'_A - y_A \end{array}\right\} \tag{9-3}$$

式中:δ_{x_A}、δ_{y_A}——A 点的点实测坐标与设计坐标之差,常称为归化改正数;

x'_A、y'_A——A 点的点实测坐标值;

x_A、y_A——A 点的点设计坐标值。

如果 δ_{x_A}、δ_{y_A} 值较小,可采用模片法进行改点,改点的方法是:到现场改点之前,应事先在室内根据 δ_{x_A}、δ_{y_A} 在纸片上做成改点模片。改点模片的做法如图 9-5 所示。在毫米方格纸(或图画纸)上适当处,选择一点 A' 作为初放方格网 A 点的实际点位,过这点位绘出纵、横坐标轴线,然后根据 δ_{x_A}、δ_{y_A} 值按实际尺寸(即 $1:1$ 比例尺),在模片上展绘出设计位置 A 点。

到现场改点时,将改点模片放置在 A 号方格网点上,并使模片上的 A' 点与实地方格网点上 A 号点的初放位置重合;转动模片,使点 A' 的纵、横坐标轴线分别对准实地对应的相邻点。然后把模片上的点 A 投至地面,并予标志、标记,则此点即为方格网点 A。

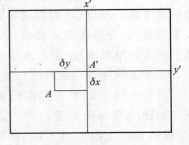

图 9-5　改点模片

9.3 民用建筑施工测量

建筑工程施工阶段测量的主要工作,是将设计图纸上建筑物、构筑物的平面位置和高程位置放样到实地,为施工提供依据,以保证建筑工程按设计要求进行施工。在工程建筑中,为使各项工程能有秩序按要求进行,施工测量也必须遵循"由整体到局部"的原则,即先进行全面控制,再进行细部放样。

施工测量的主要内容有:平整场地,主轴线放样,基础轴线或柱列轴线放样,基础施工测量,轴线及高程传递,建筑物变形观测等。

9.3.1 主轴线放样

一般建筑物轴线是指墙基础或柱基础在平面上的投影中心线或边线。它们相互间一般是平行或垂直的,多呈矩形。控制建筑物整体形状、起定位作用的轴线称为建筑物主轴线。对于民用建筑物的施工测量,首先要根据总平面图上所给出的建筑物尺寸关系进行定位。所谓定位,就是把建筑物的轴线交点标定在地面上,然后再根据这些交点进行放样。由于设计条件不同,定位的方法也就不同,一般有如下几种方法:

1. 根据"建筑红线"放样主轴线

在城镇建造房屋要按统一规划进行,建筑用地边界或建筑物轴线位置要经规划设计部门审定,并由规划部门的拨地单位于现场直接测定。如图 9-6 所示,甲、乙两点的连线就是根据规划确定的建筑区域或建筑物的用地限制线,称"建筑红线"。根据甲、乙建筑红线桩,放样 17 号楼的主轴线 AB、CD,18 号楼的主轴线 EF、GH,放样方法如下:

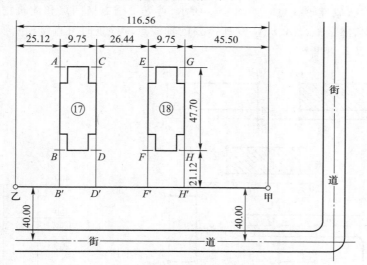

图 9-6 根据"建筑红线"放样主轴线

(1)在甲点安置经纬仪,照准乙点,沿视线方向量设计距离依次钉出 H'、F'、D'、B' 点。

(2)分别在 H'、B' 点安置仪器,测设 90°角,沿垂线方向线上量距钉出 H、G 点和 B、A 点。

(3)在 G、A 点安置仪器,检查 $\angle HGA$、$\angle GAB$ 是否为 90°,检查 AG 距离是否等于 BH 距离。如果误差在允许范围内,应根据情况作适当调整。此外,还应在 H、B 点检查。

(4)根据 $ABHG$ 等点所构成的轴线,放样 C、D、E、F 各点,即得到 17 号楼的主轴线 AB、CD,

18 号楼的主轴线 *EF*、*GH*。

（5）轴线放样结束后，应检核各纵、横轴线间的关系及垂直性。

2. 根据与原有建筑物的关系放样主轴线

在建筑区内新建或扩建建筑物时，设计图上一般都给出新建筑物与附近原有建筑物或道路中心线的相互关系。如图 9-7 所示，图中绘有斜线的是原有建筑物，没有斜线的是拟建建筑物。

如图 9-7a 所示，拟建建筑物轴线 *AB* 在原有建筑物轴线 *MN* 的延长线上。这种情况应先作 *MN* 的平行线 *M'N'*，再依此测设主轴线 *AB* 及其他轴线。具体做法是：先沿原建筑物 *PM*、*ON* 墙面向外量出 *MM'*、*NN'*，并使 *MM'*=*NN'*，在地面上标定点 *M'*、*N'*，将直线 *M'N'* 作为建筑基线；然后在点 *M'* 安置经纬仪，照准 *N'* 点，沿着视线方向从 *N'* 点开始，按设计尺寸量出水平距离 *NA*、*AB*，标定点 *A'*、*B'*；检查无误后，再将经纬仪安置于点 *A'*、*B'*，测设 90°角，沿着垂线方向量出设计的距离，即可标定出点 *A*、*C* 和点 *B*、*D*。

如图 9-7b 所示，拟建建筑物轴线 *AB* 的延长线与原有建筑物轴线 *MN* 的延长线垂直。测设方法是：首先按前面所述方法作 *MN* 的平行线 *M'N'*，并延长至 *O* 点；然后在点 *O* 安置经纬仪，测设 90°角，沿着垂线方向量出水平距离 *OA*、*AB*，分别定出点 *A*、*B*；检查无误后，再将经纬仪安置于点 *A*、*B*，测设 90°角，沿着垂线方向量出建筑物的宽度，标定点 *C*、*D*。

如图 9-7c 所示，拟建建筑物 *ABCD* 与道路中心线 *MN* 平行。测设方法是：首先量路宽取中点，确定路中心线方向 *MP* 及两条路中线的交点 *M*；然后在点 *M* 安置经纬仪，照准路中线 *MP* 方向，沿着视线方向根据设计尺寸量出 *MN*、*NQ* 距离，定出点 *N*、*Q*；检查无误后，再将经纬仪安置于点 *N*、*Q*，测设 90°角，沿着垂线方向量出设计距离，标定点 *C*、*D*。

3. 根据建筑方格网放样主轴线

若施工现场已布设建筑方格网，且给出拟建建筑物各角点的施工坐标，则可根据建筑方格网点按点位放样的方法放样轴线点。如图 9-8 所示，首先根据方格网点和建筑物角点 *A*、*B*、*C*、*D* 的坐标计算放样数据，然后放出 *A*、*B*、*C*、*D* 所需要的轴线点。检查时可直接检查所放轴线点或所放轴线的长度、间距及垂直度等。

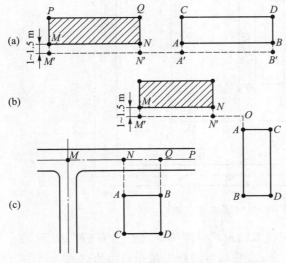
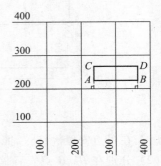

图 9-7　根据与原有建筑物的关系放样主轴线　　　　图 9-8　方格网放样主轴线

4. 根据其他控制点放样主轴线

在山区或建筑场地障碍物较多的地区，一般布设导线点或三角点作为放样的控制点。此时，应根据现场情况选择放样方法,然后在统一轴线点和控制点坐标的基础上,计算放样数据,进行放样。

实际工作中具体选用哪一种放样方法,取决于设计图上给出的放样条件、施工现场的实际情况、仪器设备及精度要求等。若同时有几种方法都适用,应选择一种既能保证精度,又能提高放样速度的方法进行放样。

9.3.2 细部轴线放样

建筑物主轴线定出后,需详细放样建筑物各细部轴线位置,细部轴线包括基础轴线和柱列轴线。由于在施工开槽时中心桩要被挖掉,因此应将中心桩沿着相应的轴线引测到槽外,即设置龙门板或轴线控制桩等。龙门板或控制桩一般应设在槽外边 2~4 m(最好与中线的距离为整米数)安全处,并便于引测和保存桩位,它是开槽后各阶段施工确定轴线位置的依据。

1. 龙门板的放样

在建筑轴线交点的基槽外,设置用于表示建筑轴线位置的水平木板,称为龙门板,如图 9-9 所示。龙门板的具体设置方法如下:

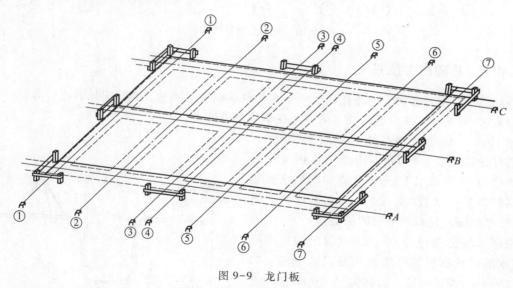

图 9-9 龙门板

(1)在建筑物各轴线两端基槽外约 1.5~2.0 m(根据槽深和土质情况确定)处设置龙门桩。桩要钉得竖直、牢固,桩与基槽平行。

(2)根据场地内的水准点,在每个龙门桩上测设出室内或室外地坪设计高程线,即"±0"标高线,如地形条件不允许,可测设比"±0"高或低某一常数的标高线。

(3)根据标高线把龙门板钉在龙门桩上,使龙门板上边缘的标高正好为"±0"。此后,用水准仪校核龙门板的高程,如发现有差错应及时纠正。

(4)把轴线引测到龙门板上。将经纬仪安置在控制桩或中心桩点上,将各轴线投测到龙门板上,并钉上小钉,作为轴线标志。然后,用钢尺沿龙门板顶面检查房屋轴线的距离,其误差不要超过 1/2 000。检查合格后,以中心钉为准将墙宽、基槽宽标在龙门板上,最后根据槽的上口宽度拉线画出基槽灰线。

龙门板设置工作完成后,施工人员即可自行掌握控制住"±0"以下各层标高和槽宽、基础宽及墙宽等,并放线施工。但龙门板使用木材较多,且占用场地,影响交通。近年来有些单位不再用龙门板而只设各轴线的施工控制桩,或者在一些大型建筑工程,以角钢连接成钢质龙门板,不但牢固而且可以拆下多次使用,节省了大量木材。

2. 轴线控制桩的测设

如图 9-10 所示,在建筑物定位时,不设外轮廓轴线交点的角桩,而是在基槽外侧 1~2 m 处,测设一个与建筑物 $ABDC$ 平行的矩形 $A'B'D'C'$,称为矩形控制网。然后,测出各轴线在此矩形网上的交点桩,称为轴线控制桩。最后以各轴线控制桩定出基槽上口位置,并撒出基槽灰线。

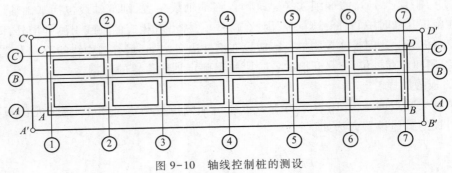

图 9-10   轴线控制桩的测设

9.3.3   基础施工测量

基础施工测量可分为普通基础施工测量和杯型基础施工测量。本节中只讲述普通基础施工测量的方法,有关杯型基础施工测量的方法在 9.4 节中讲述。

施工中,基槽是根据基槽灰线破土开挖的。当基槽开挖接近底部时,在基槽壁上自拐角开始每隔 3~5 m 应测设水平桩,水平桩的高程比槽底设计高程高某一常数(如 0.5 m),它是控制挖槽深度、修平槽底及打基础垫层的依据。

根据现场已测设的 ±0 标志或龙门板顶的标高,用水准仪按高程放样的方法测设水平桩。如图 9-11 所示,设槽底设计标高为 -1.70 m,拟测设比槽底设计高程高 0.500 m 的水平桩。测设方法是:首先在地面合适位置处安置水准仪,读取竖立于龙门板顶面上的水准尺读数 $a(0.774$ m);然后

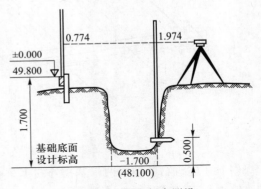

图 9-11   槽底标高测设

计算测设水平桩的放样读数 b,即 $b = (H_0 + a) - H_设 = a - (H_设 - H_0) = 0.774$ m $- [(\pm 0 - 1.700$ m $+ 0.500$ m$) - \pm 0] = 1.974$ m;再立尺于槽内一侧并上下移动,当读数恰好为 1.974 m 时,在尺底面的槽壁上水平打入一小木桩,桩顶面即为测设的高程位置。

在垫层打好后,将龙门板(或控制桩)上轴线位置投到垫层上,作为砌筑基础的依据。当基础施工结束后,用水准仪检查基础面是否水平,俗称"找平"。

9.3.4   轴线投测和高程传递

在多层建筑物砌筑或安装上部构件的过程中,测量工作主要有两点,即:将底层的轴线投测到上层和将底层的高程传递到上层,使上、下层具有一致的轴线和统一的高程。

1. 轴线投测

对于多层建筑物,一般是由施工人员利用挂垂球纠正墙角(或轴线),使同一部位墙角(或轴线)在同一铅垂面内,将轴线的位置逐层传递上去。这样既保证了墙身铅直又满足了轴线间的位置关系,方法简单易行。但有时因受外界干扰,如风比较大或建筑物较高时,垂球线摆动,不易准确定出建筑物轴线位置。这时,可用经纬仪把轴线位置投测到楼板边缘或柱顶上,作为上层施工的依据。

如图9-12所示,用经纬仪投测轴线时,将经纬仪安置在控制桩点或轴线延长线上,用正镜照准墙底部已弹出的轴线,仰起望远镜在上层楼板边缘或柱顶上投测一点;同法,再用倒镜投测一点;取此两点的中点作为投测点位。轴线投测到上层楼板后,还需要检核各轴线间距是否符合设计要求。

2. 高程传递

多层建筑物施工过程中,常常要由下层楼板向上层传递高程,以便使楼板、门窗口、室内装修等工程的标高符合设计要求。高程传递一般可以采用以下几种方法:

(1)利用皮数杆传递高程

皮数杆(也称线尺或程序尺)是砌基础或砌墙时控制各部分高程的主要依据,一般立在建筑物拐角或隔墙处。绘制皮数杆的主要依据是建筑物剖面图及各种构件的标高、尺寸等。如图9-13所示,在皮数杆上绘有砖的层数、门口、窗口、过梁、预留孔及房屋其他部分的高度和尺寸。

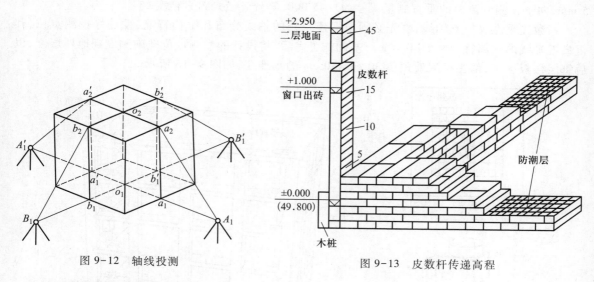

图9-12 轴线投测

图9-13 皮数杆传递高程

(2)利用钢尺直接传递高程

由某墙角等处的"±0"点起,向上(或向下)量出设计的距离(高差),将高程向上(或向下)传递。

(3)利用水准仪传递高程

这种方法详见第七章7.2.3,本处不再赘述。

9.3.5 高层建筑施工测量

高层建筑一般是指立面尺寸与平面尺寸之比较大的建筑,如高层建筑物、烟囱、水塔及各种发射天线等。高层建筑物的层数多、高度大、施工技术要求高、建筑工地多数较狭窄、受周围已有建筑物限制,以及经常采用新结构、新方法、新工艺等,对施工测量技术、精度等方面要求均较高。

因此,在高层建筑施工测量中,要细心、准确、高效地工作,同时还要有创新精神。高层建筑施工测量的主要任务,仍然是轴线投测和高程传递这两项。

1. 经纬仪投测轴线

用经纬仪投测轴线,可以用本节前面所述及的方法投测。但当投测的轴线位置较高时(如十层以上各楼面),经纬仪仰角较大,对传递工作不利,这时应将轴线传递到较远处,再进行轴线投测。

如图 9-14 所示,在点 A_1、A_1' 置站将轴线投测到第 10 层后,再向上投测时仰角过大,既不便于投测,误差也大。因此,需要在事先设定好的远轴线点 A_2、A_2' 置站,投测第 10 层以上的轴线。若事先没有设定点 A_2、A_2',可将经纬仪安置在第 10 层已投测的轴线点上,照准点 A_1、A_1' 后,抬转望远镜,在视线方向适宜处设定点 A_2、A_2'。

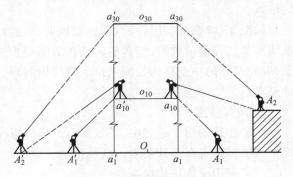

图 9-14　高层轴线投测

2. 激光垂准仪投测轴线

图 9-15 所示的是 DZJ2 型激光垂准仪的外观图及其接收靶,它可以向上、向下分别给出同轴的两束激光,并与望远镜的视准轴同心、同轴、同焦。激光的有效射程:白天为 120 m,夜间为 250 m;精度:80 m 处的激光斑直径不大于 5 mm,向上投测一测回的垂直测量误差为1/45 000,等价于激光铅直精度±5″。

用激光垂准仪投测轴线,事先必须根据建筑物的轴线分布和结构情况,设计好投测点位,其至最近轴线的距离宜为 0.5~0.8 m。基础施工完后,将设计的投测点位准确测设到地坪层上,以后每层楼板施工,都在投测处预留 30 cm×30 cm 的垂准孔,如图 9-16 所示。

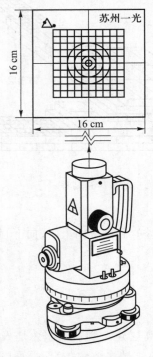

图 9-15　激光垂准仪

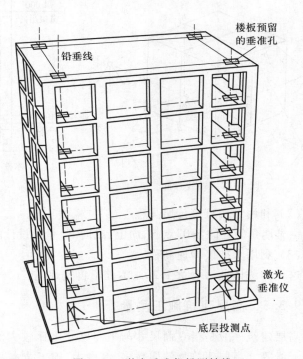

图 9-16　激光垂准仪投测轴线

将激光垂准仪安置于对应投测点上,打开电源,在投测楼层的垂准孔上可见一束红色激光,将网格激光靶的靶心精确地对准激光光斑,用压铁拉直两根细麻线,使其交点与激光斑重合,在垂准孔旁的楼板面上用墨线弹出标记。以后使用投测点时,仍然在标记处用压铁拉直两根细麻线,以恢复其中心位置。

根据投测点与建筑物轴线间的关系,在标定出投测轴线后,即可依此加密投测层的其他轴线。

关于高程传递的方法,前面章节及本节均有述及,此处不再赘述。

9.4 工业建筑施工测量

9.4.1 厂房矩形控制网的测设

在工业建筑中工业厂房为建筑主体。工业厂房一般分为单层厂房和多层厂房。在整个工业建筑场地施工控制网建立起来之后,为了对每个厂房或车间进行施工放样,还需为每个厂房或车间建立厂房施工控制网。由于厂房多为排柱式建筑,跨度和间距大,但间隔少,平面布置简单,所以厂房施工控制网多数布设成矩形形式。因此,经常将厂房施工控制网称为厂房矩形控制网或简称为厂房矩形网。建立厂房矩形控制网,一般需要经过设计、放样、精测、改正这几个阶段。

1. 基线法测设厂房矩形网

如图 9-17 所示,$A'B'C'D'$ 四点所构成的矩形为厂房矩形控制网。根据厂区方格网,可放样出矩形网的两个基线点 A'、B';然后分别在点 A'、B' 测设直角,得垂线方向 $A'C'$、$B'D'$,沿两垂线方向分别量出设计距离 $A'C'$、$B'D'$,即得点 C'、D';最后检核 $\angle C'$、$\angle D'$ 和 $C'D'$ 边长,若不符合要求,需要归化、调整,直至满足要求为止。

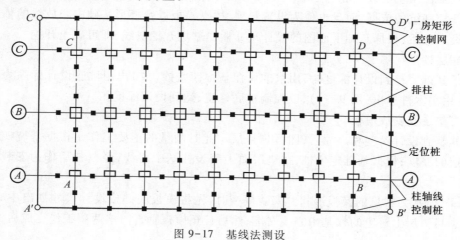

图 9-17　基线法测设

当厂房矩形控制网建立完成后,则可根据柱子间的设计距离,沿厂房网的四个边量距,标定距离指示桩(也称柱轴线控制桩)。在厂房施工时即可利用距离指示桩,测设柱子的定位桩。

2. 轴线法测设厂房矩形网

厂房主轴线是指厂房的长轴和短轴,它是厂房建筑和设备安装的平面控制依据。如图 9-18 所示,长轴是 Ⅰ-Ⅰ' 轴,短轴是 Ⅱ-Ⅱ' 轴,O 是两轴线的交点。

轴线测设法就是根据建筑场地的施工控制网或原有控制网,放样长、短轴的端点(Ⅰ、Ⅰ′、Ⅱ、Ⅱ′点)和两轴交点(O点),并进行检查、调整,使长轴上的三点(Ⅰ、O、Ⅰ′)在一条直线上,短轴与长轴垂直(调整方法见9.2节)。

当主轴线测设完成后,即可根据厂房网的设计数据,放样厂房网的角点A、B、C、D四个点,再由其四边轴线放样距离指示桩(柱轴线控制桩)。

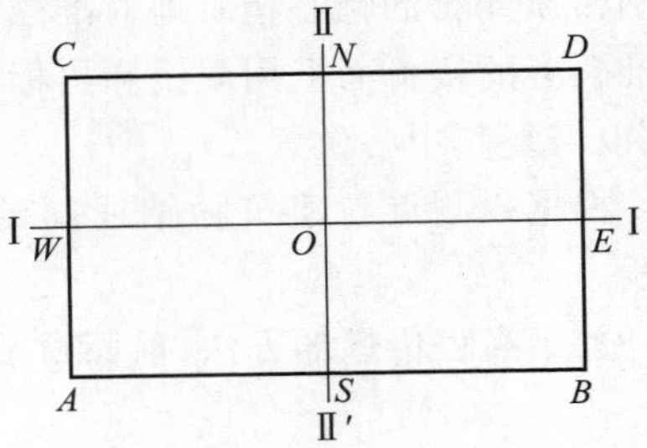

图9-18   厂房主轴线

9.4.2   厂房基础施工测量

在工业厂房结构中,柱子基础和设备基础是关键的组成部分。柱子基础对厂房的上部建设(如柱子、吊车梁及轨道、吊车、桁架等)起着承重作用,其形状多为矩形;设备基础则是各种机械正确安装和安全运行的保证。厂房柱子基础分为两种类型:其一是在现场直接浇灌混凝土基础及柱子这种一体式结构类型;其二是在浇灌混凝土基础时,要预设杯形插口或埋设地脚螺栓,以便将事先预制好的柱子插入到杯形插口或装配在地脚螺栓上,这是装配式结构类型。本节主要介绍装配式结构柱基础和设备基础的施工测量工作。

1. 柱基础施工测量

杯形基础是装配式柱子基础的一种形式。装配式柱子一般由柱身和柱基础构成,经常分别制作,现场装配,因此,对基础各部分的施工要求比较严格。杯形基础施工测量的方法如下:

(1)柱基定位

如图9-17所示,根据厂房矩形控制网中的柱轴线控制桩(距离指示桩),或根据施工控制网和柱基中心设计坐标,进行柱基定位。即在实地标定柱子基础,并用定位桩(也称骑马桩)标示,将标定的各基础的定位桩对向拉线,线绳的交点位置即为所求柱基础的中心点。

定位桩要位于基坑以外相当于基坑深度1~1.5倍的地方,每个柱子基础的四个定位桩不仅可以作为开挖基坑的依据,而且也作为设置垫层、树立模板以及杯形基础中心放线的依据。基础定位桩测设完成后,根据基础平面图的设计尺寸撒出基坑开挖灰线,即可破土开挖。

(2)底层抄平

当柱子基础要挖到设计深度时,用水准仪在基坑四壁抄(放)出距坑底设计标高为某一常数的标高,并用小木桩标出(图9-11),以控制坑底修整,达到设计深度。

(3)打垫层及安放模板

基坑修整到设计深度和尺寸后,即可打垫层。此时测量的主要工作是根据基坑四壁上的木桩控制垫层的厚度;根据基础定位桩,在垫层面上测设柱基中心线,经校核后作为安装基础模板的依据。

图9-19所示为常见的模板形状。安装模板时,先将模板底部按设计尺寸划出中心标志,并将这些标志与垫层上对应的柱基中心线对准;然后校正模板垂直。这两项工作完成后,即可浇灌混凝土。

(4)杯口抄平

图9-20所示为常见的杯口式混凝土柱基础。施工时要将柱身预制件插入基础杯中,经定位校正后作二次浇灌。所以,为了保证装配后的柱子达到设计标高,柱基拆模后,应在杯口内侧四面放出低于杯口表面设计标高3~5 cm的某一标高,并做出"▼"标志,注明标高数值。用此标高点来修整杯底面,使其达到设计标高。

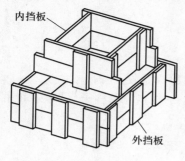
图 9-19　安装模板

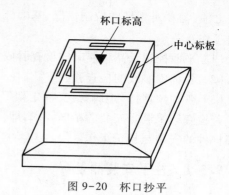
图 9-20　杯口抄平

（5）中心标板投点

柱基拆模后，要进行中心标板投点工作。在中心标板投点之前，应全面检查轴线延长的标志，确认无误后方可投点。所谓中心标板投点，就是根据轴线延长的标志，将轴线精确投测到埋设在杯口顶面的中心标板上，并刻"十"字线标志。所有中心标板投点均需独立作两次，其投点误差不得大于 2 mm。

2. 设备基础施工测量

工业厂房内主要设备与辅助设备的总重量常达数千吨，所有这些设备都必须安装在钢筋混凝土的基础上。因此，它除了需要大量的钢筋和混凝土外，还需要安装精度要求较高的地脚螺栓。

基础平面的配置，根据所安装设备的布置与形式而定，所以，它的造型就极为复杂。设备基础的深度主要取决于生产设备，即使是同一块基础，底层层面的高低也可能相差很大。基础内部的钢筋，都是按基础的形状布置的，成为一种钢筋网的立体构架。

在设备基础中，尚有各种不同用途的大量金属埋设件，这种埋设件必须在混凝土浇灌之前，按一定的位置固定，然后再浇灌混凝土。如果这种埋设件遗漏或位置错误，会使基础发生返工的可能，因此，设备基础施工测量是保证工程质量的重要手段。

设备基础工程施工测量基本可分为：基础定位（破土前的放样），基础槽底放线，基础上层放线，地脚螺栓安装放线，中心标板投点等。以上各项设备基础施工测量的工作方法，可参见柱基础施工测量的方法。另外，还应注意：

（1）当基础较深时，可以用钢尺代替水准尺，用水准仪测出与基底设计高程相差某一常数的标高点（参见 7.2.3）。

（2）为保证设备和地脚螺栓相对尺寸的准确性，一般均设计专用的钢制固定架，固定地脚螺栓及其他预埋件。在浇灌混凝土之前，应按要求安置固定架，以保证地脚螺栓的平面位置和高程位置。

9.5　安装测量

装配式单层厂房主要由柱子、吊车梁、屋架、天窗架和屋面板等主要构件组成。目前，建筑物施工多采用预制构件、现场安装的方法，这样可以提高施工的机械化、工业化程度，加快工程进度。由于构件都是按设计尺寸预制的，施工时必须按设计要求的位置和相互关系进行安装。因此，测量人员应保证各构件的位置和相互间的几何关系符合设计要求，使安装工作顺利完成。在

安装之前,需要对现场的控制情况、基础施工情况等进行检查验收。其中,属于测量方面的检查验收工作有:

（1）平面控制及高程控制的检查验收。

（2）各种中心线的检查验收。

（3）各种预埋件(地脚螺栓、固定架等)平面、高程位置的检查验收。

若检查结果满足安装的精度要求,即可开始安装工作。以下重点介绍柱子、吊车梁和吊车轨道等构件的安装与校正工作。

9.5.1　柱子安装测量

1. 安装前的准备工作

如图 9-21a 所示,在柱子安装之前,检查柱子的规格尺寸是否符合设计要求,在柱身上的三个立面用墨线弹出柱中线。

如图 9-21b 所示,由牛腿面沿着柱身向下量出设计高程"±0"的位置,并标记;再量出"±0"位置到柱底四角的长度,即可得出柱子各底脚点的高程。施工人员将这些高程与基础杯底对应点的实测标高比较,便可确定杯底点的垫高或铲低高度,并将这些高度标记在柱子对应的底脚处(如图中①+2、②+5)。由于加垫板比铲低容易,所以为了避免剔凿,浇灌柱基混凝土时,一定要注意杯口底面应比设计高程略低,杯底标高容许偏差为 0~10 mm。

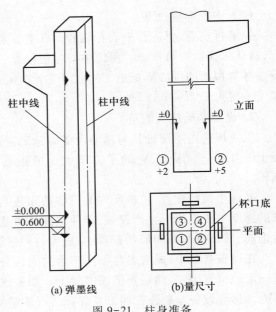

图 9-21　柱身准备

2. 柱子安装测量

准备工作完成后,即可开始吊装柱子。将柱子预制件吊起,插入杯口中,使柱身中心线(墨线)与基础面中心线对齐、对正,如图 9-22 所示。用钢丝缆绳拉紧柱子,杯口四周插入木楔或铁楔来进行调整固定,使其中心线的误差不大于 5 mm。在现场放样±0 位置,并与柱子上的±0 位置比较,其误差不应超过 3 mm。

3. 垂直度校正的方法

（1）单根柱子的校正

如图 9-22 所示,将两台经过严格检校的经纬仪分别安置在两条互相垂直的轴线上,各自照准杯口标板或柱子底部的中线;逐渐仰起望远镜,观察柱身标注的墨线(中线)偏离望远镜十字丝竖丝的情况;指挥施工者调整钢缆、钢楔等,使柱身墨线与十字丝的竖丝重合,使得柱子竖直;待柱子竖直后,楔紧钢楔。此项校正工作应反复进行,直到两中心线同时满足两架经纬仪对垂直度的要求为止。

（2）成排柱子校正

在实际工作中,经常是成排柱子的安装。安装时,一般是一次把排成列的几个或多个柱子都竖起来,然后再进行校正、安装。如图 9-23 所示,将两台仪器分别安置在合适位置 A、B 处,并且对拟安装的每根柱子来说,监视的两条视线的交角应介于 60°~120°(在 90°附近较好);然后按照前述校正单根柱子的方法,校正每根柱子。

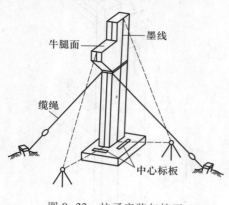

图 9-22　柱子安装与校正

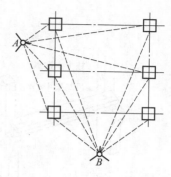

图 9-23　成排柱子校正

9.5.2　吊车梁及吊车轨道安装测量

厂房柱子安装完毕后,则需要在每排柱子的牛腿面上铺设吊车梁及吊车轨道。图 9-24 所示为常见吊车的结构示意图。

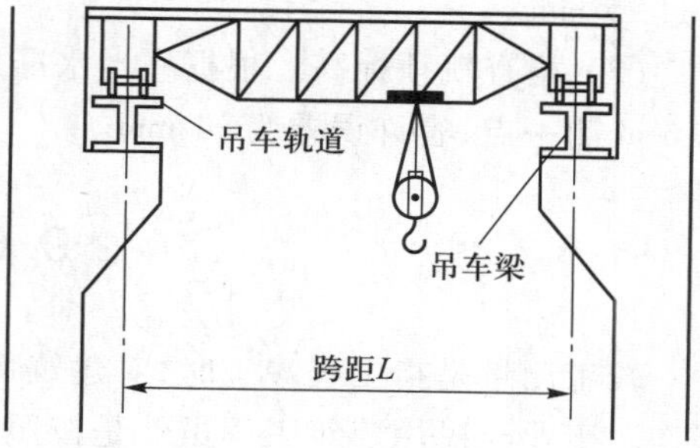

吊车梁及吊车轨道安装测量的基本要求是将吊车梁及吊车轨道安装在设计的空间位置上,即:梁中心线、吊车轨道中心线及牛腿面中心线在同一竖直平面内,两梁中心线及吊车轨道中心线间的跨距满足设计要求,梁面及吊车轨道面在设计高程的位置上。

1. 吊车梁安装测量

根据高程传递方法,先在柱子上标出高于牛腿面

图 9-24　吊车结构

的设计高程为某一常数的高程点,称为柱上水准点,如图 9-25 所示,并依此水准点检查牛腿面的实际标高。然后在吊车梁顶面两端及断面,用墨线弹出中心线;再依据柱列轴线,用经纬仪将吊车梁的中心线投测到牛腿面上,并对传递到牛腿面上的中心线进行检查,无误后即可安装吊车梁。

在安装时,使梁端中心线与牛腿面梁中心线重合,并用经纬仪检测、校正。检测、校正方法:如图 9-26 所示,先根据柱轴线,用经纬仪在地面上放出一条与吊车梁中心线平行且间距为 d(一般取 1 m)的校正轴线;然后将经纬仪安置于校正轴线的一个端点,瞄准另一个端点,固定照准部;再抬转望远镜,照准水平放置且垂直于吊车梁中心线的木尺(木尺长为 d),若尺端未被视线切准,则指挥移动吊车梁,直至被切准,即吊车梁中心线距校正轴线为 d 值。

吊车梁校正好以后,利用柱上水准点对梁面高程进行检查。每 3 m 检查一点,梁两端的接头处高差不应超过±3 mm,中间点的误差范围为±5~±8 mm。最后,在吊车梁上重新测设吊车梁的中心线。

2. 吊车轨道安装测量

吊车梁中线恢复以后,即可安装吊车轨道。此时的测量工作,主要是检查安装好的吊车轨道是否符合设计要求,具体内容为:

(1)检查轨道中心线。沿轨道面每 6 m 检查一点,容许偏差为±2 mm。

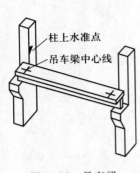

图 9-25　吊车梁

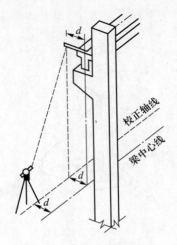

图 9-26　吊车梁校正

（2）检查跨距。用钢尺丈量或手持测距仪测量两轨道中心线的间距,其与设计值之差不得超过±5 mm。

（3）检查轨顶标高。根据柱上水准点在每条轨道接缝处各测一点,容许误差为±1 mm;中间每 6 m 测一点,容许误差为±4 mm。

9.6　竣 工 测 量

竣工测量是指工程竣工时,对建筑物、构筑物或管网等在实地的平面位置、高程进行的测量工作。工业与民用建筑工程虽然是按照设计总平面图施工的,但在施工过程中,由于设计考虑不周或场地条件有变而产生设计变更,使工程的竣工位置与原设计位置不符。另外,为了给工程竣工投产后运营中的管理、维修、改建或扩建等提供可靠的资料,需要进行竣工测量,编绘竣工总平面图。

竣工总平面图的编绘,包括室外实测和室内资料编绘两方面的内容,现分别介绍如下。

9.6.1　竣工测量的内容

工程竣工后,施工单位应进行竣工测量,提供工程的竣工测量成果,作为编制竣工总平面图的依据。竣工测量采用的平面、高程系统应与原设计总平面图的一致。

竣工测量主要是测定许多细部点的坐标和高程,因此,图根点的密度要大些,细部点的测量精度要高些(一般应精确到厘米)。细部点测量的主要内容如下:

主要建(构)筑物界线的拐点坐标、高程,圆形建(构)筑物的圆心坐标、半径。普通线状地物如高压线、低压线、通讯线、网络线、铁丝网、围墙等起讫点和转点处的坐标、高程;地下管线的起点、终点及弯头三通、四通点的坐标、埋深、高程,以及管线材质、管径;架空管线的起点、终点及转点支架的中心位置、净高;道路中心线的起点、终点及转点坐标、高程,路宽和铺装路面材质等。

测定坐标的细部点,不仅要绘制、标注在竣工图上,还需列出细部点的坐标表,以便于使用。

9.6.2　竣工总平面图的编绘

竣工总平面图是指根据竣工测量的资料和设计的资料,编绘反映建筑物、构筑物或管网等工程竣工后的实际平面、高程位置等有关信息的图件。

　　编绘竣工总平面图前,应收集汇编相关的重要资料,如设计总平面图、施工图及其说明、设计变更资料、施工放样资料、施工检查测量及竣工测量资料等。竣工总平面图的比例尺、图幅大小、图例符号及注记,应按有关规范执行,如《1∶500、1∶1 000、1∶2 000 地形图图示》,若规范中没有对应地物的符号,可编制符号,但要附图例说明。

　　竣工总平面图的内容包括:建筑方格网点、水准点、厂房、辅助设施、生活福利设施、地下管线、架空管线、道路、铁路,以及建筑物和构筑物细部点的空间数据,厂区内的空地和未建区的地形(地物和地貌)等。

思考题与习题

　　1. 为什么要建立施工控制网? 施工控制网应满足什么要求? 它和测图控制网相比有何特点?

　　2. 为什么要建立建筑坐标系? 如何建立建筑坐标系? 其有何优越性?

　　3. 试述布设施工高程控制网的要求。

　　4. 如何将施工坐标系的坐标换算为测量坐标系的坐标?

　　5. 厂区控制网和厂房控制网有什么区别?

　　6. 应怎样检测、校正矩形控制网的主横轴线和主纵轴线?

　　7. 施工测量分为哪几个阶段,各阶段的主要工作是什么?

　　8. 建筑物定位有哪些方法,各适合什么条件的建筑物定位?

　　9. 试述龙门板的作用及建立过程。

　　10. 叙述一般基础和杯形基础的施工测量步骤。上述两种形式的基础各具有什么特点?

　　11. 轴线传递有几种方法,各有哪些优点和缺点?

　　12. 怎样进行高程传递?

　　13. 在安装测量前应进行哪几项测量验收工作?

　　14. 如何保证柱身的垂直? 如何保证牛腿面、梁面、轨道面中心线在同一竖直面内?

第十章　水利工程施工测量

10.1　概　　述

水利工程包括防洪、灌溉、排涝、发电、航运等项工程,图 10-1 为某水库的示意图,由大坝、溢洪道、水闸、电站和输水涵洞等各个水工建筑物组成的整体称为水利枢纽。

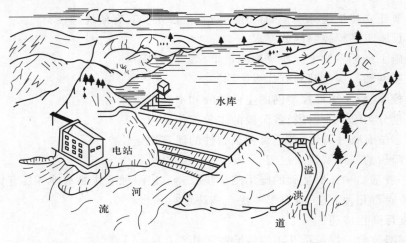

图 10-1　水库示意图

按工程建设的程序可将测量工作分为勘察设计阶段的测量工作、施工阶段的测量工作、运营管理阶段的测量工作。勘察设计阶段的测量工作主要是布设测图控制网,测绘工程设计所需的大比例尺地形图。工程施工阶段的测量工作主要是建立施工控制网,进行各种建(构)筑物的放样。运营管理阶段的测量工作主要是建立变形监测网,监视建筑物的运行状态(如沉陷、水平位移、倾斜和裂缝等),保障建筑物的运营安全;并通过研究变形,验证工程设计的理论,为类似工程提供改进设计的依据。

施工测量和地形测图比较起来,由于各自的目的不同,所以工作过程和施测方法亦有很大差别,从测量精度上来说,测图控制网的点位精度要求不超过±5 cm,而对于施工控制网,这样的精度一般是远远不够的,如大型桥梁、隧道施工控制网等。因此,施工控制网的精度通常要高于测图控制网的精度。

施工放样所遵循的原则是在布局上"由整体到局部",在精度上"由高级到低级",在程序上"先控制后碎部"。在控制测量的基础上,进行细部施工放样工作,在工作中要特别注意施工测量的检核工作十分重要,必须采用适宜的方法加强外业数据和内业成果的检验,否则,就有可能造成施工质量的危害。本章主要介绍水利工程施工控制网布设、几种典型水工建筑物的施工测量及渠道测量等。

10.2 水利工程施工控制网布设

施工放样与地形图测绘一样,必须以控制点为依据。在正常情况下,测图控制点的密度和精度都难以满足施工放样的要求,因此,需要布设专用的施工控制网。施工控制网的特点是:控制面积小,点位密度大、使用频率高,受施工干扰大,精度要求高且与工程项目有关等,在水利工程测量中,平面控制最末级相邻点位中误差不许超过±10 mm。施工控制网按照控制网的性质及用途分类,包括施工平面控制网和施工高程控制网。

10.2.1 平面控制网的布设

由于直接用于放样的控制点离建筑物较近,易受施工干扰而破坏,为了能够恢复这些点的位置,必须有另外一些不受施工干扰的基本控制点作为依据。因此,通常采用分级布点方案。平面控制网一般布设成两级,即基本网和定线网。

1. 基本网

组成基本网的控制点,称为基本控制点,布点时点位应布设在施工影响范围之外、地质条件较好的地方,并且应注意图形结构,使之能达到较高的精度。基本网是整个水利枢纽工程测设的总体控制。

2. 定线网

定线网以基本网为基准,用交会定点等方法加密。点位应选在靠近建筑物的地方,以便直接用于施工放样,定线网点必须与基本网点通视,并能组成较好的测算图形。

目前,经常用GPS、全站仪等建立施工控制网,使得控制网在精度、效率、点位设立等方面更具有优势。图10-2所示为某地的GPS控制网略图。

3. 施工坐标系与测量坐标系的换算

设计图纸上建筑物各部分的平面位置是以建筑物主轴线(如坝轴线、厂房轴线等)作为定位依据的。为了便于施工,需要建立施工坐标系,即以主轴线(或相互垂直的两个主轴线)为坐标轴,合适的位置为坐标原点,建立独立的施工坐标系统。而平面控制测量中控制点的坐标是测量坐标,必须通过坐标转换,实现施工中两种坐标的统一。

如图10-3所示,xOy 为测量坐标系,$AO'B$ 为施工坐标系。点 P 在施工坐标系内的坐标为 A_P、B_P,在测量坐标系内的坐标为 x_P、y_P,两者之间的相互转换详见第7章7.1节中的式(7-1)和式(7-2)。

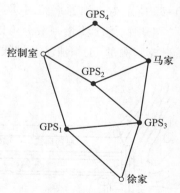

图 10-2 某地 GPS 控制网

10.2.2 高程控制网的布设

为了给工程建筑物的高程测设提供可靠的统一高程系统,需要在施工场地建立施工水准网。与平面控制网一样,水准网也采取分级布设方案。

1. 水准基点

水准基点一般布设在施工场地周围不受施工干扰、地质条件良好的地方,且应按规范要求埋设永久性坚固标志,施测的精度通常不低于三等水准测量。为了配合变形观测的需要,最好一次布设成精密水准网。由水准基点组成的水准网,称为基本水准网。

2. 临时作业水准点

临时作业水准点通常布设在靠近建筑物的适宜位置处,专为建筑物放样时直接引测高程使用,并且根据情况建立临时水准标志。临时作业水准点应与水准基点联测,构成附合路线,并且按不低于四等水准测量的要求施测。临时水准点一般不宜采用闭合水准路线施测,以防止因弄错起算数据而引起的工程质量事故等。如图 10-4 所示,BM_1、1、2、…、7、BM_1 是一个闭合形式的基本网,P_1、P_2、P_3、P_4 为临时作业水准点。

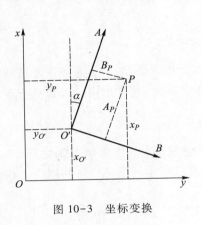

图 10-3   坐标变换

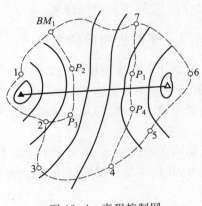

图 10-4   高程控制网

10.3   土坝施工测量

土坝是一种较为普遍的坝型。根据土料在坝体的分布及其结构的不同,其类型又有多种,图 10-5a 所示为土坝的平面图,图 10-5b 所示为一种黏土心墙土坝的剖面图。

土坝的施工测量一般分为以下几个阶段:土坝轴线的定位与测设、坝身平面控制测量、坝身高程控制测量、土坝清基开挖线的放样、坝脚线的放样和溢洪道测设等。

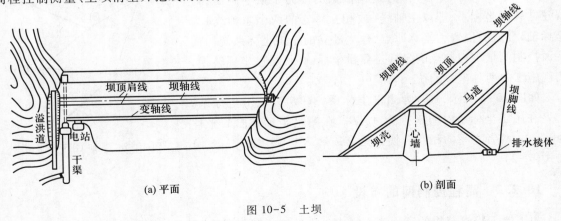

(a) 平面

(b) 剖面

图 10-5   土坝

10.3.1   坝轴线的定位与测设

坝址选择是一项很重要的工作,因为它涉及大坝的安全、工程成本、受益范围、库容大小等问题,所以,大坝选址工作必须要经过综合研究,反复论证,才能确定。选定大坝位置,也就是确定大坝轴线位置,通常有两种方法:一种是由有关人员组成选线小组实地勘察,根据地形和地质情况并顾及其他因素在现场选定,用标志标明大坝轴线两端点,经过进一步分析比较和论证后,用永久性的标桩标明,并尽可能把轴线延长到两边的山坡上;另一种方法是在地形图上根据各方面的勘测资料,确定大坝轴线位置。第二种方法,需要把图上的确定的轴线位置测设到地面上。测设过程如下:

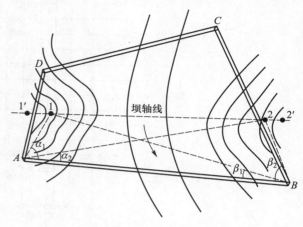

图 10-6　坝轴线测设

首先建立大坝平面控制网。如图 10-6 所示,1、2 是大坝轴线的两个端点,1′、2′是它们的延长点,A、B、C、D 四点是大坝轴线附近的控制点,在图上可量出 1、2 两点的坐标。然后依据控制点,结合设备条件和场地环境等,用全站仪或 GPS、经纬仪等测设出大坝轴线端点 1、2(图中的点 1、2 是在控制点 A、B 置站,用前方角度交会法测设的),同时检查测设的点 1、2 要满足要求。最后在点 1、2 安置全站仪或经纬仪,用正倒镜分中法将大坝轴线延长,并在合适位置处设定点 1′、2′。

10.3.2　坝身平面控制测量

土坝一般都比较庞大,为了进行坝身的细部放样,如坝身坡脚线、坝坡面、心墙、坝顶肩线等,需要以坝轴线为基础建立若干条与坝轴线平行和垂直的一些控制线作为坝身的平面控制。

1. 平行于坝轴线的控制线的测设

在大坝施工现场,由于施工人员、车辆、施工机械往来频繁,如果直接从坝轴线向两边量距,既困难又影响施工进度。所以,在施工开始前,需要在大坝的上游和下游设置若干条与坝轴线平行的直线,如图 10-7 所示。

平行于坝轴线的控制线可布设在坝顶上下游线、上下游坡面变化处、下游马道中线,也可按一定间隔(如 10 m、20 m、30 m 等)布设,以便于控制坝体的填筑和进行收方。

测设平行于坝轴线的控制线时,应分别在坝轴线的端点 1、2 安置经纬仪,用测设 90°角的方法各放样一条垂直于坝轴线的横向基准线,如图 10-7 所示。然后沿此基准线量取各平行控制线距坝轴线的距离,用木桩(常称方向桩)标定点位 m、n、p、⋯和 m′、n′、p′、⋯,即得到各平行线的位置。

2. 垂直于坝轴线控制线的测设

垂直于坝轴线的控制线,一般按 50 m、30 m 或 20 m 的间距以里程来测设,其放样步骤如下:

(1) 沿坝轴线测设里程桩

由坝轴线的一端,如图 10-7 中的 1 点,在轴线上定出坝顶与地面的交点,作为零号桩,其桩号为 0+000。方法是:在 1 点安置经纬仪,瞄准另一端点 2,得坝轴线方向,用高程放样的方法,首先由坝顶高程 $H_{顶}$ 和附近水准点(高程 H_{BM} 为已知)上水准尺的后视读数 a,计算前视水准尺上的读数 $b = H_{BM} + a - H_{顶}$,然后持水准尺在经纬仪视线方向(坝轴线方向)上移动,当水准仪读得的前视读数为 b 时,立尺点即为零号桩。

由零号桩起,由经纬仪定线,沿着坝轴线方向按选定的间距(图 10-7 中为 30 m)测设距离,

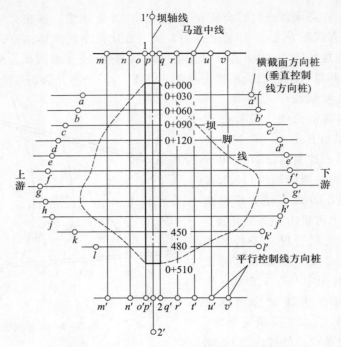

图 10-7　土坝平行线与垂直线的测设

顺序钉下 0+030、0+060、0+090 等里程桩,直至另一端坝顶与地面的交点为止。

（2）测设垂直于坝轴线的控制线

将经纬仪安置在上述所放样的里程桩上,瞄准 1 点或 2 点,测设 90°角,定出垂直于坝轴线的一系列平行线,并在上、下游施工范围以外,分别用木桩标钉横断面方向桩 a 和 a'、b 和 b'、…、l 和 l',作为横断面测量和放样的依据。

10.3.3　坝身高程控制测量

用于土坝施工放样的高程控制,可由若干永久性水准点组成基本网和临时作业水准点两级布设。基本网布设在施工范围以外,并应与国家水准点连测,组成闭合或附合水准路线（图 10-8）,用三等或四等水准测量的方法施测。临时水准点直接用于坝体的高程放样,布置在施工范围以内不同高度的位置,并尽可能做到安置一次或两次仪器就能放样出高程。临时水准点应根据施工进程及时设置,附合到基本水准网的网点上。一般按四等或五等水准测量的方法施测,并要根据基本水准点定期进行检测。

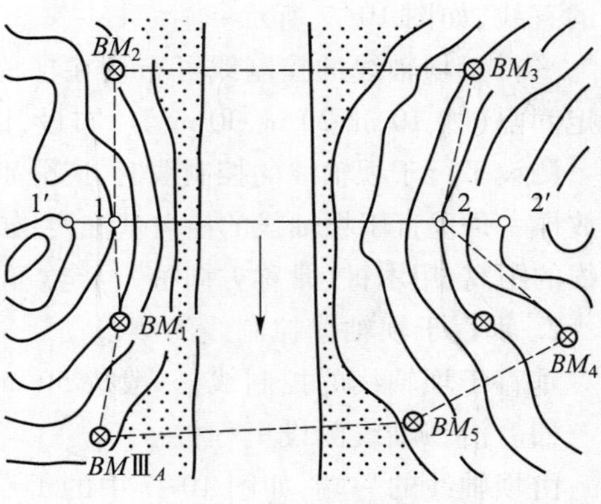

图 10-8　土坝高程基本控制网

10.3.4　土坝清基开挖线的放样

为使坝体与岩基很好结合,坝体填筑前,必须对基础进行清理。为此,需要测设出坝体与原地面的交线,即清基开挖线。

清基开挖线的放样精度要求不高,可用图解法求得放样数据在现场放样。为此,先沿坝轴线测量纵断面,即测定轴线上各里程桩的高程,绘出纵断面图,求出各里程桩的填挖高度;然后在每一里程桩处进行横断面测量,绘出横断面图;再根据里程桩的高程、填挖高度及坝面坡度,在横断面图上套绘大坝的设计断面。

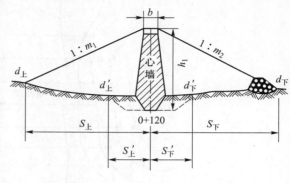

图 10-9　土坝清基放样

如图 10-9 所示,为里程桩 0+120 处的横断面。从图中可以看出 $d_\text{上}$、$d_\text{下}$ 为坝壳上、下游清基开挖点,$d'_\text{上}$、$d'_\text{下}$ 为心墙上、下游清基开挖点,它们与坝轴线的距离分别为 $S_\text{上}$、$S_\text{下}$、$S'_\text{上}$、$S'_\text{下}$,这些距离可从图上量得,也是放样数据。由于清基有一定深度,开挖时有一定的边坡,故 $S_\text{上}$、$S_\text{下}$ 应根据深度情况适当加宽。待现场实际放出清基开挖点后,用石灰把它们连接起来形成石灰线,即大坝的清基开挖线。

10.3.5　坝脚线的放样

在清基工作完成后,需要放出坡脚线,以便填筑坝体。坝底与清基后地面的交线,即为坡脚线。下面介绍两种放样坡脚线的方法。

1. 横断面法

这种方法是用图解法获得放样数据后,再用如下方法测设:

首先恢复轴线上的所有里程桩;然后进行纵、横断面测量,绘出各里程桩清基后的横断面图;再套绘土坝断面设计断面,获得类似图 10-9 的坝体与清基后地面的交点,即上、下游坡脚点 $d_\text{上}$、$d_\text{下}$,量出这些坡脚点至里程桩的水平距离 $S_\text{上}$、$S_\text{下}$(放样数据);最后依据这些放样数据,在实地测设出这些上、下游坡脚点,分别连接上、下游坡脚点,即得上下游坡脚线。

2. 平行线法

这种方法是根据已知平行控制线与坝轴线的间距,计算坝坡面的高程;然后在平行控制方向上,用高程放样的方法测设坡脚点。

如图 10-10 所示,AA' 为坝身平行控制线,距坝顶边线 25 m,若坝顶高程为 80 m,边坡为 1:2.5,则 AA' 控制线与坝坡面相交的高程为 80 m−25 m×1/2.5=70 m。放样时在 A 点安置经纬仪,瞄准 A' 定出控制线方向,用水准仪在经纬仪视线内探测高程为 70 m 的地面点,就是所求的坡脚点。连接各坡脚点即得坡脚线。

10.3.6　边坡放样

坝体坡脚放出后,即可填土筑坝。为了标明上料填土的界线,每当坝体升高 1 m 左右就要用木桩(称为上料桩)将边坡的位置标定出来,标定上料桩的工作称为边坡放样。它主要包括上料桩的测设和削坡桩的测设。

1. 上料桩的测设

根据大坝的设计断面图,可以计算出大坝坡面上不同高程的点,离开坝轴线的水平距离,这个距离是指大坝竣工后坝面到坝轴线的距离。在大坝施工时,经常要多铺一部分料,依据材料和压实方法的不同,一般应加宽 1~2 m 填筑,即上料桩应标定在加宽的边坡线上,如图 10-11 所示,图中的虚线即是上料桩的位置。这样可以使压实并修理后的坝面,恰好是设计的坝面。因

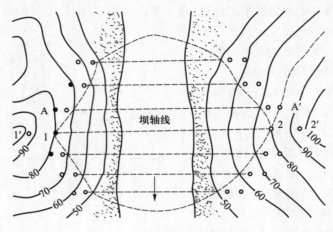

图 10-10 平行线法放样坡脚线

此,各上料桩的坝轴距要比按设计所计算的数值大 1~2 m,并将其编成放样数据表,以备放样。而对于坝顶面铺料超高的部分,应视具体情况而定。在施测上料桩时,坝轴线到上料桩间的距离可用全站仪或钢尺测量,高程可用水准仪测量方式完成。

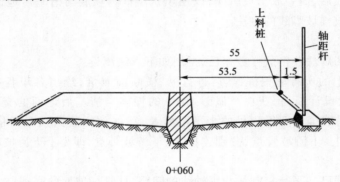

图 10-11 土坝边坡放样

测设时,一般在填土处以外预先埋设轴距杆,测出轴距杆距坝轴线的距离(图 10-11 中为 55 m),设置轴距杆的主要目的是便于量距、放样。为了放出上料桩,先用水准仪测出坡面边缘处的高程,并根据此高程从放样数据表中查得坝轴距,设为 53.5 m;然后从轴距杆向坝轴线方向量取 55.0 m-53.5 m=1.5 m 的距离,定桩即为上料桩的位置。当坝体逐渐升高,轴距杆的位置不便应用时,可将其垂直向坝轴线移动一段距离,以方便放样。

2. 削坡桩的测设

大坝填筑至一定高度且坡面压实后,还要进行坡面的修整,使其符合设计要求。方法是:在坝坡面上测设若干排平行于坝轴线的平行线,并用木桩标定;然后依据坝面坡度、平行线间距、坝顶高程等计算平行线所在坡面处的高程(与坝轴线垂距相等处的各木桩,其坝面的高程一致);再用水准仪测得各桩点处的坡面高程,即实测坡面高程;最后计算实测坡面高程与设计高程之值,并按此值修整坡面。

10.3.7 溢洪道测设

溢洪道是大坝附属建筑物之一,它的作用是排泄库区的洪水,对于保证水库及大坝的安全极为重要。

测设溢洪道主要包括三方面工作,即:溢洪道的纵向轴线及轴线上坡度变坡点的测设;纵横断面测量;溢洪道开挖边线的测设工作等。具体测设方法如下:

如图 10-12 所示,首先求出溢洪道起点 A、终点 B 以及变坡点 C、D 等的设计坐标,拟定具体的测设方法,如角度前方交会法,计算出测设每个点的相应放样数据;然后用拟定好的测设方法分别测设出 A、B、C、D 各点的位置,如用角度交会法测设起点 A、终点 B,用距离测设法放样变坡点 C、D 的位置等。

为了测定溢洪道轴线方向的纵断面图和横断面图,还要在测设轴线的同时,每隔 20 m 测设一个里程桩;再用水准仪或全站仪进行纵、横断面测量,并绘制纵、横断面图。

根据绘制的纵、横断面图和设计断面的尺寸,即可测设出溢洪道的开挖边线。开挖溢洪道时,里程桩会被挖掉,因此,必须把里程桩引测到开挖范围以外的安全、稳定处,并埋桩标明。

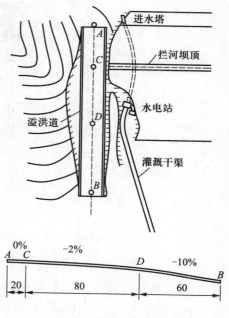

图 10-12　大坝溢洪道轴线测设

10.4　混凝土坝施工测量

混凝土坝按其结构和建筑材料相对土坝来说较为复杂,其放样精度比土坝要求高。图 10-13a 所示为直线型混凝土重力坝的示意图。混凝土坝的施工放样工作包括:坝轴线的测设,坝体控制测量,清基开挖线的放样,以及坝体立模放样等。现以直线型混凝土重力坝为例,介绍它的施工测量内容。

10.4.1　坝轴线的测设

混凝土坝轴线是坝体与其他附属建筑物放样的依据,它的位置正确与否,直接影响到建筑物各部位的正确性。

通常先在图纸上设计坝轴线的位置,然后根据图纸上量出的数据,计算出两端点的坐标及与附近控制点之间的关系,在现场用交会法等测设坝轴线的两个端点,如图 10-13b 所示的 A、B 两点。为了防止施工时受到破坏,需将坝轴线的两个端点延长到两岸的山坡上,分别标定出 1~2 点,埋设桩位,用以检查端点的位置。

10.4.2　坝体控制测量

混凝土坝的施工采取分层分块的方法,每浇筑一层一块就需要放样一次,因此,需要建立坝体施工控制网,也称坝体定线网,作为坝体放样的依据。直线型混凝土重力坝,坝体定线网一般采用矩形网的形式。

如图 10-13b 所示,以坝轴线 AB 为基准,布设矩形网,它是由若干条平行和垂直于坝轴线的控制线所组成,格网的尺寸按施工分块的大小而定。

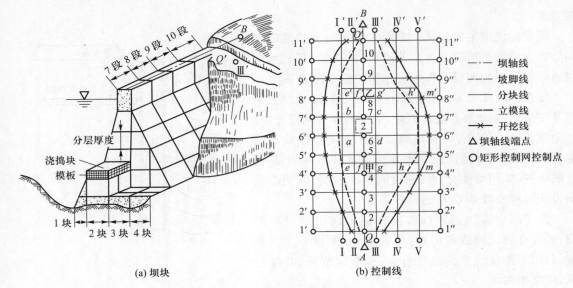

(a) 坝块　　　　　　　(b) 控制线

图 10-13　直线型混凝土重力坝

测设时,将经纬仪安置在 A 点,照准 B 点,先在坝轴线上选甲、乙两点,通过这两点测设与坝轴线相垂直的方向线;然后由甲、乙两点开始,分别测设垂线方向;再沿着垂线方向按分块的宽度,钉出点 e、f、g、h、m 和点 e'、f'、g'、h'、m' 等;最后将 ee'、ff'、gg'、hh' 及 mm' 等连线并延伸到开挖区外,在两侧山坡上设置 Ⅰ、Ⅱ、…、Ⅴ 和 Ⅰ'、Ⅱ'、…、Ⅴ' 等放样控制点。注意:在测设直角时,须用正倒镜分中法测设;测设距离时,先放出再校正;严格检查,以免发生差错。

在坝轴线方向上,还要根据坝顶的设计高程,找出并标定坝顶与地面相交的两点 Q 与 Q'(方法可参见土坝控制测量中坝身控制线的测设);再沿着坝轴线按分块的长度,钉出坝基点 2、3、…、10,通过这些点分别测设与坝轴线相垂直的方向线,并将方向线延长到上、下游围堰上或山坡上,设置 1'、2'、…、11' 和 1″、2″、…、11″ 等放样控制点。

10.4.3　清基开挖线的放样

清基开挖线是确定对大坝基础进行清除基岩表层松散物的范围,它的位置根据坝两侧坡脚线、开挖深度和坡度决定。标定开挖线一般采用图解法,和土坝测设的步骤一样,即:先沿着坝轴线进行纵、横断面测量,绘出纵、横断面图;再由各横断面图上定坡脚点,获得坡脚线及开挖线。如图 10-13b 所示,放样时可在坝身控制点 1'、2'、…、11″ 等点上安置经纬仪,瞄准对应的控制点 1″、2″、…、11″ 等点,在这些方向线上定出该断面基坑开挖点,即图中标有"×"记号的点,将这些点连接起来就是基坑开挖线。

在清基开挖过程中,应控制开挖深度,在每次爆破后及时在基坑内选择较低的岩面测定高程(精确到 cm),并用红漆标明,以便施工人员掌握开挖情况。

10.4.4　坝体的立模放样

1. 坡脚线的放样

基础清理完毕,可以开始坝体的立模浇筑,立模前首先找出上、下游坝坡面与岩基的接触点,即分跨线上、下游坡脚点。放样的方法很多,在此主要介绍逐步趋近法。

如图 10-14 所示,欲放样上游坡脚点 a,可先从设计图上查得:坡顶 B 的高程 H_B,坡顶距坝

轴线的距离 D，设计的上游面坡度 $1:m$。为了在基础上标出 a 点，可先估计基础面的高程为 H'_a，则坡脚点距坝轴线的距离 S_1 为

$$S_1 = D+(H_B-H'_a)\times m \qquad (10\text{-}1)$$

求得距离 S_1 后，由坝轴线开始沿该断面量一段距离 S_1 得 a_1 点，用水准仪实测 a_1 点的高程 H_{a1}，若 H_{a1} 与原估计的 H'_a 相等，则 a_1 点即为坡脚点 a。否则应根据实测的 a_1 点的高程，再求距离 S_2，即

$$S_2 = D+(H_B-H_{a1})\times m \qquad (10\text{-}2)$$

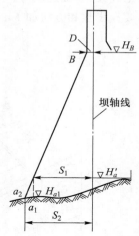

图 10-14　坝坡脚放样

再从坝轴线起沿该断面量出 S_2 得 a_2 点，并实测 a_2 的高程，按上述方法继续进行，逐次接近，直至由量得的坡脚点到坝轴线间的距离，与计算所得距离之差在 1 cm 以内时为止（一般作三次趋近即可达到精度要求）。同法可放出其他各坡脚点，连接上游（或下游）各相邻坡脚点，即得上游（或下游）坡面的坡脚线，据此即可按 $1:m$ 的坡度竖立坡面模板。

2. 直线型重力坝的立模放样

在坝体分块立模时，应将分块线投影到基础面上或已浇好的坝块面上，模板架立在分块线上，因此分块线也叫立模线，但立模后立模线被覆盖，还要在立模线内侧弹出平行线，称为放样线（图 10-13b 中的虚线），用来立模放样和检查校正模板位置。放样线与立模线之间的距离一般为 0.2~0.5 m。

（1）方向线交会法

如图 10-13b 所示的混凝土重力坝，已按分块要求布设了矩形坝体控制网，可用方向线交会法，先测设立模线。如要测设分块 2 的顶点 b 的位置，可在 7′安置经纬仪，瞄准 7″点；同时在 Ⅱ 点安置经纬仪，瞄准 Ⅱ′点，两架经纬仪视线的交点即为 b 的位置。在相应的控制点上，用同样的方法可交会出这个分块的其他三个顶点的位置，得出本分块 2 的立模线。然后利用分块的边长及对角线，校核标定的点位，无误后，在立模线内侧再标定出放样线的四个角顶，如图 10-13b 所示分块 $abcd$ 内的虚线。

（2）前方交会（角度交会）法

如图 10-15 所示，首先从设计图纸上查得某坝块的四个角点 d、e、f、g 的坐标，选定拟置站的控制点 A、B、C，计算相应的放样数据 β_1、β_2、β_3；然后在实地用前方交会法测设出各角点 g、d、e、f；再根据分块边长和对角线长等进行检查、校正，无误后，在立模线内侧标定放样的四个角点。

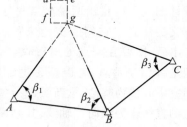

图 10-15　前方交会法立模放样

方向线交会法虽然简易方便，放样速度较快，但往往受到地形条件限制或因坝体浇筑逐步升高而挡住方向线的视线不便放样，因此，实际工作中可根据条件把方向交会法和角度交会法结合使用。

10.5　水闸施工测量

水闸一般由闸室段和上、下游连接段三部分组成，如图 10-16 所示。闸室是水闸的主体，这一部分包括底板、闸墩、闸门、工作桥和交通桥。上、下游连接段有防冲槽、消力池、翼墙、护坦（海漫）、护坡等防护设施。由于水闸一般建筑在土质地基上，因此，经常以较厚的钢筋混凝土底板作

为整体基础,闸墩和两边侧墙就浇筑在底板上,与底板结成一个整体。放样时,应先放出整体基础开挖线;在基础浇筑时,为了在底板上预留闸墩和翼墙的连接钢筋,应放出闸墩和翼墙的位置。具体放样步骤和方法如下。

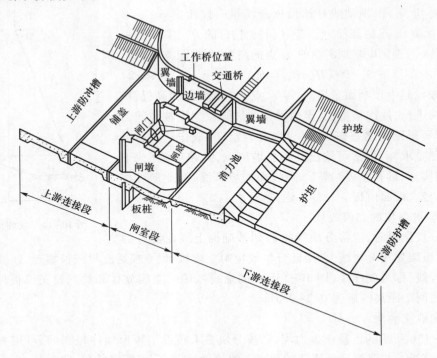

图 10-16 水闸组成部分示意图

10.5.1 主轴线的测设和高程控制线的建立

水闸主轴线由闸室中心线(横轴)和河道中心线(纵轴)这两条互相垂直的直线组成,从水闸设计图上可以量出两轴交点和各端点的坐标,根据坐标反算出它们与邻近控制点的方位角,用前方交会法定出它们的实地位置。主轴线定出后,需要在交点处安置仪器,检测它们是否相互垂直;若误差超过±10″,应以闸室中心线为基准,重新测设一条与它垂直的直线作为纵向主轴线,其测设误差应不超过±10″。主轴线测定后,应向两端延长至施工影响范围之外,每端各埋设两个固定标志以表示方向,如图 10-17 所示,AB 为河道中心线,CD 为闸室中心线。

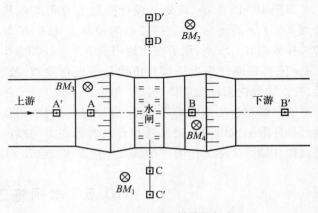

图 10-17 水闸主轴线的标定

高程控制采用三等或四等水准测量方法测定。水准点应布设在河流两岸不受施工干扰的地方,临时水准点尽量靠近水闸位置(可以布设在河滩上)。如图 10-17 所示,三等水准点 BM_1 与 BM_2 布设在河流两岸,它们与国家水准点联测,作为水闸的高程控制;临时水准点 BM_3 与 BM_4 布设在河滩上,用来控制水闸的底部高程。

10.5.2 基坑开挖线的放样

水闸基坑开挖线是由水闸底板的周界以及翼墙、护坡等与地面的交线决定。为了定出开挖线,可以采用套绘断面法。

首先,从水闸设计图上查取底板形状变换点至闸室中心线的平距,在实地沿着纵向主轴线标出这些点的位置,并测定其高程和测绘相应的河床横断面图。然后根据设计数据(即相应的底板高程和宽度,翼墙和护坡的坡度)在河床横断面图上套绘相应的水闸断面(图 10-18),量取两断面线交点到测站点(纵轴)的距离,即可在实地放出这些交点,连成开挖边线。

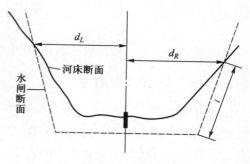

图 10-18 套绘断面法

为了控制开挖高程,可将斜高 l 标注在开挖边桩上。当挖到接近底板高程时,一般应预留 0.3 m 左右的保护层,待底板浇筑时再挖去,以免间隔时间过长,清理后的地基受雨水冲刷而变化。在挖去保护层时,需要用水准仪测定底面高程,测定误差应不超过 ±10 mm。

10.5.3 水闸底板的放样

底板是闸室和上、下游翼墙的基础,闸孔较多的大、中型水闸底板是分块浇筑的。底板放样的目的是放出每块底板立模线的位置,以便装置模板进行浇筑。底板浇筑完后,需要在底板上标定出主轴线、各闸孔中心线和门槽控制线,并弹墨标明。然后以这些轴线为基准,标出闸墩和翼墙的立模线,以便安装模板。

1. 底板立模线的标定和装模高度的控制

为了定出立模线,应先在清基后的地面上恢复主轴线及其交点的位置,于是必须在原轴线两端的标桩上安置经纬仪进行投测。待轴线恢复后,从设计图上量取底板四角的施工坐标(即至主轴线的距离),便可在实地标出立模线的位置。

模板安装完后,用水准测量在模板内侧标出底板浇筑高程的位置,并弹出墨线表示。

2. 翼墙和闸墩位置及其立模线的标定

由于翼墙、闸墩与底板结成一个整体,因此,它们的主筋必须一道结扎。这样,在标定底板模线时,还应标定翼墙和闸墩的位置,以便竖立连接钢筋。翼墙、闸墩的中心位置及其轮廓线,仍是根据它们的施工坐标测设,并在地基上打桩标明。

底板浇筑完成后,需要在底板上再恢复主轴线;然后以主轴线为依据,根据其他轴线与主轴线间的距离,测设这些轴线(包括闸孔、闸墩中心线及门槽控制线等),并弹墨线予以标明。由于墨线容易脱落,故需每隔 2~3 m 用红漆画一圈点表示轴线位置,对各轴线应按不同的方式进行编号。根据墩、墙的尺寸和已标明的轴线,再放出立模线的位置。

10.5.4 上层建筑物的轴线测设和高程控制

当闸墩浇筑到一定高度时,应在墩墙上测定一条高程为整米数的水平线,用墨线弹示出来,作为继续往上浇筑时量算高程的依据。当闸墩浇筑完工后,应在闸墩上标出水闸的主轴线,再根据主轴线标定出工作桥和交通桥的中心线。

值得注意的是,在闸墩上立模浇筑最后一层(即盖顶)时,为了保证各墩顶高程相等,并符合设计要求,应用水准测量检查和校正模板内的标高线。在浇筑闸墩的整个过程中,应随时注意检查模板是否安装,两墩间门槽的方向和间距是否上下一致等。

10.6　渠 道 测 量

渠道测量的内容一般包括选线测量、中线测量、纵横断面测量、土方计算和断面放样等。

10.6.1　渠道选线测量

1. 渠道选线

渠道选线的任务就是要在地面上选定渠道的合理路线,标定渠道中心线的位置。渠线的选择直接关系到工程效益和修建费用的大小,一般应满足:渠线应尽可能短而直,以减少占地和工程量;灌溉渠道应布置在灌区的较高地带,以便自流控制较大的灌溉面积;中、小型渠道的布置应与土地规划相结合,做到田、渠、林、路协调布置,为采用先进农业技术和农田园田化创造条件;渠道沿线应有较好的土质条件,无严重渗漏和塌方现象等。

具体选线时除考虑其选线要求外,还应依据渠道设计流量的大小按不同的方法选线。对于灌区面积较小、渠线不长的渠道,可以根据已有资料和选线要求直接在实地查勘确定。而对于灌区面积较大、渠线较长的渠道,一般应经过查勘、纸上定线和外业选线等步骤综合确定。现以大、中型渠道为例对渠道的选线工作简述如下。

(1)查勘

先在小比例尺(一般为1/50 000)地形图上初步布置渠线位置,地形复杂的地段可布置几条比较线路;然后进行实际查勘,调查渠道沿线的地形、地质条件,估计建筑物的类型、数量及规模等,对难以施工地段要进行初勘和复勘;再经过反复分析比较后,初步确定一个可行的渠线布置方案。

(2)纸上定线

对经过查勘初步确定的渠线,测绘比例尺为1/1 000~1/5 000、等高距为0.5~1.0 m的带状地形图,测量范围从初定的渠道中心线向两侧扩展,宽度为100~200 m。

在带状地形图上准确地布置渠道中心线的位置,包括弯道的曲率半径和弧形中心线的位置,并根据沿线地形和输水流量选择适宜的渠道比降。在确定渠线位置时,要充分考虑到渠道水位的沿程变化和地面高程。在平原地区,渠道设计水位一般应高于地面,形成半挖半填渠道,使渠道水位有足够的控制高程;在丘陵、山区,当渠道沿线地面横向坡度较大时,可按渠道设计水位选择渠道中心线的地面高程。渠线应顺直,避免过多的弯曲。

(3)选线测量

通过测量,把带状地形图上的渠道中心线放到地面上去,沿线打上大木桩,木桩的位置和间距视地形变化情况而定。实地选线时,对图上所定渠线作进一步的研究和补充修改,使之完善。渠道选线后,要绘制草图,注明渠道的起点、各转折点及终点的位置,注明渠道与附近固定地物的相互位置和距离等,以便寻找。

2. 水准点的布设与施测

为了满足渠道沿线纵、横断面测量及便于施工放样的需要,在渠道选线的同时,应沿渠线附近每隔 1~3 km 在施工范围以外布设一些水准点,并组成附合、闭合水准路线,当路线长度在 15 km 以内时,也可组成往、返观测的支水准路线。起始水准点应与附近的国家水准点联测,以获得绝对高程。当渠线附近没有国家水准点或引测有困难时,也可参照以绝对高程测绘的地形图上的明显地物点的高程,作为起始水准点的假定高程。水准点的高程一般采用四等水准测量的方法施测(大型渠道有的采用三等水准测量)。

10.6.2　中线测量

中线测量的任务是根据选线所定的起点、转折点及终点,测出渠道的长度和转折角的大小,并在渠道转折处测设圆曲线,把渠道中心线的平面位置在地面上用一系列木桩标定出来。

1. 平原地区的中线测量

在平原地区,渠道中心线一般为直线。渠道长度可用皮尺或测绳沿着渠道中心线丈量。为了便于计算渠道长度和绘制纵断面图,沿中心线每隔 50 m 或 100 m 打一木桩,称为里程桩。两里程桩之间若遇有重要地物(如道路、桥梁等)或地面坡度突变的地方,也要增设木桩,称为加桩。里程桩和加桩都以渠道起点到该桩的距离进行编号,起点的桩号为 0+000,以后的桩号为 0+050,0+100,0+150 等,在百米和千米之间用"+"号连接,如里程桩号 2+165.32 表示该桩沿着渠道中线距离起点为 2 165.32 m。

渠线中木桩的桩号要用红漆书写在木桩的侧面并朝向起点。在距离丈量中为避免出现差错,一般用皮尺丈量两次,当精度要求不高时可用皮尺或测绳丈量一次。在转折点处渠道从一直线方向转到另一直线方向时,需测出前一直线的延长线与改变方向后的直线间的夹角 α,如需测设圆曲线时,按照规范要求执行,即:当 $\alpha<6°$ 时,不测设圆曲线;当 $6°\leqslant\alpha\leqslant12°$ 时,只测设圆曲线的三个主点,并计算曲线长度;当 $\alpha>12°$、曲线长度 $L\leqslant100$ m 时,需要测设三个主点且计算曲线长度;当 $\alpha>12°$、$L>100$ m 时,不仅测设曲线三个主点及细部点,还要计算曲线长度。

在渠道中线测量的同时,还要在现场绘出草图,如图 10-19 所示。图中直线表示渠道的中心线,直线上的黑点表示里程桩和加桩的位置,箭头表示渠道中心线从 0+400 桩以后的走向,38°20′是偏离前一段渠道中心线的转折角,箭头画在直线的左边表示左偏,画在直线的右边表示右偏,渠道两侧的地形及地物可根据目测勾绘。

2. 山丘地区的中线测量

在丘陵山区,渠道一般是沿着山坡按照一定的方向前进,即需要沿着山坡找出渠道所通过的路线位置。为了使渠道以挖方为主,应将山坡外侧渠堤顶的一部分设计在地面以下,如图 10-20 所示。堤顶高程可根据渠首引水口进水闸底板的高程(H_0)、渠底比降(i)、里程(D)和渠深(渠道设计水深加超高)计算,即

$$H_{堤顶}=H_0-i\times D+h_{渠深} \tag{10-3}$$

例如,渠首引水口的渠底设计高程为 98.50 m,渠底比降为 1/1 000,渠深为 2.2 m,则渠首(0+000)处的堤顶高程应为 98.50 m+2.20 m=100.70 m。

测设堤顶高程方法:如图 10-21 所示,在合适处安置好水准仪,后视立于水准点 $M(H_M=100.160$ m)处的水准尺,读数 $a(1.846$ m),计算测设元素 $b=(H_M+a)-H_{堤顶}=1.306$ m,然后将前视尺沿山坡上、下移动,使前视读数恰好为 1.306 m,即得渠首堤顶位置,根据实情,再向里移一段距离(不超过渠堤到中心线的距离)在该点上打一木桩,标志渠道起点(0+000)的位置。

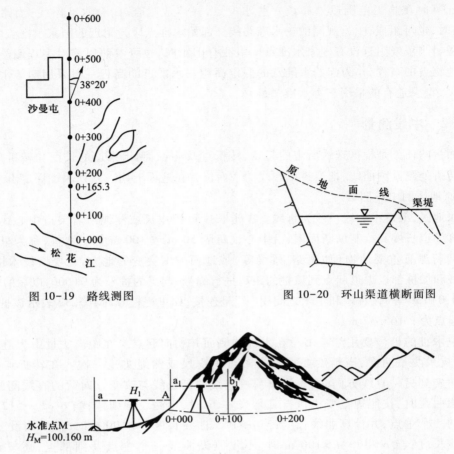

图 10-19   路线测图   图 10-20   环山渠道横断面图

图 10-21   山丘地区渠线确定

起点定好后,可从渠首开始按式(10-3)依次计算出 0+100、0+200、…的堤顶高程为 100.60 m、100.50 m、…,并定出 0+100、0+200、…点的位置。

10.6.3   渠道纵断面测量

1. 纵断面测量外业

渠道纵断面测量是测出渠道中心线上各里程桩及加桩的地面高程,而渠道横断面测量则是测出各里程桩和加桩处与渠道中心线垂直方向上地面变化情况。进行纵横断面测量的目的在于获取渠道狭长地带地面高程资料,供设计、施工时应用。现将渠道纵断面的测量方法介绍如下。

纵断面测量按普通水准测量的方法,进行纵断面测量时,里程桩一般可作为转点,读数至毫米,在每个测站上把不作转点的一些桩点称为间视点,其间视读数至厘米。同时还应注意仪器到两转点的前、后视距离大致相等(差值不大于 20 m)。作为转点的中心桩,要置尺垫于桩一侧的地面,水准尺立在尺垫上,若尺垫与地面高差小于 2 cm,可代替地面高程。观测间视点时,可将水准尺立于紧靠中心桩旁的地面,直接测得地面高程。图 10-22 为纵断面水准测量示意图,表 10-1 为相应的记录,施测方法如下:

安置水准仪于测站点 1,后视水准点 BM_1,读得后视读数为 1.050 m,前视 0+000(作为转点)读得前视读数为 1.325 m;将水准仪搬至测站点 2,后视 0+000,读数为 1.001 m,分别立尺于

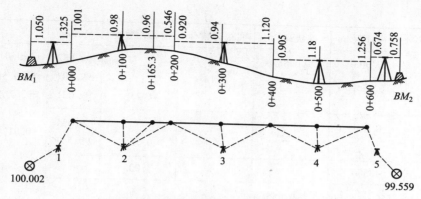

图 10-22　纵断面测量示意图(图中单位:m)

0+100、0+165.3,读得间视读数为 0.98 m、0.96 m,再立尺于 0+200,读得前视读数为 0.546 m、然后将水准仪搬至测站点 3,同法测得后视、间视和前视读数、依次向前施测,直至测完整个路线为止。在每个测站上测得的所有数据都应分别记入手簿相应栏内。每测至水准点附近,都要与水准点联测,作为校核。

(1)计算校核。在表 10-1 中,为了检查计算上是否有误,校核方法为

$$后视总和-前视总和=终点高程-起点高程$$

(2)路线校核。方法同普通水准测量(见第三章 3.4 节),在本例中

$$\sum a = 4.550 \text{ m},\ \sum b = 5.005 \text{ m},\ \sum h = \sum a - \sum b = 4.550 \text{ m} - 5.005 \text{ m} = -0.445 \text{ m}$$

$$f_h = 实测高差 - 已知高差 = -0.445 \text{ m} - (99.559 - 100.002) \text{ m} = -0.012 \text{ m}$$

$$f_{h容} = \pm 12\sqrt{n} = \pm 12\sqrt{5} = \pm 27 \text{ mm}$$

由于 $f_h < f_{h容}$,说明测量成果符合精度要求。

在渠道纵断面测量中,各间视点的高程精度要求不是很高(读数只需读至厘米),因此,在线路高差闭合差符合要求的情况下,可不进行高差闭合差的调整,直接计算各间视点的地面高程。每一测站的计算可按下列公式依次进行:

$$视线高程=后视点高程+后视读数$$
$$转点高程=视线高程-前视读数$$
$$间视点高程=视线高程-间视读数$$

表 10-1　渠道纵断面测量手簿

测站	桩号	后视读数/m	视线高/m	间视读数/m	前视读数/m	高程/m	备注
1	BM_1	1.050	101.052			100.002	(已知)
	0+000				1.325	99.727	
2	0+000	1.001	100.728			99.727	
	0+100			0.98		99.748	
	0+165.3			0.96		99.768	
	0+200				0.546	100.182	
3	0+200	0.920	101.102			100.182	
	0+300			0.94		100.162	
	0+400				1.120	99.982	

续表

测站	桩号	后视读数/m	视线高/m	间视读数/m	前视读数/m	高程/m	备注
4	0+400	0.905	100.887			99.982	已知 BM_2 点的高程
	0+500			1.18		99.707	为 99.559 m
	0+600				1.256	99.631	闭合差为
5	0+600	0.674	100.305			99.631	99.547 m−99.559 m=
	BM_2				0.758	99.547	−0.012 m
校核	Σ	4.550			5.005		
	$\sum a - \sum b = 4.550$ m−5.005 m=−0.455 m 99.547 m−100.002 m=−0.455 m						

2. 纵断面图的绘制

渠道纵断面图以距离(里程)为横坐标,高程为纵坐标,按一定的比例尺将外业所测各点绘在毫米方格纸上,依次连接各点则得渠道中心线的地面线。为了明显表示地势变化,纵断面图的高程比例尺应比水平距离比例尺大 10~50 倍。如图 10-23 所示,水平距离比例尺为 1∶5 000,高程比例尺为 1∶100,由于各桩点的地面高程一般都很大,为了便于读图,使绘出的地面线处于纵断面图上适当位置,图上的高程可不从零开始,而从一合适的数值起绘。图中各点的渠底设计高程,是根据渠道起点的设计渠底高程、设计坡度和水平距离逐点计算出来的,如 0+000 的渠底设计高程为 98.5 m,设计坡度为下降 1‰,则 0+100 的渠底设计高程应为 98.5 m−1‰×100 m=98.4 m。

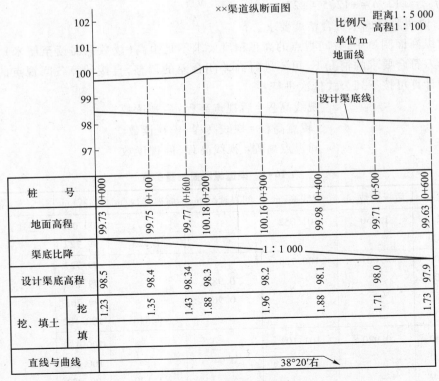

图 10-23　渠道纵断面图

将设计坡度线上两端点的高程标定到图上,两点的连线,即为设计渠底的坡度线。填、挖高度的求法:填、挖高等于地面高程减去设计渠底高程,"+"为挖深,"−"为填高。纵断面图中还应包括:设计水位、加大设计水位、设计堤顶高程等。

10.6.4 渠道横断面测量

1. 横断面测量外业

垂直于渠道中心线方向的断面为横断面,横断面测量是以里程桩和加桩为依据,测出中心线上里程桩和加桩处两侧断面变化点的地面高程,从而绘出横断面图,以便计算填挖工程量。

横断面施测宽度视渠道大小、地形变化情况而异,一般约为渠道上口宽度的 2~3 倍。横断面测量要求精度较低,通常距离测至分米,高差测至厘米。

进行横断面测量时,首先应在渠道中心桩(里程桩和加桩)上,用十字架(图10-24)确定横断面方向,然后以中心桩为依据向两边施测,顺着水流方向,中心桩的左侧为左横断面,中心桩的右侧为右横断面。其测量方法有多种,现介绍水准仪和标杆与皮尺配合的两种方法。

(1)水准仪法。用水准仪测出横断面上地面变化点的高程,用皮尺量距。如图10-25所示,在 0+000 桩处立尺,水准仪后视该点,读数记入表10-2的后视读数栏内。然后用水准仪分别瞄准地面坡度变化的立尺点左$_{1.0}$、左$_{3.0}$、左$_{5.0}$、右$_{1.0}$、右$_{2.0}$、右$_{5.0}$等,将其读数记入相应的间视栏内。各立尺点的高程计算,采用视线高法,"左"、"右"分别表示在中心桩的左侧和右侧,下标数据表示地面点距中心桩的距离。

为了加速施测速度,架设一次仪器可以测 1~4 个断面,此法精度较高,但只适用于相对平坦的地面。

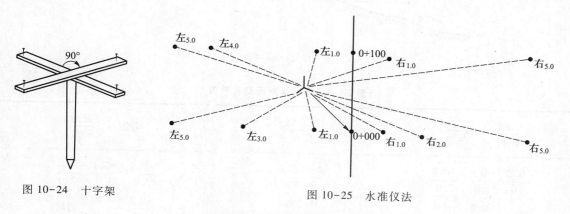

图 10-24 十字架   图 10-25 水准仪法

表 10-2 渠道横断面测量手簿

测站	桩号	后视读数	视线高	间视读数	前视读数	高程	备注
1	0+000	1.68	101.407			99.727	已知
	左$_{1.0}$			1.52		99.887	
	左$_{3.0}$			1.23		100.177	
	左$_{5.0}$			1.70		99.707	
	右$_{1.0}$			1.50		99.907	
	右$_{2.0}$			1.45		99.957	
	右$_{5.0}$			1.74		99.667	

续表

测站	桩号	后视读数	视线高	间视读数	前视读数	高程	备注
2	0+100	1.56	101.308			99.748	已知
	左_{1.0}			1.21		100.098	
	左_{2.0}			1.43		99.878	
	左_{5.0}			0.89		100.418	
	右_{1.0}			1.53		99.778	
	右_{5.0}			1.33		99.978	

（2）标杆法。标杆红白相间为 20 cm，将皮尺零置于断面中心桩上，拉平皮尺与竖立在横断面方向上地面变化点的标杆相交，从皮尺上读得水平距离，标杆上读得高差。如图 12-26 所示，在 0+200 桩左侧一段的第一点，读得水平距离 3.0 m，高差-0.6 m，测量结果用分数表示，分母为距离，分子为高差，见表 10-3。接着陆续由第一点向左测第二点，直至测到要求宽度；再从 0+200桩的右侧用同样方法施测至要求宽度。

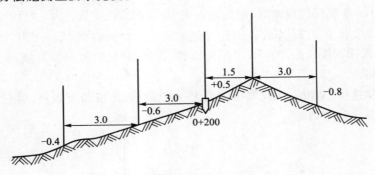

图 10-26　标杆法

表 10-3　渠道横断面测量手簿

$\frac{高差}{距离}$　左侧			$\frac{中心桩}{高程}$	右侧　$\frac{高差}{距离}$		
$\frac{-0.2}{3.0}$	$\frac{-0.9}{3.0}$	$\frac{-0.8}{3.0}$	$\frac{0+165.3}{99.73}$	$\frac{+0.7}{3.0}$	$\frac{+0.1}{3.0}$	$\frac{-0.6}{2.0}$
平地	$\frac{-0.4}{3.0}$	$\frac{-0.6}{3.0}$	$\frac{0+200}{99.71}$	$\frac{+0.5}{1.5}$	$\frac{-0.8}{3.0}$	同坡

2. 渠道横断面图的绘制

绘制横断面图仍以水平距离为横轴，高差（高程）为纵轴绘在方格纸上。为了计算方便，纵横比例尺应一致，一般为 1∶100 或 1∶200。绘图时，首先在方格纸适当位置定出中心桩点，图 10-27 所示为 0+200 桩处的横断面图，纵横比例尺均为 1∶100。地面线是根据横断面测量的数据绘制而成的，设计横断面是根据渠道流量、水位、流速等因素选定，这里选取渠底宽为 2.0 m，堤顶宽 1.0 m，渠深 2.2 m，内外边坡均为 1∶1。然后根据里程桩处的挖深即可将设计横断面套绘上去。

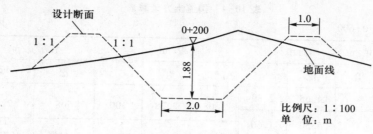

图 10-27　渠道横断面图

10.6.5　渠道的土方量计算

在渠道工程设计和施工中,为了确定工程投资和合理安排劳动力,需要计算渠道开挖和填筑的土方量。在渠道土方量计算时,挖、填方量应分别计算,首先在已绘制的横断面图上套绘出渠道设计横断面,分别计算其挖、填面积,并求出相邻两断面挖、填面积的平均值,然后根据相邻断面之间的水平距离计算出挖、填土方量,如图 10-28 所示。

$$V_{填} = \frac{(S_1+S_2)+(S_3+S_4)}{2} \times d \quad (10\text{-}4)$$

$$V_{挖} = \frac{S_1'+S_2'}{2} \times d \quad (10\text{-}5)$$

式中:S_i——填方面积,m^2;

　　　S_i'——挖方面积,m^2;

　　　d——两断面间距离,m。

如果相邻两断面的中心桩,其中一个为挖,另一个为填,则应先在纵断面图上找出不挖不填的位置,该位置称为零点。如图 10-29 所示,设零点 O 到前一里程桩的距离为 x,相邻两断面间的距离为 d,挖土深度和填土高度分别为 a、b,则

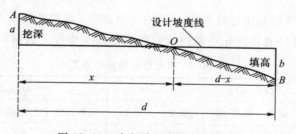

图 10-28　平均断面法计算土方量

图 10-29　确定零点桩位置的方法

$$\frac{x}{d-x} = \frac{a}{b}$$

即

$$x = \frac{a}{a+b}d \quad (10\text{-}6)$$

若前一桩的里程桩号为 0+200,算出 $x=34.8$ m,则零点桩号为 0+234.8,算出零点桩的桩号后,还应到实地补设该桩,并补测零点桩处的横断面,以便将两桩之间的土方分成两部分计算。土方量计算详见表 10-4。

表 10-4　渠道土方计算表

桩号自 0+000 至 0+600

桩号	中心桩挖填/m		面积/m²		平均面积/m²		距离/m	土方量/m³		备注
	挖	填	挖	填	挖	填		挖	填	
0+000	1.23		4.65	2.89	5.08	2.28	100	508	228	
0+100	1.35		5.50	1.66	5.84	3.02	65.3	381.35	197.21	
0+165.3	1.43		6.18	4.38	6.76	3.47	34.7	234.57	120.41	
0+200	1.88		7.33	2.55	…	…	…	…	…	
…	…	…	…	…	…	…	…	…	…	
0+600	1.73							3 371.76	1 636.86	
合计										

10.6.6　渠道边坡放样

　　渠道边坡放样就是在每个里程桩和加桩点处,沿横断面方向将渠道设计断面的边坡与地面的交点用木桩标定出来,并标出开挖线、填筑线以便施工。

　　渠道横断面形式有三种,如图 10-30 所示,a 为挖方断面,b 为填方断面,c 为半填半挖断面。

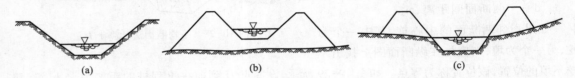

(a)　　　　　　　　　(b)　　　　　　　　　(c)

图 10-30　渠道横断面形式

　　标定边坡桩的放样数据是边坡桩与中心桩的水平距离,通常直接从横断面图上量取。为了便于放样和施工检查,现场放样前先在室内根据纵横断面图将有关数据制成表格,见表 10-5。

表 10-5　渠道断面放样数据表

桩号	地面高程	设计高程		中心桩		中心桩至边坡桩的距离			
		渠底	堤顶	挖深	填高	左外坡脚	左内坡脚	右内坡脚	右外坡脚
0+000	99.73	98.50	100.70	1.23		5.34	2.68	2.39	5.32
0+100	99.75	98.40	100.60	1.35		4.46	2.66	2.41	4.88
…									

　　如图 10-31 所示是一个半填半挖的渠道横断面图,按图上所注数据可从中心桩分别量距定出 A、B、C、D 与 E、F、G、H 等点,在开挖点 A 与 E 与外堤脚点 D、H 处分别打入木桩,在堤顶边缘点 B、C 与 F、G 上按堤顶高程竖立竹竿,并扎紧绳子形成一个施工断面。

　　一般每隔一段距离放入一个施工断面,以便掌握施工标准。而其他里程桩只要定出断面的开挖点与堤脚点,连接各断面相应的堤脚点,并分别洒以石灰,就能显示出整个渠道的开挖与填筑范围。

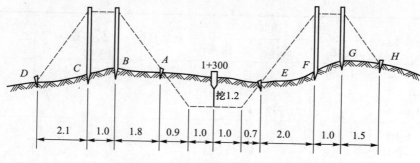

图 10-31　渠道横断面放样示意图

思考题与习题

1. 简述施工控制网的种类、作用。

2. 土坝施工测量分几个阶段？

3. 简述土坝轴线的测设方法。

4. 如图所示，点 P 是坝轴线上 0+000 里程桩，点 M 是坝轴线上的一点，点 N 在 MP 垂直方向上且距离点 M 为 100 m。已知 $\alpha_0 = 40°10'00''$，求：里程桩 0+020、0+040 分别与 MN 方向所夹的水平角 α_1、α_2 值。

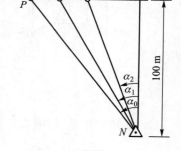

4 题图

5. 直线型混凝土重力坝施工放样有哪些工作内容？

6. 简述直线型重力坝的立模放样方法。

7. 水闸放样有哪些工作内容？

8. 渠道测量的内容包括哪些？

9. 如何进行渠道的纵、横断面测量？

10. 表 10-6 为某渠道纵断面测量的观测数据，渠首设计高程为 125.60 m，设计坡度为 1‰，试绘制纵断面图（距离比例尺为 1：2 000，高程比例尺为 1：100）。

表 10-6　纵断面水准测量观测手簿

测站	桩号	水准尺读数/m			视线高程/m	高程/m	备注
		后视	前视	间视			
1	0+000	1.735				126.000	已知
	0+040			1.74			
	0+065			1.99			
	0+100		1.104				
2	0+100	1.501					
	0+200		0.412				
3	0+300	1.387					
	0+220			1.04			
	0+285			1.58			
	0+300		0.269				

续表

测站	桩号	水准尺读数/m			视线高程/m	高程/m	备注
		后视	前视	间视			
4	0+300	1.656					
	0+350						
	0+400		1.213	1.88			
5	0+400	1.568					
	0+425			1.58			
	0+460			1.71			
	0+500		1.338				

11. 某段线路纵断面水准测量如图,请列表计算各点的高程,并检核计算有无错误?

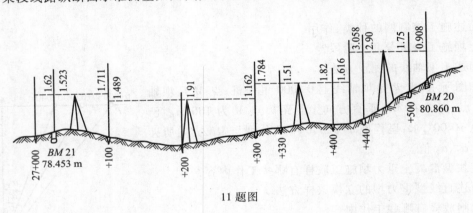

11 题图

12. 怎样利用纵、横断面计算土方量?

第十一章 建筑物变形测量

11.1 概　　述

建(构)筑物在施工过程中和建成后的一段时间内都会存在不同程度的变形,若变形超过了设计要求,将会危及建(构)筑物的安全,严重的会导致工程事故发生,这方面的工程事例很多,教训非常深刻。因此,为了保障建(构)筑物尤其是工业、大型商业和高层民用建(构)筑物等的施工和运营安全,就必须进行变形测量工作。通过获取、处理、分析、研究变形信息,可掌握变形的第一手资料,为建(构)筑物的施工、运营安全保驾护航,也为类似工程的基础、结构设计等提供有关的参考资料。

11.1.1 建筑物产生变形的原因

分析建筑物由施工建设到建成运营的过程,变形不是一蹴而就的。在工程施工阶段,要修建基础致使基础周围及其下部的原状岩土性质发生力学变化;然后修建上部结构,随着荷载的均匀或不均匀增加,致使岩土性质和地下水位等变化加剧。除此之外,基础和上部结构还要受到温度变化、季节性的地下水位变化、动荷载的变化、日照和风力影响等作用。所有这些因素将导致基础和上部结构发生变形,并且这种变形经常随着岩土性质的稳定而逐步稳定。即使工程竣工后,在提交运营的一段时间内或较长的时间内基础和上部结构仍在变形,若变形使得建筑物内部结构应力发生显著变化,将会危及建筑物的安全。因此,建筑物产生变形的原因是多方面的,主要可归纳为:

(1)自然条件及其变化。包括建筑物地基的工程地质、水文地质,土壤的物理性质,大气温度等。

(2)建筑物本身及其联系因素。即建筑物本身的荷重、结构、形式及动荷载(如风力、震动)作用等。

(3)勘测、设计、施工及运营管理工作做得不尽完善,造成的建筑结构变形等。

11.1.2 建筑物变形测量的程序及内容

变形测量与地形测量、工程测设相比,其工作程序更加严格,工作内容也更加丰富。只有严格履行工作程序,按照相应的规范、规定工作,才能有效地监测、反映、认识变形,才能切实为建(构)筑物的施工、运营安全保驾护航。变形测量按照其工作过程,程序及相应的内容如下:

1. 方案设计

依据监测的目的、任务、要求和实地踏勘收集到的资料等,拟定变形测量技术方案,并编制技术设计报告(书)。在方案中需要明确的内容有:控制点(常称为基准点)、监测点的设置,测量仪器设备和人员的配备,测量方法和数据处理方法,测量执行的规范及技术标准,变形量计算及其表达的方式、方法,变形统计分析、成因分析及变形预报等。

2. 测量准备

依据方案设计要求,应做好测量准备,即:仪器设备的准备及检验校正,人员的组成及培训,点位标识、标志的准备,运输、交通以及其他事项的准备等工作。

3. 测量实施

实地布设基准点(含工作基点)、监测点,然后按照技术设计要求进行观测和数据处理,评定观测质量,计算和表达变形成果。尤其是变形异常时,要认真、仔细核对数据,必要时可现场核对。

4. 提供变形成果

每测定完一期或一段时间的变形信息,都要及时处理相关数据,将得到的变形成果或编制的简式报告及时提供给业主或甲方。尤其是遇到变形值偏大或较大时,更要及时通知。

5. 提交报告、验收

当变形观测完成约定的任务时,需要整理、汇编各方面观测资料,统计观测质量及变形数据,分析变形成果,给出变形测量结论。有时还需进行变形成因分析,提供预报模型等。最终,需要编制技术总结报告或者技术报告,提交验收。

11.1.3　变形测量分类及测量方法

变形测量按时间连续性分为静态和动态变形测量。静态变形测量是通过对观测点进行周期性的重复观测,并经过计算、分析,便能获悉观测点及监测对象的变形特征(量值、速率等)。动态变形测量则需要采用自动化程度较高的先进仪器设备(如全站仪、GNSS、近景摄影测量系统、自动记录仪等)对观测对象或观测点进行实时测量、解算,测定其即时位置,便能确定其瞬时变形值。

变形测量按使用的目的分为施工变形测量、监视变形测量及科研变形测量。施工变形测量主要是随着工程施工的进展,逐渐地监测建成体或影响体的变形,通过监测数据及分析,决策是否调整施工方案和施工进度等。监视变形测量主要是在工程竣工后,监视建筑物运营阶段的稳定程度,检验工程设计的可靠性,为运营决策提供依据。科研变形测量则是既要监视监测对象的变形程度,又要分析研究变形的过程、机理;既要为本工程提供决策,又要为类似工程在设计或施工方面提供重要的参考资料。

变形测量按监测的内容分为沉降、水平位移、倾斜、挠曲及裂缝变形测量等。其中,最基本的内容是沉降观测和水平位移观测,且主要为静态变形测量。

各类变形测量取得的第一手资料,可以监视工程建筑物的状态变化和工作情况,若有不正常情况,应及时分析原因,采取措施,防止事故发生,确保建筑物的安全。同时,通过在施工和运营期间对工程建筑物进行的变形观测、分析研究,还可以验证地基和基础的计算方法、工程结构设计方法的合理性和有效性,为工程建筑物的设计、施工、管理和科学研究提供宝贵的资料。

建筑物变形测量的方法,应根据建筑物的性质、变形情况、观测精度、设备条件、周围环境以及观测要求而选定。一般来说,沉降观测多使用精密水准测量的方法,而水平位移观测多采用基准线法、GPS测量法、全站仪导线测量法和交会测量法等。

11.2　变形测量的精度与频率

变形观测精度是保证观测成果可靠和发现变形能力的重要条件,变形观测频率(或周期)则是监控变形过程和分析、认识、处理变形的重要保障,二者缺一不可。

11.2.1　建筑物变形测量的精度和等级

变形观测精度取决于被监测的工程建筑物预计的允许变形值和进行变形观测的目的。国际测量师联合会(FIG)提出,如果观测目的是为了使变形值不超过某一允许的数值而确保建筑物安全,则其观测中误差应小于允许变形值的 $1/10 \sim 1/20$;如果观测目的既是保障建筑物安全又是研究建筑体的变形过程(科学研究),则观测中误差应比允许变形值小很多。

建筑物的允许变形值,一般由设计单位提供或按规范规定的数据查取。建筑变形测量常用的设计规范为《建筑地基基础设计规范》(GB 50007),其主要允许值见表 11-1。

表 11-1　建筑物的地基变形允许值

序号	变形特征		地基土类别	
			中、低压缩性	高压缩性
1	砌体承重结构基础的局部倾斜		0.002	0.003
2	工业与民用建筑物相邻柱基础的沉降差	(1) 框架结构	$0.002l$	$0.003l$
		(2) 砖体墙填充的边排柱	$0.000\,7l$	$0.001l$
		(3) 当基础不均匀沉降时不产生附加应力的结构	$0.005l$	$0.005l$
3	单层排架结构(柱距 6 m)柱基的沉降量/mm		(120)	200
4	桥式吊车轨面的倾斜(按不调整轨面考虑)	纵向	0.004	
		横向	0.003	
5	多层或高层建筑物的整体倾斜	$H \leqslant 24$	0.004	
		$24 < H \leqslant 60$	0.003	
		$60 < H \leqslant 100$	0.002\,5	
		$100 < H$	0.002	
6	体形简单的高层建筑基础的平均沉降量/mm		200	
7	高耸结构基础的倾斜	$H \leqslant 20$	0.008	
		$20 < H \leqslant 50$	0.006	
		$50 < H \leqslant 100$	0.005	
		$100 < H \leqslant 150$	0.004	
		$150 < H \leqslant 200$	0.003	
		$200 < H \leqslant 250$	0.002	

续表

序号	变形特征		地基土类别	
			中、低压缩性	高压缩性
8	高耸结构基础的沉降量	$H \leqslant 100$ $100 < H \leqslant 200$ $200 < H \leqslant 250$	400 300 200	

注:1. 表中数值为建筑物地基实际最终变形允许值。

2. 有括号者仅适用于中压缩性土。

3. l 为相邻柱基的中心距离(mm),H 为自室外地面起算的建筑物高度(m)。

4. 倾斜指基础倾斜方向两端点的沉降差与其距离的比值。

5. 局部倾斜指砌体承重结构沿纵向 6~10 m 内基础两点的沉降差与其距离的比值。

建筑物变形测量的等级,按监测精度要求的高低划分为四级,详见表 11-2。

表 11-2 建筑变形测量的级别及精度要求 单位:mm

变形测量级别	沉降观测 观测点测站高差中误差	位移观测 观测点坐标中误差	主要适用范围
特级	±0.05	±0.3	特高精度要求的特种精密工程的变形测量
一级	±0.15	±1.0	地基基础设计为甲级建筑的变形测量;重要的古建筑和特大型市政桥梁等的变形测量
二级	±0.5	±3.0	地基基础设计为甲、乙级建筑的变形测量;场地滑坡测量;重要管线的变形测量;地下工程施工及运营中的变形测量;大型市政桥梁的变形测量等
三级	±1.5	±10.0	地基基础设计为乙、丙级建筑的变形测量;地表、道路及一般管线的变形测量;中小型市政桥梁的变形测量等

注:1. 观测点测站高差中误差,系指水准测量的测站高差中误差或其他方法测量等价于水准测量的邻点高差中误差。

2. 观测点坐标中误差,系指观测点相对测站点的坐标中误差、坐标差中误差以及等价的相对偏差或位移中误差。

3. 观测点点位中误差为观测点坐标中误差的 $\sqrt{2}$ 倍。

11.2.2 变形观测频率

观测的频率(周期)决定于变形值的大小、速率及观测目的等,要求观测的次数既能反映出变化的过程又不错过变化的时刻。而从变形过程要求来说,变形速度比变形绝对值更重要。

下面以基础沉陷过程为例,说明观测频率的确定方法,即:

第一阶段即施工期:变形速率较大(20~70 mm/年),观测频率可确定为每 3~15 天观测一次,待主体竣工后,可每半个月至 3 个月观测一次。

第二阶段即竣工初期:变形速率相对较小(约 20 mm/年),观测频率可确定为每 1~3 个月观测一次。

第三阶段即运营早期：变形速率较小（1~2 mm/年），每半年至 1 年观测一次。

第四阶段即运营中后期：变形趋向稳定或已稳定，每 1~2 年观测一次。

除了进行正常的周期观测外，若遇特殊情况，如持续暴雨、洪水、地震及意外强烈震动、最大差异沉降量呈现出规律性的增大倾向等，还要及时进行加期观测。

变形测量的第一期即首期亦称零周期，无论对于基准网还是监测网，其首期观测均应连续进行两次独立观测，且在观测成果无明显差异的情况下，取两次观测结果的平均值作为相应变形测量的初始值。

11.3 变形测量点的设置

变形测量点可分为两大类，即变形测量控制点（基准点）和变形观测点（监测点）。在变形测量中，对于控制点提出的要求非常苛刻，既要求它们非常稳定、安全、可靠，又要求它们必须为变形测量提供精准的控制框架，因此，经常将它们称为基准点。

变形观测点需要直接设置在观测建筑物上，有如地形测图的地形点，既要求它们能够担负起变形特征点的作用，又要有足够的密度而不使变形遗漏。由于变形事先是未知的，只能通过对工程各方面情况的了解和常识，在可能具有代表性的位置及保证点位的密度处设置观测点，通过它们来概括变形状态。本节主要介绍沉降测量和水平位移测量的点位布设及设置情况。

11.3.1 沉降测量水准点和观测点设置

1. 水准点设置

水准点分为水准基点和工作基点。水准基点是沉降观测的基准，对于一个测区，至少应设立 3 个水准基点。若水准基点至观测点间的测站数较多或工作不便时，也可设立工作基点，但每期观测均应将其与基准点联测。

水准基点应选设在变形影响范围以外且稳定、易于长期保存的位置处。在建筑区内，其与邻近建筑物的距离应大于建筑基础最大宽度的 2 倍，标石埋深应大于邻近建筑基础的深度，且周边近期没有深基础工程；或设置在基础深且稳定的建筑上。水准基点的标石，根据选择的位置可设立为基岩标石（图 11-1a）、深埋钢管标石（图 11-1b）或双金属管标石、混凝土标石、平峒岩石标石等。

工作基点根据需要设立，可设置在相对安全、稳定、易于观测、方便工作的位置处，或在永久性建筑物的墙体、基础上，标石类型为钢管标石、混凝土标石或墙上水准标志等。

2. 沉降观测点设置

沉降观测点应设置在建筑物的四角、大转角处及沿外廓每隔 2~3 个柱基或沿外墙每 10~20 m 处，沉降缝、裂缝处的两侧，基础埋深相差悬殊处，不同结构的分界处，基础下的暗浜（沟）处，兼顾点位密度的承重墙处或柱基础处等。在设立这些观测点时，应尽量按照建筑物的主要轴线对称排列，且构成纵横轴线序列，以利于建筑物的总体沉降分析。尤其对于塔式建筑物，如电视塔、烟囱、水塔、油罐等，在其基础上至少应均匀、对称设立 4 个点。

沉降观测点的点位标志，视观测对象而定，如图 11-2、图 11-3 所示。设立的点位必须稳固，不易被碰动或破坏，要统一编号，并将编号标记在其附近。

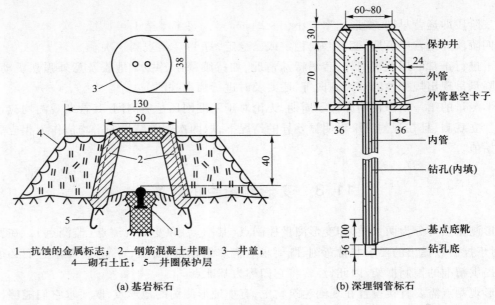

1—抗蚀的金属标志； 2—钢筋混凝土井圈； 3—井盖；
4—砌石土丘； 5—井圈保护层

(a) 基岩标石   (b) 深埋钢管标石

图 11-1 水准基点标石

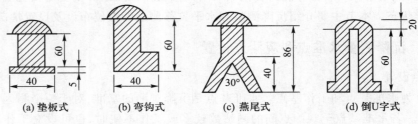

(a) 垫板式   (b) 弯钩式   (c) 燕尾式   (d) 倒U字式

图 11-2 设备基础观测点标志(单位:cm)

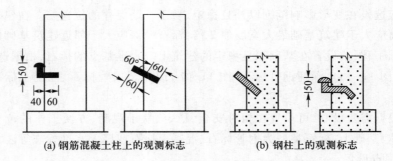

(a) 钢筋混凝土柱上的观测标志   (b) 钢柱上的观测标志

图 11-3 柱基础观测点标志(单位:cm)

11.3.2 水平位移控制点和观测点设置

水平位移控制点的布设要综合考虑点位的安全性、稳定性和水平控制网的可靠性、准确性、灵敏性,必须依据设计方案布设。否则,应重新进行精度估算等工作。位移观测点的布设除了应考虑点的代表性和保证密度外,还应考虑点位的其他用途。因为在水平位移观测中,经常会伴随着挠度、倾斜的观测及计算等工作,所以,应尽量使得一点多用。

对于水平位移测量,经常在控制点与观测点上设置观测墩,以方便工作和消除对中误差等,尤其是经常安置仪器的基准点、工作基点,更是如此。在变形测量中,也经常称观测墩点是水平基站或测量基站。如图 11-4 所示,观测墩为钢筋混凝土构造,现场浇灌,基础应埋在冻土层以下 0.3 m,墩面需要安置强制对中装置,目的是使仪器、目标严格居中,其对中装置形式很多,如圆柱、圆锥、圆球插入式和置中圆盘等。观测点照准标志经常是杆式标志或觇牌标志,如图 11-5 所示。

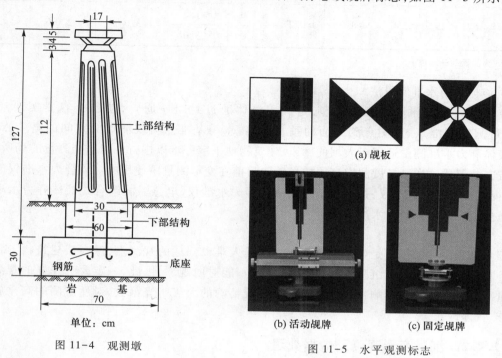

图 11-4　观测墩

(a) 觇板

(b) 活动觇牌　　　(c) 固定觇牌

图 11-5　水平观测标志

11.4　沉降变形测量

在设立完水准点及观测点,待它们可进行观测之后,便按设计方案要求进行沉降观测。沉降测量应优先选用国家或城市的高程系统,也可根据需要采用独立的高程系统。

11.4.1　沉降变形测量常用的观测方法

1. 几何水准测量法

几何水准测量法就是使用光学水准仪或电子水准仪,测定两点之间的高差。有关各级沉降变形测量的主要技术要求,参见表 11-3。

表 11-3　各级水准测量的主要技术要求

等级	仪器	视线长度/m	前后视距差/m	前后视距差累积/m	视线高度/m	基辅分划读数之差/m	基辅分划所测高差之差/mm	往返较差及附合或环线闭合差/mm	单程双测站所测高差较差/mm	检测已测测段高差之差/mm
特级	S05	$\leqslant 10$	$\leqslant 0.3$	$\leqslant 0.5$	$\geqslant 0.8$	$\leqslant 0.15$	$\leqslant 0.2$	$\leqslant 0.1\sqrt{n}$	$\leqslant 0.07\sqrt{n}$	$\leqslant 0.15\sqrt{n}$
一级	S05	$\leqslant 30$	$\leqslant 0.7$	$\leqslant 1.0$	$\geqslant 0.5$	$\leqslant 0.3$	$\leqslant 0.5$	$\leqslant 0.30\sqrt{n}$	$\leqslant 0.2\sqrt{n}$	$\leqslant 0.45\sqrt{n}$

续表

等级	仪器	视线长度/m	前后视距差/m	前后视距差累积/m	视线高度/m	基辅分划读数之差/m	基辅分划所测高差之差/mm	往返较差及附合或环线闭合差/mm	单程双测站所测高差较差/mm	检测已测测段高差之差/mm
二级	S1	≤50	≤2.0	≤3.0	≥0.3	≤0.5	≤0.7	≤$1.0\sqrt{n}$	≤$0.7\sqrt{n}$	≤$1.5\sqrt{n}$
三级	S1	≤75	≤5.0	≤8.0	≥0.2	≤1.0	≤1.5	≤$3.0\sqrt{n}$	≤$2.0\sqrt{n}$	≤$4.5\sqrt{n}$
	S3					≤2.0	≤3.0			

注：n 为测段的测站数。

2. 液体静力水准测量法

液体静力水准测量的工作原理，是利用液体通过封闭连通管，使各个容器实现液面平衡，通过测定基准点、观测点到液面的垂直距离，求得基准点与观测点两点间的高差 Δh。

液体静力水准测量适用于大坝的廊道、建筑物地下室等难以进行几何水准测量的场所，或用于设备安装测量这样高精度测定高差的场所。目前在变形测量中使用的液体静力水准仪的类型有：目视法液体静力水准仪，接触法组合式液体静力水准仪，电感遥测组合式液体静力水准仪及磁感遥测组合式液体静力水准仪等。

3. 三角高程测量法

三角高程测量的优点是可以测定不同高度处人难以到达的观测点，像高层建筑物、高塔、高坝等。在用此种方法进行沉降变形测量时，经常不能对向观测，因此，一定要选择好的观测条件以尽量减弱大气折光的影响，或者测定、选择比较精确的大气折光系数，对所观测的高差施加精确的球、气差改正。

11.4.2　沉降变形观测及数据处理

1. 外业观测

根据变形设计方案、观测频率（周期）和观测精度的要求，利用前面所介绍的各种观测方法，实施各期的观测。

在各期观测过程中，应尽量遵守"三定"原则，即定人（观测者和立尺者不变），定仪器（水准仪和水准尺不变），定测站和方法（测站和转点位置、观测路线和观测方法不变）等。其目的是：在用高程计算沉降量时，可以消除或减弱各种残存的系统误差对沉降量的影响。

2. 数据处理

每期观测结束，立即整理、检查外业观测资料，并绘制高差观测值略图，应用专业软件或者采用其他方法进行平差计算，计算各观测点的高程和观测点间平差后的高差，评定外业观测质量，以及计算高程、高差的精度等。若发现成果有误或者成果质量指标超限等，应立即分析并找出原因，属于外业观测事项需要返工的，必须及时返工。

3. 成果整理及报告或说明

依据本期及前期、首期的数据处理成果，及时计算各种变形量，如本期沉降、累计沉降和邻点本期倾斜、累计倾斜等；绘制各种变形图，如观测点变形图、轴线变形图、等值线图等。由于这部分内容不仅仅是沉降变形测量的内容，其他类型的变形测量也有类似的内容，它们在计算方式、方法上一致或相近，因此，将这部分内容集中在本章 11.7 节中统一介绍。

当各种本期成果整理完后，按照与业主或甲方的约定、要求，编制简式报告或说明，及时报告本期变形成果以及其他相关的问题或建议等。

11.5　水平位移观测

水平位移观测的主要任务就是测定建筑物在平面位置上随着时间变化的移动量。为了测定这种移动量，其过程与沉降变形测量的过程相似，一般仍需要先布设平面控制点和水平位移观测点，再建立平面控制网，然后利用控制网直接或间接地测定观测点的位移量。

11.5.1　水平控制网及位移观测要求

布设平面基准点及建网，视建筑物的性质、类型和观测的精度要求、方法而定。如对于大坝廊道内坝轴线的变形观测，经常在廊道内设立基准线作为控制基线；对于坝顶、大桥的水平位移或倾斜观测，经常建立 GPS 网、三角网、导线网或边角混合网为平面控制网。对于高层建筑物、水塔、烟囱的水平位移观测，经常设立投点基线或闭合导线、观测基线等作为平面控制基准。因此，对于水平位移的观测，必须针对选用的观测方法、选定的观测点而具体布设平面基准点及建立控制网。

水平位移观测（平面控制、观测点监测）的精度和等级，一般应以允许变形值为基础结合规范、规定予以设定。表 11-4 给出了平面控制网的等级与主要技术要求；对观测点进行测量时，应结合具体观测方法而定。

表 11-4　水平位移观测的主要技术要求

等级	平均边长/m	测角中误差/(″)	边长中误差/mm	最弱边边长相对中误差	水平角观测/(″)					距离观测/mm			
					仪器	测回数	半测回归零差	一测回2C互差	同方向各测回互差	仪器精度等级	一测回读数间较差	单程测回间较差	往返测较差的限差
一级	200	1.0	≤1.0	≤1/20 万	J_{05}	6	≤3	≤5	≤3	≤1	≤1	≤1.4	$\sqrt{2}(a+b \cdot D \times 10^{-6})$
二级	300	1.5	≤3.0	≤1/10 万	J_1	6	≤5	≤9	≤5	≤3	≤3	≤5.0	
三级	500	2.5	≤10.0	≤1/5 万	J_2	6	≤8	≤13	≤8	≤5	≤5	≤7.0	

11.5.2　水平位移观测方法

水平位移观测的方法很多，如 GPS 精密定位法、全站仪精密定位法、基准线法、前方角度交会法、导线法、三角网法、激光扫描仪定位法等，此处仅介绍基准线法、三角测量和导线测量法。

1. 基准线法

采用基准线法测定水平位移的基本原理：通过两个固定端点（基准点）建立一条基准线，根据它来测定观测点至基准线所在竖直面的水平距离，从而计算水平位移。根据建立基准线方法的不同，其测定水平距离或水平位移的方法也不同。建立基准线的方法有视准线法、引张线法、激光准直法等，下面仅对视准线法的测小角法和活动觇牌法予以介绍。

（1）视准线测小角法

如图 11-6 所示，视准线测小角法就是利用精密经纬仪，精确地测出测站点 A 至观测点 P 的视线 AP 与基准线 AB 间的水平夹角 α_i，并由此角及距离 AP 来计算 P 点偏离基准线 AB 的距离 Δ_i。由于夹角 α_i 较小，所以 Δ_i 可表示为

$$\Delta_i = \frac{\alpha_i}{\rho''} S_i \qquad\qquad (11-1)$$

由误差分析知,测定距离 AP 的精度要求不高,一般为 1/1 000~1/2 000 的相对精度即可,故无需每期测量都要测定 AP 的距离。

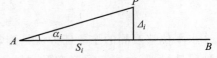

图 11-6 视准线测小角法

（2）活动觇牌法

活动觇牌法是直接利用安置在观测点上的活动觇牌来测定偏离值。如图 11-7 所示,活动觇牌是一种专用的可移动测量标志,其移动的距离可测定出来。活动觇牌法的观测步骤如下:

（1）将经纬仪安置在基准线上的一个端点,照准另一个端点,确定视准线。

（2）将活动觇牌安置在观测点上,并使觇牌中心在视线内。

（3）观测者指挥观测点上的工作人员移动活动觇牌,使觇牌中心标志恰好被视线切准,此时读取并记录活动觇牌上的标尺读数。这步工作一般要独立进行两次,其读数差不许超过游标最小读数的 3 倍(常为 0.3 mm),符合要求后取平均值作为本点的观测偏离值。

2. 三角测量和导线测量法

若观测点上可安置仪器和照准标志,则可采用三角测量、三边测量、边角混合测量或导线测量等方法测定观测点的坐标。在观测时一般需要设立工作基点(其与基准点连接),通过对工作基点、观测点及所用的平面控制基准点进行组网观测,测定各观测点的坐标,进而求出观测点或观测点间的位置变化。如图 11-8 所示,Ⅰ、Ⅱ、Ⅲ 为工作基点,A、B、C 为观测点,工作基点与观测点构成网状,以提高观测点的精度及可靠性。目前,已广泛应用 GNSS 定位技术来精确地测定监测点的水平位移。

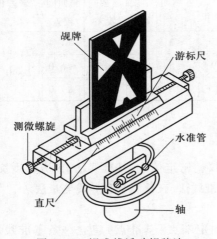

图 11-7 视准线活动觇牌法

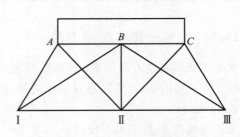

图 11-8 三角、三边测量法

11.6 建筑物的倾斜、挠度及裂缝观测

11.6.1 建筑物的倾斜观测

在变形测量中,主体倾斜经常表述为相对于竖直面位置比较得到的差异,而基础倾斜经常表

述为相对于水平面比较得到的差异。基础倾斜常与沉降变形测量同时进行,即若确定了两观测点间的沉降变形差,再测定了两点间的水平距离,便可计算得出基础上两观测点的倾斜。

1. 纵横轴距投影法

如图 11-9 所示,$ABCD$ 为房屋的底部,楼顶角 P 与底角 A 对应,拟用纵横轴距投影法测定楼角 AP 的倾斜。测定的步骤如下:

(1) 在楼顶角、底角均设置或确定明显的标志,以标示观测点 P、A。用钢尺测量楼高或用三角高程测量的方式测定楼高 h。

(2) 在 BA、DA 的延长线上分别设置工作基点 N、M,使它们沿着相应延长线的方向距楼都不少于 1.5 倍的楼高。

(3) 在距 A 较近比较合适的位置,分别放置两根木尺,尺身水平。尺 1 与直线 NA 垂直,尺 2 与直线 MA 垂直,且尺的中心基本都在对应的直线上。

(4) 在点 M 安置经纬仪,正镜照准点 A,纵向转动望远镜将视线投测在尺 2 上,得 L_{A2} 点;同法,倒镜得到 R_{A2} 点,取这两点的中点为 a_2。同理可在尺 2 上测定出点 P 的投测位置点 P_2。点 a_2、P_2 即是观测点 A、P 的横轴线投测点。

(5) 在点 N 安置经纬仪,按照上述操作方法,在尺 1 上得到点 A、P 的纵轴线投测点 a_1、P_1。

(6) 分别在尺 1、尺 2 上量出 a_1P_1、a_2P_2 的长度,即 $\Delta X = a_1P_1$、$\Delta Y = a_2P_2$,然后按式(11-2)计算楼角 AP 底点 A 到顶点 P 的水平位移 d、倾斜度 i、倾斜方向 α(坐标方位角),即

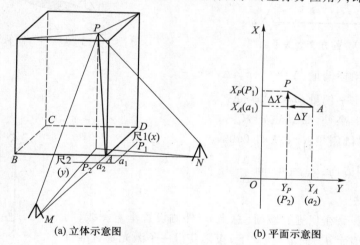

(a) 立体示意图　　　　(b) 平面示意图

图 11-9　纵横轴距投影法

$$
\left.
\begin{aligned}
d &= \sqrt{\Delta X^2 + \Delta Y^2} \\
i &= \frac{d}{h} \times 100\% \\
\alpha &= \arctan \frac{\Delta Y}{\Delta X}
\end{aligned}
\right\}
\qquad (11\text{-}2)
$$

2. 前方角度交会法

在测定大型工程建筑物(如塔形建筑物、水工建筑物等)的水平位移及主体倾斜时,经常用前方角度交会测量法。

如图 11-10 所示,用此法监测观测点时,先要布设观测基线,即把观测基点(测站点)选在变

形区以外,距观测点的水平距离不小于建筑物高度的 1.5~2.0 倍位置处,且要稳定和便于保存,交会角宜接近 90°或介于 60°~120°。然后,在观测基点上安置经纬仪或全站仪,对观测点按变形测量要求进行水平角测量。若实际未设立观测点(主要是塔形建筑物),应根据其设计位置和测站点的高程,通过安置竖直角读数,设定相应位置,再进行水平角测量。最后,根据测定的水平角计算观测点的坐标,计算水平位移、倾斜度、倾斜方向等。每期观测均应对观测基点进行检查,在确认无误后,方可对观测点进行观测。

　　如图 11-11 所示,为了便于分析倾斜方向,经常在初始观测前,测定基线 AB 与楼的主轴线间的关系,选定主轴线方向为 x(或 y)轴方向,再确定基线点 A、B 的坐标。然后,在点 A、B 置站,分别观测某楼角的高点(设为 M)、低点(设为 N)的水平角及竖直角,计算出 M、N 点的坐标及高程。最后计算出该楼角的倾斜,即

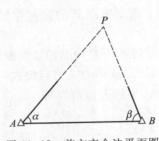

图 11-10　前方交会法平面图

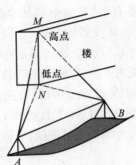

图 11-11　倾斜测量

　　(1) 高、低点坐标偏量: $\Delta x = x_M - x_N$, $\Delta y = y_M - y_N$。

　　(2) 高、低点水平偏量: $d = \sqrt{\Delta x^2 + \Delta y^2}$。

　　(3) 高、低点的高差(楼高): $h = H_M - H_N$。

　　(4) 楼角相对倾斜量: $i = d/h \times 1\,000‰$。

　　(5) 楼角倾斜方向: $\alpha_{NM} = \arctan \dfrac{\Delta y}{\Delta x}$。

3. 激光准直法

　　如图 11-12 所示,在观测的墙面(总高 h)外侧设置垂直测线,利用激光准直仪(距墙面 d_L)向上(或向下)投影获得一条激光垂直准直线,在墙面顶端处设置接收靶,量取此处墙面到垂直准直线接收靶中心的水平距离 d_H,由此获得墙体的倾斜度 i 为

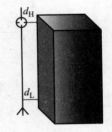

图 11-12　激光准直测量

$$i = \frac{d_H - d_L}{h} \times 100\% \qquad (11-3)$$

11.6.2　挠度观测

　　挠度观测是各项工程(尤其是大坝、桥梁等工程)安全检测的一项重要内容,观测对象、建筑材料不同,挠度观测的方法也不同。

1. 建(构)筑物挠度观测(水平挠曲)

　　建(构)筑物主体的几何中心铅垂线上各个不同高度的点,相对于底点(几何中心铅垂线在底平面上的垂足)或端点的水平位移,就是建(构)筑物的挠度。按这些点在其扭曲方向垂直面

上的投影所描成的曲线,就是挠度曲线。

在建(构)筑物需要检测的构件(基础梁、桁架、行车轨道等)上具有代表性的位置处,选定设置挠度观测点。如某斜拉桥主桥面一侧所布设的挠曲观测点 1～17 点,其中 5、13 点分布在桥墩上。根据检测的目的,定期对这些点进行沉降观测,可得各期(如第 i 期)相对于首期 0 的挠度值 F_e,即

$$F_e = \left[H_e - \frac{(H_5 + H_{13})}{2}\right]_i - \left[H_e - \frac{(H_5 + H_{13})}{2}\right]_0 \tag{11-4}$$

式中:H_e——某挠度观测点对应期次的高程;

H_5、H_{13}——两个塔桥墩处固定点 5、13 对应期次的高程。

图 11-13 反映的是某斜拉桥在 3 种静载工况下(桥上车辆荷载分布不同),桥面挠曲变化情况。

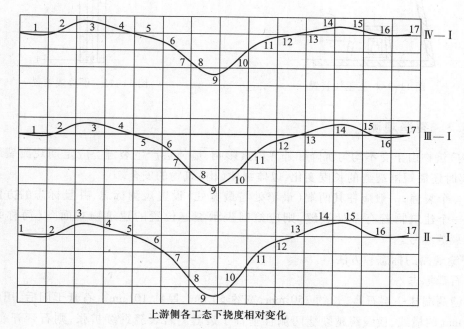

上游侧各工态下挠度相对变化

图 11-13　斜拉桥单侧加载后挠曲线

2. 大坝挠度观测

大坝的挠度是指大坝垂直面内不同高程处的点,相对于底部的水平位移量。其观测常采用在坝体的竖井中设置一根铅垂线,用坐标仪测出竖井不同高程处各观测点与铅垂线之间的位移。按垂线是上端固定还是下端固定方式,有正垂线法与倒垂线法两种形式可以测定挠度。

(1)正垂线法

如图 11-14 所示,将直径为 0.8～1.2 mm 的钢丝 1 固定于顶部 3。弦线的下端悬挂20 kg重锤 4。重锤放在液体中,以减少摆动。坐标仪放置在与竖井底部固连的框架 2 上。沿竖井不同高程处埋设挂钩 5。观测时,自上而下依次用挂钩钩住垂线,则在坐标仪上所测得的各观测值即为各观测点(挂钩)相对于最低点的挠度值。

(2)倒垂线

倒垂线的固定点在底层,用顶部的装置保持弦线铅垂,如图 11-15 所示。锚锭 1 将钢

丝 2 的一端固定在深孔中,通过连杆与十字梁将弦线上端连接在浮筒 3 上。浮筒浮在液槽中,靠浮力将弦线拉紧,使之处于铅垂状态。钢丝安装在套筒 4 中,其内沿不同高程处还设有框架和放置坐标仪用的观测墩 5。为了进行高程测量,弦线上还装有标尺等设备。

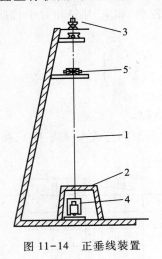

图 11-14　正垂线装置

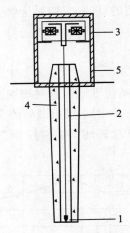

图 11-15　倒垂线装置

11.6.3　裂缝观测

建(构)筑物由于受不均匀沉降和外界因素影响,墙体会产生裂缝。应定期观测裂缝宽度的变化,必要时还需观测裂缝的长度变化,以监视建(构)筑物的安全。

对于一个裂缝,一般应在其两端(最窄处与最宽处)设置观测标志,并且标志的方向应垂直于裂缝。一个建筑物若有多处裂缝,则应绘制表示裂缝位置的建筑物立面图(简称裂缝位置图),并对裂缝编号。

1. 裂缝观测的标志和方法

(1) 石膏标志

在裂缝两端抹一层石膏,长约 250 mm,宽约 50 mm,厚约 10 mm。石膏干固后,用红漆喷一层宽约 5 mm 的横线,横线跨越裂缝两侧且垂直于裂缝。若裂缝继续扩张,则石膏开裂,每次测量红线处裂缝的宽度并作记录。

(2) 薄铁片标志

厚约 0.5 mm 的薄铁片,一块为正方形 100 mm×100 mm,另一块为矩形 150 mm×50 mm;将正方形铁片固定在裂缝的一侧,喷以白漆;将矩形铁片一半固定在裂缝另一侧,使铁片另一半跨过裂缝搭盖在正方形铁片之上,并使矩形铁片方向与裂缝垂直;待白漆干后再对两块铁片同喷红漆。若裂缝继续扩张,则两铁片搭盖处显现白底,每次测量显露的白底宽度并作记录。

2. 裂缝观测资料整理

(1) 绘制裂缝位置图。

(2) 编制裂缝观测成果表。

11.7　变形观测资料的整编

变形观测资料的整理贯穿于变形测量工作的始末,即在变形测量过程中,要及时检查原始观测数据、平差计算数据及其精度指标,及时计算和检查各种变形量数据,绘制各种变形图件,报告主要期次的变形状况等。变形测量结束后,应对所有的观测资料(数据、图、表及必要的文字说明)进行统一汇编,以便为分析变形特征、统计变形规律及编写变形观测报告等提供技术支撑。

11.7.1 观测点的变形量及变形过程线

变形量分为绝对变形量与相对变形量。绝对变形量是指各期观测相对于首期观测的变形量,又称累计变形量。相对变形量一般是指观测点相邻两期观测的变形量或相邻点变形量的差值(变形差),又称观测点本次变形量和相邻点相对变形量。变形量与对应观测时间段的比值称为变形速率。对于变形观测而言,相邻点相对变形量的大小会影响建筑物内部结构的变化,是设计、施工和管理单位都非常关心的一项重要技术指标。若建筑物有要求精度较高的外部连接设备,其绝对变形量也是一项重要的变形指标。

1. 观测点的绝对、相对变形量

以沉降观测为例,设观测点 A 的首期观测高程为 H_0^A,第 i、j 期的高程分别为 H_i^A、H_j^A,则该点第 i 期的绝对沉降量 h_{0i}^A 和本期至第 j 期的相对沉降量 h_{ij}^A 为

$$\left.\begin{aligned} h_{0i}^A &= H_i^A - H_0^A \\ h_{ij}^A &= H_j^A - H_i^A \end{aligned}\right\} \tag{11-5}$$

若观测点 B 与点 A 相邻,且在建筑物的同一轴线上,还需计算同期(如第 i 期)、第 i 期至第 j 期两点的相对沉降量(如 h_i^{AB}、h_{ij}^{AB}),也称累计、本次相对沉降量,即

$$\left.\begin{aligned} h_i^{AB} &= h_{0i}^B - h_{0i}^A \\ h_{ij}^{AB} &= h_{ij}^B - h_{ij}^A \end{aligned}\right\} \tag{11-6}$$

表 11-5 给出了某建筑物相邻柱基础观测点 A、B 的绝对变形与相对变形观测成果。

表 11-5　某建筑物观测点 A、B 沉降观测成果

| 观测日期 年-月-日 | 观测点 | | | | | | 相邻观测点 | |
| | A (高程数字前有 206 数字已省略) | | | B (高程数字前有 206 数字已省略) | | | $A \to B$ (相对观测) | |
	高程/mm	累计沉降/mm	本次沉降/mm	高程/m	累计沉降/mm	本次沉降/mm	累计相对沉降/mm	本次相对沉降/mm
2001-03-15	325.22			358.56				
2001-04-01	323.28	-1.94	-1.94	356.49	-2.07	-2.07	-0.13	-0.13
2001-04-15	321.43	-3.79	-1.85	354.08	-4.48	-2.41	-0.69	-0.56
2001-05-01	319.64	-5.58	-1.79	351.99	-6.57	-2.09	-0.99	-0.30
2001-05-15	318.02	-7.20	-1.62	350.12	-8.44	-1.87	-1.24	-0.25
2001-06-01	316.81	-8.41	-1.21	348.79	-9.77	-1.33	-1.36	-0.12
2001-07-01	314.95	-10.27	-1.86	346.43	-12.13	-2.36	-1.86	-0.50
2001-08-01	312.89	-12.33	-2.06	344.28	-14.28	-2.15	-1.95	-0.09
2001-09-01	311.24	-13.98	-1.65	342.49	-16.07	-1.79	-2.09	-0.14

当同条轴线上有 3 个以上观测点时，还可计算中间各点的挠度。如图 11-16 所示，设中间点 C 第 i 期的挠度为 δ，第 i 期至第 j 期的挠度为 δ'，则

$$\left.\begin{aligned}\delta&=h_{0i}^{C}-\frac{h_{i}^{AB}}{L_A+L_B}L_A\\ \delta'&=h_{ij}^{C}-\frac{h_{ij}^{AB}}{L_A+L_B}L_A\end{aligned}\right\}\qquad(11-7)$$

C
B
δ
A
L_A
L_B
图 11-16　挠度计算

式中：L_A、L_B——观测点 C 至观测点 A、B 的水平距离。

2. 变形过程线

为了更清晰、直观地描述观测点的变形，经常需要绘制观测点的变形过程线。其是以时间为横坐标，以累计变形（沉降、倾斜、位移等）为纵坐标绘制的曲线。在选用坐标轴尺度时，应依据观测时间长度和累计变形值综合考虑，尤其是纵坐标应选用整数比例尺，以便于量取变形值。变形过程线可用折线表示，也可拟合成样条曲线表示。如图 11-17 所示，A、B 点的沉降过程线，便是依据表 11-5 中观测点 A、B 的累计变形值绘制的。

观测时间(年一月一日)
01-3-1　01-3-16　01-3-31　01-4-15　01-4-30　01-5-15　01-5-30　01-6-14　01-6-29　01-7-14　01-7-29　01-8-13　01-8-28
4
2
0
-2
-4
-6
-8
-10
-12
-14
-16
-18
沉降量/mm
A点
B点
图 11-17　观测点变形过程线

11.7.2　建筑物变形分布图

1. 变形值轴线（或剖面）分布图

由于观测点经常是按建筑物的轴线关系对称设置，因而，为了能够形象地反映出建筑物在相应轴线方向上的变化情况，需要将同一轴线或近似同一轴线上的观测点，绘制成轴线变形过程线。其是以相邻观测点的连线为分段轴线，以轴线上相邻点间距为横坐标，以观测点的累计变形值为纵坐标绘制的曲线（折线），并在图上注明观测日期或期次。

如图 11-18 所示，在某建筑物的一条主轴线上共设置了邻点间距均为 16 m 的 5 个观测点 $A\sim E$，依据它们的累计沉降变形值及间距，绘制了该轴线的变形过程线。

2. 建筑物变形等值线图

变形相等的点顺次连接的光滑曲线，称为变形等值线。其绘制方法是依据在建筑物上设置的同类性质观测点的位置及变形值，采用绘制等高线的方法绘制的。图 11-19 所示是某建筑物

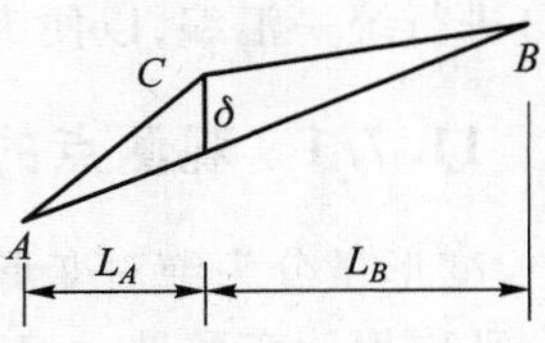

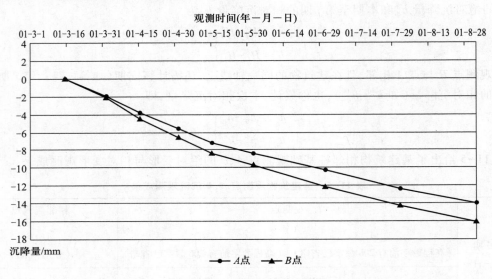

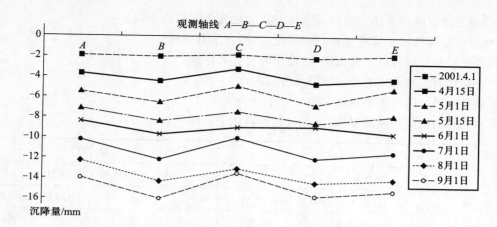

图 11-18　轴线（或剖面线）变形过程线

某期观测的沉降等值线图。

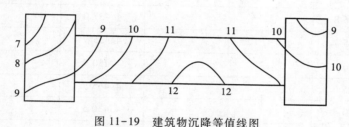

图 11-19　建筑物沉降等值线图

11.7.3　观测资料分析

对于独立的各监测点分析通常可采用绘制变形图并用变形曲线拟合的直观方法分析；而对于整体监测网，由于经过平差后，点与点之间有着相互制约的关系，因而各期坐标点间的变化并不能确定它的变动是否真实，而需要用统计方法进行识别判断。

观测资料分析主要内容应包括：

（1）变形成因分析。解析归纳建筑物变形过程、变形规律、变形幅度，分析变形的原因及变形值与引起变形因素之间的关系，进而判断建筑物的运营情况是否正常。这些工作通常又称为变形的定性分析。

（2）变形统计分析。通过一定的周期观测，在积累了大量的观测数据后，又可进一步找出建筑物变形的内在原因和规律，从而建立变形数学模型，实现定量分析，并可以进行变形预报。

思考题与习题

1. 什么是变形观测？工程建筑物产生变形的原因是什么？
2. 布设变形观测点时，应注意哪些问题？
3. 建筑物变形测量有哪几个等级？
4. 简述基准点、工作点、观测点三者的联系与作用。
5. 沉降观测点一般有哪几种方式，各适用于什么条件？
6. 水平位移观测有哪些方法？

7. 倾斜观测有哪些方法？叙述前方角度交会法测定倾斜的步骤。

8. 挠度测量通常用于哪些变形观测对象,实施方法有哪些?

9. 正锤线、倒锤线各用于什么用途,使用时有什么区别?

10. 变形观测成果分析通常要从哪几方面考虑?

11. 描述变形的图件主要有哪几类? 并予举例说明。

12. 如下表的沉降观测成果,试完成其运算及相应的图件。

监测点	第 1 次			第 2 次		
	2005 年 5 月 24 日			2005 年 7 月 20 日		
	高程/m	沉降量/mm		高程/m	沉降量/mm	
		本次	累计		本次	累计
1	4.392 9			4.393 1		
2	4.414 2			4.414 3		
3	4.436 8			4.437 0		
4	4.435 7			4.435 9		
5	4.450 9			4.450 9		
6	4.465 6			4.465 7		
7	4.430 4			4.430 5		
8	4.407 8			4.407 8		

附　录

附录一　微倾式水准仪的检验与校正

一、水准仪的主要轴线及其应满足的几何条件

附图 1 所示为 DS$_3$ 型水准仪 CC 视准轴、LL 水准管轴、$L'L'$ 圆水准器轴、VV 仪器旋转轴（竖轴）的关系。为了保证水准仪能够提供一条水平视线，其相应轴线间必须满足以下几何条件：

（1）圆水准器轴平行于竖轴，即 $L'L'//VV$。

（2）十字丝横丝应垂直于竖轴。

（3）水准管轴应平行于视准轴，即 $LL//CC$。

仪器出厂前都经过严格的检校，上述条件均能满足，但经过搬运、长期使用、震动等因素的影响，使之几何条件发生变化。为此，测量之前应对上述条件进行必要的检验与校正。

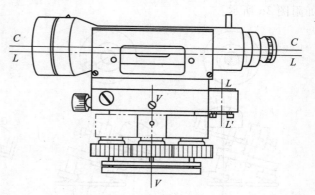

附图 1　水准仪轴线关系

二、水准仪的检验与校正

1. 圆水准器轴平行于仪器竖轴的检验与校正

（1）检校目的

满足条件 $L'L'//VV$。当圆水准器气泡居中时，VV 处于铅垂位置。

（2）检验方法

安置仪器后，转动脚螺旋使圆水准器气泡居中，然后将望远镜旋转180°，若气泡仍然居中，表明条件满足。如果气泡偏离零点则应进行校正。

（3）校正方法

校正时用校正针拨动圆水准器的校正螺钉使气泡向中心方向移动偏离量的一半（如附图 2 所示，先用校正针稍松圆水准器背面中心固定螺钉，再拨动三个校正螺钉），其余一半用脚螺旋使气泡居中。这种检验校正需要反复数次，直至圆水准器旋转到任何位置气泡都居中时为止，最后将中心固定螺钉拧紧。

（4）检验原理

如附图 3a 所示，设 $L'L'$ 与 VV 不平行而存在一个交角 θ。仪器粗平气泡居中后，$L'L'$ 处于铅

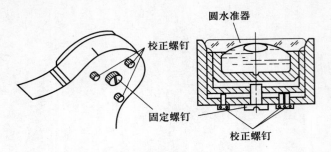

附图 2　圆水准器校正部位

垂，VV 相对于铅垂线倾斜 θ 角。望远镜绕 VV 转 180°，$L'L'$ 保持与 VV 的交角 θ 绕 VV 旋转，于是 $L'L'$ 相对于铅垂线倾斜 2θ 角，如附图 3b 所示。校正时，用校正针拨动圆水准器底部的三个校正螺钉使气泡退回偏离量的一半，此时 $L'L'$ 与 VV 平行并与铅垂方向夹角为一个 θ 角，如附图 3c 所示。而后转动脚螺旋使气泡居中，则 $L'L'$ 和 VV 均处于铅垂位置，于是 $L'L' // VV$ 的目的就达到了，如附图 3d 所示。

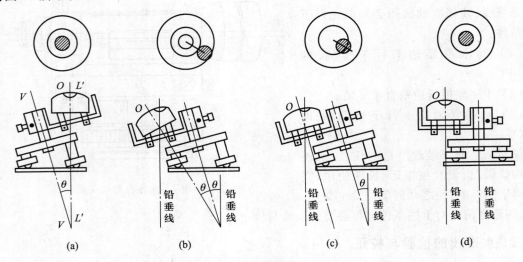

附图 3　圆水准器轴平行于竖轴的检校

2. 十字丝横丝垂直于竖轴的检验与校正

（1）检验目的

满足十字丝横丝 $\perp VV$ 的条件，当 VV 铅垂时，横丝处于水平。

（2）检验方法

粗平仪器后，用十字丝的一端瞄准一点状目标 P，如附图 4a、c 所示，制动仪器，然后转动微动螺旋，从望远镜中观察 P 点。若 P 点始终在横丝上移动，则条件满足，如附图 4b 所示；若 P 点离开横丝，如附图 4d 所示，则必须校正。

（3）校正方法

用螺丝刀松开物镜筒上目镜筒固定螺钉，如附图 4e 所示（有的仪器有十字丝座护罩，应先旋下），转动目镜筒（十字丝座连同一起转动），使横丝末端部分与 P 点重合为止。然后拧紧固定螺钉（旋上护罩）。

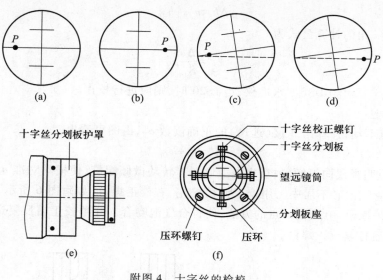

附图4　十字丝的检校

3. 水准管轴平行于视准轴的检验与校正

（1）检验目的

满足 $LL//CC$，当水准管气泡居中时，CC 处于水平位置。

（2）检验方法

如附图5所示，设水准管轴不平行于视准轴，二者在竖直面内投影的夹角为 i。选择相距 80~100 m 的 A、B 两点，两端钉木桩或放尺垫并在其上竖立水准尺。将水准仪安置在与 A、B 点等距离处的 C 点，采用变动仪器高法或双面尺法测出 A、B 两点的高差，若两次测得的高差之差不超过 3 mm，则取其平均值作为最后结果 h_{AB}，由于水准仪距两把水准尺的距离相等，所以 i 角引起的前、后视水准尺的读数误差 x 相等，可以在高差计算中抵消，故 h_{AB} 为两点间的正确高差。

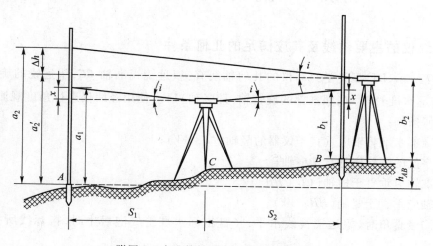

附图5　水准管轴平行于视准轴的检校

将水准仪搬至前视尺 B 附近（约 2~3 m），精平仪器后在 A、B 尺上读数 a_2、b_2，由此计算出的高差 $h'_{AB}=a_2-b_2$，两次设站观测的高差之差为

$$\Delta h = h'_{AB} - h_{AB}$$

由附图 5 得 i 角的计算公式为

$$i'' = \frac{\Delta h}{S_{AB}} \rho'' \tag{1}$$

式中：$\rho'' = 206\ 265''$。对于 DS_3 型水准仪，当 $i>20''$ 时，则应进行校正。

（3）校正方法

仪器在 B 点不动，计算出 A 尺（远尺）的正确读数 a'_2，由图可看出

$$a'_2 = b_2 + h_{AB} \tag{2}$$

若 $a_2 < a'_2$，说明视线向下倾斜；反之向上倾斜。转动微倾螺旋，使横丝对准 a'_2，此时，CC 轴处于水平，而水准管气泡必不居中。用校正针稍松左、右校正螺钉，如附图 6 所示，然后拨动上、下两个校正螺钉，采取松一点，紧一点的方法，使符合气泡吻合。此项校正需反复进行，直至 i 角小于 $20''$ 为止。最后拧紧校正螺钉。

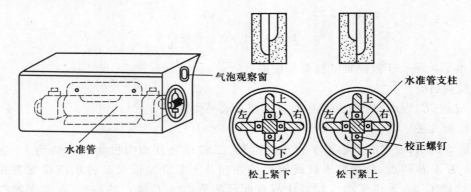

附图 6　水准管的校正

附录二　光学经纬仪的检验与校正

一、经纬仪的主要轴线及其应满足的几何条件

如附图 7 所示，DJ_6 型光学经纬仪的几何轴线有：望远镜视准轴 CC；望远镜的旋转轴（即横轴）HH；照准部水准管轴 LL；照准部的旋转轴（即竖轴）VV。使用经纬仪进行角度观测时，必须满足如下的几何条件：

（1）照准部水准管轴应垂直于仪器的竖轴（$LL \perp VV$）；

（2）十字丝的竖丝应垂直于横轴；

（3）视准轴应垂直于横轴（$CC \perp HH$）；

（4）横轴应垂直于竖轴（$HH \perp VV$）；

（5）观测竖直角时，望远镜视线水平，竖盘指标水准管气泡居中时，指标线所指读数为始读数。

由于长期使用和运输过程中的震动等原因，使得出厂时经过检定的条件受到破坏，直接影响到测量成果的精度。所以，在使用之前必须对经纬仪进行检验和校正。现将经纬仪检验和校正的方法分述如下：

二、经纬仪的检验与校正

1. 照准部水准管轴垂直于竖轴的检验与校正

（1）检校目的

满足 $LL \perp VV$ 条件,当水准管气泡居中时,竖轴铅垂,水平度盘水平。

（2）检验方法

在土质坚实的地面上安置仪器,将仪器大致水平。转动照准部使水准管轴平行于一对脚螺旋连线,转动脚螺旋使气泡居中,然后将照准部绕竖轴旋转 180°,检查气泡是否仍然居中。如果居中,说明条件满足;如果气泡偏离超出一格,说明这项条件不满足,应进行校正,如附图 8 所示。

（3）校正方法

照准部旋转 180°后气泡偏向一侧,是由于水准管两端支柱高度不相等造成的。如附图 8a 所示,管水准器在一个方向整平,此时气泡虽然居中,管水准轴水平,但仪器的竖轴并不铅直,使得水平度盘与水平面成 α 角度,与水准管轴亦成 α 角度。当照准部旋转 180°以后,这两个 α 角度叠到一起使得水准管轴与水平面成 2α 角度,如附图 8b 所示气泡偏向一侧。

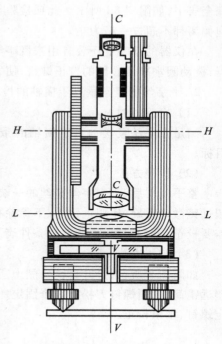

附图 7 经纬仪的几何轴线

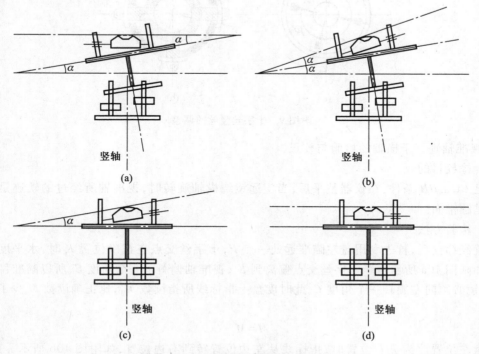

附图 8 照准部水准管轴的检验与校正

欲使水准管轴回到水平位置,首先使仪器竖轴铅直,水平度盘水平。调节脚螺旋,使气泡向水准管中央移动偏离的一半,如附图 8c 所示。再用校正针拨动水准管一端的校正螺钉,使气泡完全居中,如附图 8d 所示。此项检验与校正需要如此反复进行,直到照准部旋转到任何位置,气泡偏离都不超过一格为止。

在仪器的基座上还装有用来概略整平的圆水准器,校正圆水准器时,可利用校正好的管水准器,拨动圆水准器底部的校正螺钉,使气泡居中即可。

2. 十字丝的竖丝垂直于横轴的检验和校正

（1）检校目的

满足十字丝竖丝垂直于横轴的条件。仪器整平后十字丝竖丝在竖直面内,保证精确瞄准目标。

（2）检验方法

整平仪器后,用十字丝竖丝的一端照准远处一固定点,制动照准部和望远镜制动螺旋,转动望远镜微动螺旋,使望远镜上、下徐徐移动。同时观察该点是否偏离十字丝的竖丝,如果偏离,则需要校正;没有偏离,说明此项条件满足。

（3）校正方法

如附图 9 所示,打开目镜一侧十字丝分划板护盖,十字丝分划板是通过四个压环螺钉固定在望远镜筒上,用螺钉刀松开四个固定螺钉,转动十字丝环使竖丝处于竖直位置,然后,旋紧四个固定螺钉,结束校正。

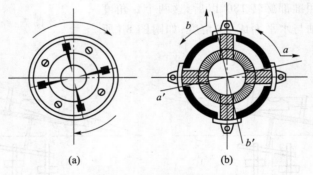

(a)　　　　　　　　　(b)

附图 9　十字丝竖丝的调整

3. 视准轴垂直于横轴的检验与校正

（1）检校目的

满足 $CC \perp HH$ 条件,在仪器整平后,当望远镜绕横轴旋转时,视准轴所经过的轨迹是一个平面而不是圆锥面。

（2）检验方法

安置经纬仪后,首先利用盘左瞄准远处一点 P,十字丝交点在正确位置 K 时,水平度盘读数为 M。如附图 10a 所示由于十字丝交点偏离到 K',视准轴偏斜了一个角度 C,所以瞄准目标 P 点时,望远镜必须向左旋转一个角度 C,此时度盘上指标线所指读数 M_1,比正确读数 M 少了一个角度 C,即

$$M = M_1 + C \tag{a}$$

从盘左位置改为盘右位置时,指标线从左边位置转到右边位置,如附图 10b 所示。此时,K' 偏向右侧,用它来瞄准目标 P 点时,指标线所指读数为 M_2,望远镜必须向右转一个 C 角,读数 M_2

比正确读数 $M'(=M\pm180°)$ 增大了一个 C 角。即

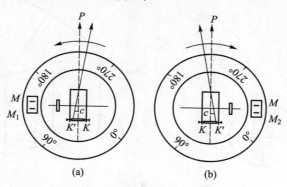

附图 10　十字丝偏离的影响

$$M' = M_2 - C$$
$$M\pm180° = M_2 - C \tag{b}$$

（a）和（b）两式相加,得

$$M = \frac{1}{2}(M_1 + M_2 \pm 180°) \tag{1}$$

（a）和（b）两式相减,得

$$C = \frac{1}{2}(M_1 - M_2 \pm 180°) \tag{2}$$

根据公式（1）可知,利用盘左和盘右两个位置观测同一目标,取其平均值可以消除视准误差 C 的影响。根据公式（2）可知,若盘左,盘右两次读数相差 180°,说明 $C=0$,此项条件满足。否则应进行校正。

（3）检验方法

利用盘右位置,根据公式（1）计算正确读数 $M\pm180°$,转动照准部微动螺旋,使指标线所指读数为正确读数 $M\pm180°$,此时,十字丝交点偏离目标 P 点,利用校正针拨动十字丝环左右两个校正螺钉,先松后紧,推动十字丝环,使十字丝交点对准目标 P 即可。这项检验与校正需要重复 2~3 次,才能达到满意的效果。

4. 横轴垂直于竖轴的检验与校正

（1）检校目的

满足 $HH \perp VV$ 条件,在仪器整平后,当望远镜绕横轴旋转时,视准轴所经过的轨迹是一个竖直平面而不是一个倾斜平面。

（2）检验方法

在距离墙壁约 20~30 m 处安置仪器,如附图 11 所示,整平后,用盘左位置照准墙上高处一点 P,将水平制动螺旋制动,下转望远镜使其大致水平,标出十字丝交点位置 P_1,然后利用盘右位置,重复上述操作得交点 P_2,如果 P_1 与 P_2 点重合或位于同一铅垂线上,说明此项条件满足,否则就需要校正。

（3）校正方法

由于望远镜绕横轴旋转,当仪器的横轴与竖轴不垂直时,盘左、盘右位置所扫的视准面各向相反方向偏转一个角度 i（附图 11）所以 P_1、P_2 连线的中点（P'）与 P 点位于同一铅垂线上。

校正时,将十字丝交点对准 P' 点,抬高物镜到 P 点同高处,此时,十字丝交点必偏离 P 点,打

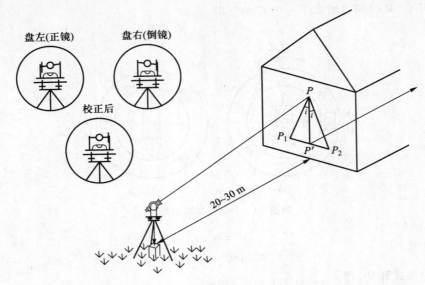

附图 11　横轴垂直于竖轴的检验

开经纬仪右支架上的外护盖,可以看到固定望远镜横轴的偏心瓦装置。如附图 12 所示,放松固定偏心瓦的螺丝,转动偏心瓦,使横轴上升或下降,十字丝交点对准 P 点即可。这项校正工作比较困难,一般应由专业人员来进行。

5. 竖盘指标差的检验与校正

(1) 检校目的

满足 $x=0$ 条件,当竖盘指标水准管气泡居中时,使竖盘读数指标处于铅垂位置,指标线所指读数为始读数。

(2) 检验方法

望远镜视线水平,竖盘指标水准管气泡居中时,如果指标线所指的读数比始读数(90°或270°)略大或略小一个 x 值,则该值称为竖盘指标差,如附图 13 所示。

竖盘指标差是由于指标线位置不正确造成的,附图 14a 所示盘左位置时,指标线所指读数比始读数(90°)大了一个 x 值,观测的竖直角必然小 x 值,而盘右位置观测竖直角则大了一个 x 值,如附图 14b 所示,即

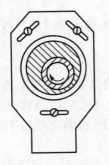

附图 12　偏心瓦装置

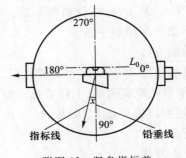

附图 13　竖盘指标差

盘左时

$$\alpha = \alpha_左 + x = 90° - L + x \qquad (a)$$

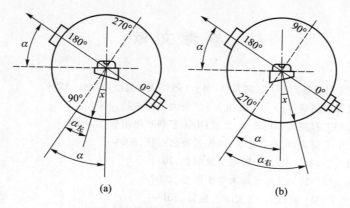

附图 14 竖盘指标差对读数的影响

盘右时

$$\alpha = \alpha_{右} - x = R - 270° - x \qquad (b)$$

由（a）+（b）得

$$\alpha = \frac{1}{2}(\alpha_{左} + \alpha_{右}) = \frac{1}{2}(R - L - 180°) \qquad (3)$$

由（a）-（b）得

$$x = \frac{1}{2}(\alpha_{右} - \alpha_{左}) = \frac{1}{2}(R + L - 360°) \qquad (4)$$

由公式（3）可知，采用盘左、盘右位置观测竖直角取其平均值作为最后结果，可以消除竖盘指标差的影响。

检验时，安置仪器整平后，用盘左位置瞄准高处一点 P，使竖盘指标水准管气泡居中后，读取竖盘读数 L，然后用盘右位置瞄准同一点 P，使竖盘指标水准管气泡居中后，读取竖盘读数 R，由式（4）计算指标差 x 值，若 $x > \pm 1'$ 时，则需要校正。

（3）校正方法

根据公式（3）计算出正确的竖直角 α。在不改变盘右位置照准目标情况下，求得盘右位置的正确读数 $R = \alpha + 270°$，转动竖盘指标水准管微动螺旋，使指标线指向正确读数 R 处，此时竖盘指标水准管气泡偏向一侧，打开竖盘指标水准管一端的护盖，如附图 15 所示，水准管一端由四个校正螺钉固定。首先放松左右两个校正螺钉，然后通过上下两个校正螺钉使竖盘指标水准管气泡居中，然后固定左右校正螺钉即可。此项检验需反复进行，直到满足要求。

对于竖盘指标自动补偿的经纬仪，若经检验指标差超限时，应送检修部门进行检校。

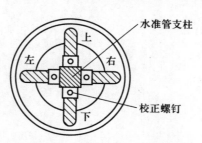

附图 15 竖盘指标水准管一端

参 考 文 献

[1] 武汉测绘科技大学《测量学》编写组.测量学[M].3 版.北京:测绘出版社,1994.
[2] 王侬,过静珺.现代普通测量学[M].2 版.北京:清华大学出版社,2009.
[3] 张慕良,叶泽荣.水利工程测量[M].3 版.北京:中国水利水电出版社,1994.
[4] 周秋生,郭明建.土木工程测量[M].北京:高等教育出版社,2004.
[5] 赵建三,贺跃光.测量学[M].北京:中国电力出版社,2013.
[6] 熊春宝,伊晓东.测量学[M].天津:天津大学出版社,2007.
[7] 史兆琼.建筑工程测量[M].武汉:武汉大学出版社,2015.
[8] 杨松林.测量学[M].北京:中国铁道出版社,2013.
[9] 张爱卿,李金云.土木工程测量[M].杭州:浙江大学出版社,2014.
[10] 拓万兵,周海波.实用工程测量[M].北京:清华大学出版社,2015.
[11] 胡海峰.煤矿测量[M].徐州:中国矿业大学出版社,2007.
[12] 朱爱民.测绘工程导论[M].北京:国防工业出版社,2006.
[13] 建筑专业《职业技能鉴定教材》编审委员会.测量放线工(高级)[M].北京:中国劳动社会保障出版社,2001.

郑重声明

高等教育出版社依法对本书享有专有出版权。任何未经许可的复制、销售行为均违反《中华人民共和国著作权法》,其行为人将承担相应的民事责任和行政责任;构成犯罪的,将被依法追究刑事责任。为了维护市场秩序,保护读者的合法权益,避免读者误用盗版书造成不良后果,我社将配合行政执法部门和司法机关对违法犯罪的单位和个人进行严厉打击。社会各界人士如发现上述侵权行为,希望及时举报,本社将奖励举报有功人员。

反盗版举报电话　(010)58581999　58582371　58582488
反盗版举报传真　(010)82086060
反盗版举报邮箱　dd@hep.com.cn
通信地址　北京市西城区德外大街4号
　　　　　高等教育出版社法律事务与版权管理部
邮政编码　100120